全国普通高等院校电子信息规划教材

数字电子技术仿真实验教程

李学明　主编
孙东卫　高为将　李冬冬　副主编

清华大学出版社
北京

内容简介

本书是配合高等学校“数字电子技术”课程而编写的一本教材。

书中首先介绍了 Multisim 10 的基本操作，然后介绍了各种数字逻辑电路的搭建和仿真过程。本书配有 160 多个仿真实验电路，需要者可登录清华大学出版社网站免费下载。

本书可作为高等院校电气、电子、通信、计算机、自动化和机电等专业的教辅、实验教材及参考书。

图书在版编目（CIP）数据

数字电子技术仿真实验教程/李学明主编. —北京：清华大学出版社，2012.7
（全国普通高等院校电子信息规划教材）
ISBN 978-7-302-28962-3

Ⅰ. ①数…　Ⅱ. ①李…　Ⅲ. ①数字电路－电子技术－数字仿真－实验－教材　Ⅳ. TN79-33

中国版本图书馆 CIP 数据核字(2012)第 113389 号

责任编辑：焦　虹　顾　冰
封面设计：傅瑞学
责任校对：胡伟民
责任印制：张雪娇

出版发行：清华大学出版社
网　　址：http://www.tup.com.cn，http://www.wqbook.com
地　　址：北京清华大学学研大厦 A 座　　**邮　　编**：100084
社 总 机：010-62770175　　**邮　　购**：010-62786544
投稿与读者服务：010-62776969，c-service@tup.tsinghua.edu.cn
质量反馈：010-62772015，zhiliang@tup.tsinghua.edu.cn
课件下载：http://www.tup.com.cn，010-62795954
印 刷 者：北京季蜂印刷有限公司
装 订 者：三河市新茂装订有限公司
经　　销：全国新华书店
开　　本：185mm×260mm　　**印　　张**：11.5　　**字　　数**：288 千字
版　　次：2012 年 7 月第 1 版　　**印　　次**：2012 年 7 月第 1 次印刷
印　　数：1～3000
定　　价：23.00 元

产品编号：041890-01

前　言

电子技术是一门实践性很强的专业基础课，只有通过实验才能培养学生的动手能力和创新能力。传统的教学方式是：先由教师讲授理论知识，然后安排一定数量的实验让学生到实验室进行验证性实验，加深对理论知识的理解。各院校为了提高教学质量，培养学生的动手能力，配备了相应的实验室，购置了实验设备和昂贵的仪器、仪表。尽管如此，让所有的学生在实验室里完成各种实验仍是不可能的。Multisim 10 软件的使用，引发了电子技术教学和实验领域里的一场变革，只要在计算机中安装上 Multisim 10 软件，就相当于拥有了一个设备精良的电子实验室，提供了数以万计的电子元器件和各种仪器仪表，可以在仿真平台上搭接各种电路，接上相应的仪器、仪表，按下仿真开关，各种数据和波形马上就会呈现出来。“软件就是仪器”，利用 Multisim 10 软件，教师可以在多媒体教室中深入浅出地分析各种电路的特性，讲解各种参数改变对电路的影响，演示实验结果，根据需要随意控制。学生也可以自己动手设计仿真电路，通过实验得到结果。这种教学模式生动形象，不但能激发学生的学习兴趣，而且能加深学生的理解，提高教学质量，同时也降低了教学成本。这样的计算机模拟仿真实验，把电子技术的理论教学和实验教学有机地结合起来，为电子电路实际制作打下了良好的基础。

电子仿真软件 Multisim 10 的前身是加拿大 IIT(Interactive Image Technologies)公司于 20 世纪 80 年代末推出的电子设计自动化软件 EWB。随着时代的发展，EWB 软件也在不断地升级，名称定为 Multisim(意为多重仿真)，并于 2001 年推出升级版 Multisim 2001，以后相继推出 Multisim 7 和 Multisim 8、Multisim 9 版本。后来 IIT 公司被美国国家仪器公司(National Instrument，NI)兼并，并与其代表产品 LabVIEW 软件相互嵌入支撑，于 2007 年推出最新仿真软件 Multisim 10。在安装 NI Multisim 10 软件的同时，也同时安装了与之配套的制版软件 NI Ultiboard 10。它彻底改变了传统设计电子产品的老方法，利用这个软件设计仿真好电子产品后可以无缝链接到 NI Ultiboard 10 中进行电路板的制作。

全书所有的仿真实例可以在清华大学网站上下载。

本书由李学明主编。其中，新疆轻工职业技术学院孙东卫副教授编写了第 3～5 章，江苏农林职业技术学院高为将编写了第 7 章，江苏农林职业技术学院李冬冬编写了第 8、9 两章，其余各章由李学明编写并统稿。

电子仿真软件 Multisim 博大精深，编著者对 Multisim 10 仿真软件学习和理解还不够深入，书中错误和不足在所难免，恳请专家、读者批评指正。

编者

2011.12

目　录

第1章 Multisim 10的基本操作

1.1 Multisim 10的用户界面及设置

1.1.1 Multisim 10 的启动

安装 Multisim 10 软件之后，系统会在桌面和“开始”菜单栏两个位置放置该应用程序的快捷方式图标，因此选择下列两种方法之一均可以启动 Multisim 10 应用程序。

(1) 选择“开始”→“程序”→National Instrument→Circuit Design Suite 10.0→Multisim 10.0 命令。

(2) 双击桌面上的 Multisim 10 快捷图标。

启动 Multisim 10 程序后弹出如图 1-1 所示的 Multisim 10 软件的基本界面。

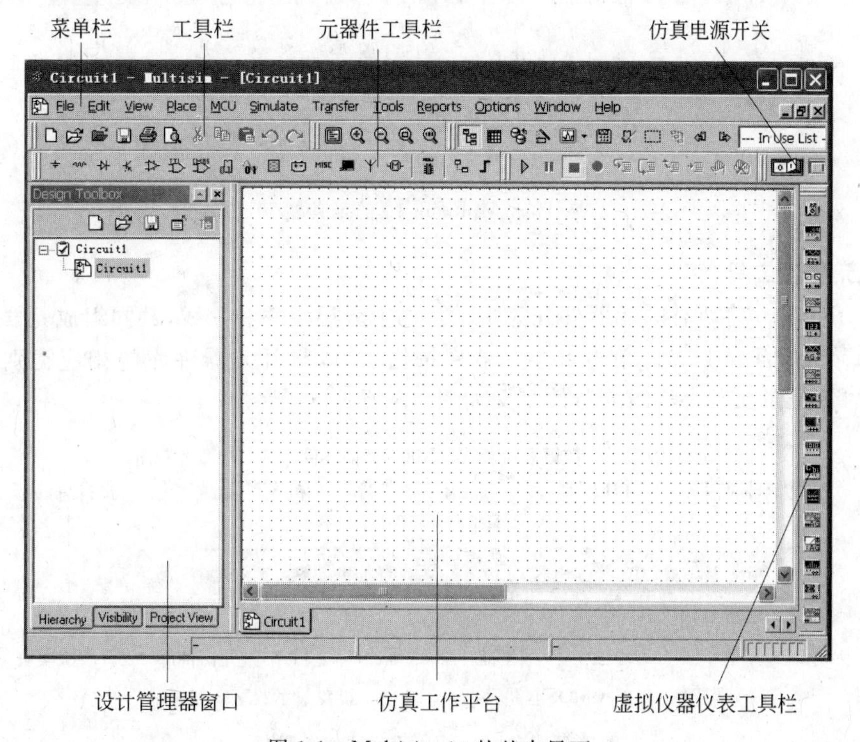

图 1-1 Multisim 10 的基本界面

1.1.2 Multisim 10 基本界面简介

Multisim 10 的基本界面由以下几部分组成：

1. 菜单栏

Multisim 10 的菜单栏提供了该软件的绝大部分功能命令，如图 1-2 所示。

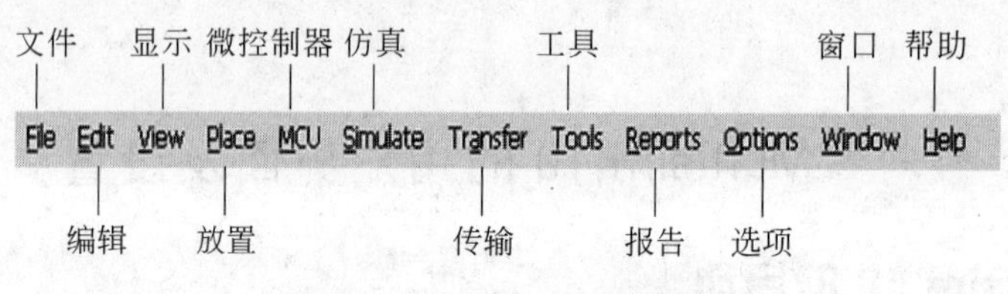

图 1-2 Multisim 10 菜单栏

2. 工具栏

Multisim 10 的工具栏中主要包括标准工具栏（Standard Toolbar）、主工具栏（Main Toolbar）、视图工具栏（View Toolbar）等。

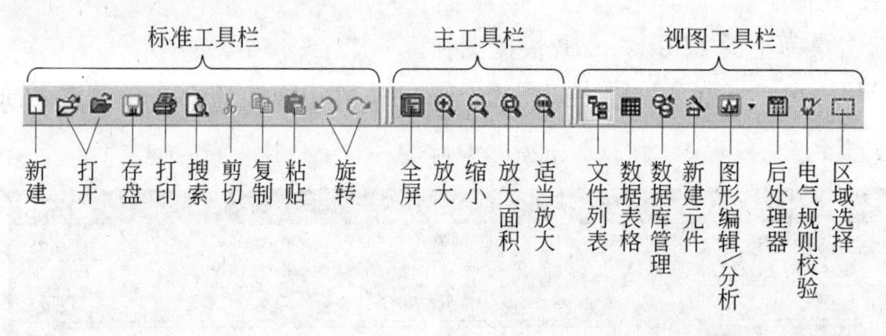

图 1-3 Multisim 10 的工具栏

3. 元器件工具栏

Multisim 10 将所有的元器件分为 16 类，加上分层模块和总线，共同组成元器件工具栏（Component Toolbar）。单击每个元器件按钮，可以打开元器件库的相应类别。元器件库中的各个图标所表示的元器件含义如图 1-4 所示。

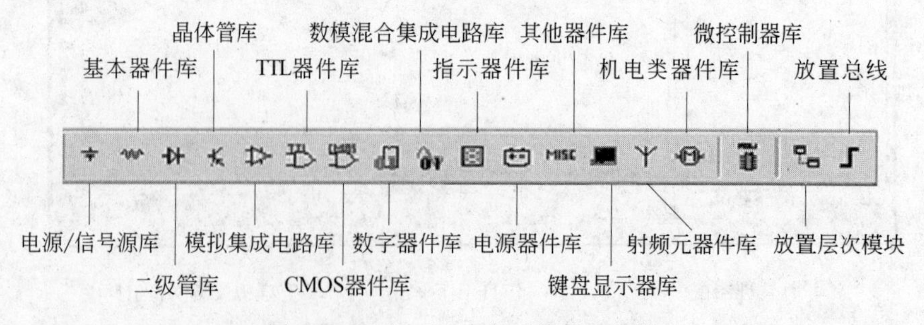

图 1-4 Multisim 10 的元器件工具栏

4. 虚拟仪器仪表工具栏

虚拟仪器仪表工具栏（Instruments Toolbar）通常位于电路窗口的右边，也可以将其拖至菜单栏的下方，呈水平状。使用时，单击所需仪器仪表的工具栏按钮，将该仪器仪表添加到电路窗口中，即可在电路中使用该仪器仪表。各按钮的功能如图 1-5 所示。

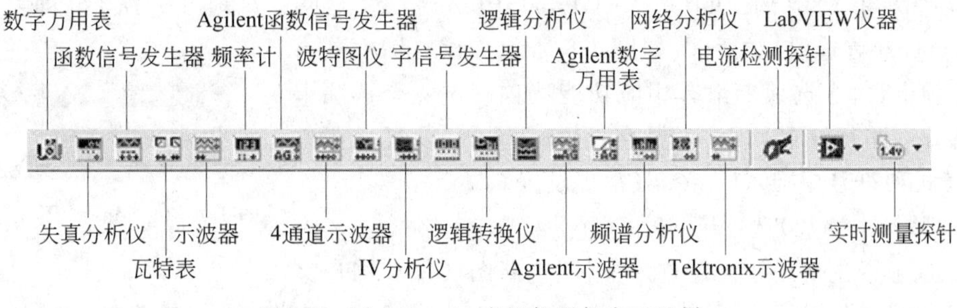

图 1-5　Multisim 10 虚拟仪器仪表工具栏

5. 设计管理器窗口

利用设计管理器窗口(Design Toolbar)可以把电路设计的原理图、PCB 图、相关文件、电路的各种统计报告进行分类管理，利用 View→Design Toolbar，可以打开或关闭设计管理器窗口。

6. 仿真工作平台

仿真工作平台(Circuit Windows or Workspace)又称电路工作区，是设计人员创建、设计、编辑电路图和进行仿真分析、显示波形的区域。

7. 仿真开关

仿真开关有两处：

(1) 仿真开关一。"运行"按钮为绿色三角箭头，"暂停"按钮为黑色两竖条，"停止"按钮为红色方块。

(2) 仿真开关二。船形开关为仿电源开关，暂停按钮上有两竖条。

两处按钮功能安全一样，即启动/停止、暂停/恢复，如图 1-6 所示。

(a) 仿真开关二　(b) 仿真开关一

图 1-6　Multisim 10 的仿真开关

1.1.3　Multisim 10 基本界面的定制

在进行仿真实验以前，我们需要对电子仿真软件 Multisim 10 的基本界面进行一些必要的设置。包括工具栏、电路颜色、页面尺寸、聚焦倍数、边线粗细、自动存储时间、打印设置和元件符号系统(美式 ANSI 或欧式 DIN)设置等。所定制的设置可与电路文件一起保存。这样就可以根据电路要求及个人爱好设置相应的用户界面，目的是为了更加方便原理图的创建、电路的仿真分析和观摩理解。因此，创建一个电路之前，一定要根据具体电路的要求和用户的习惯设置一个特定的用户界面。在设置基本界面之前，可以暂时关闭设计管理器窗口，使电子平台图纸范围扩大，方便绘制仿真电路。方法是：选择主菜单中的 View→Design Toolbar 命令，即可以打开或者关闭设计管理器窗口。

定制当前电路的界面，一般可通过菜单中的 Option(选项)菜单中的 Global Preferences(全局参数设置)和 Sheet Preferences(电路图或子电路图属性参数设置)两个选项进行设置。

1. Global Preferences

选择菜单栏中的 Options→Global Preferences 命令，如图 1-7 所示，即会弹出 Preferences(首选项)对话框，如图 1-8 所示。该对话框共有 4 个选项卡，每个选项卡都有相应功能选项。这 4 个选项卡是：Paths(路径设置)、Save(保存设置)、Parts(设置元器件放置模式和符号标准)、General(常规设置)。

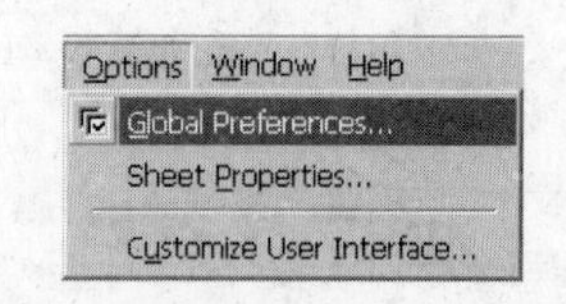

图 1-7 Options 的下拉菜单

1) Paths(路径)选项卡

该选项卡主要用于元器件库文件、电路图文件和用户文件的存储目录的设置，系统默认的目录为 Multisim 10 的安装目录。包括：

(1) Circuit default path(电路默认路径)文本框：用户在进行仿真时所创建的所有电路图文件都将自动保存在这个路径下，除非在保存的时候手动浏览到一个新的位置。

(2) User button images path(用户按钮图像路径)文本框：用户自己设计的图形按钮的存储目录。

该选项卡用户一般采取默认方式，如图 1-8 所示。

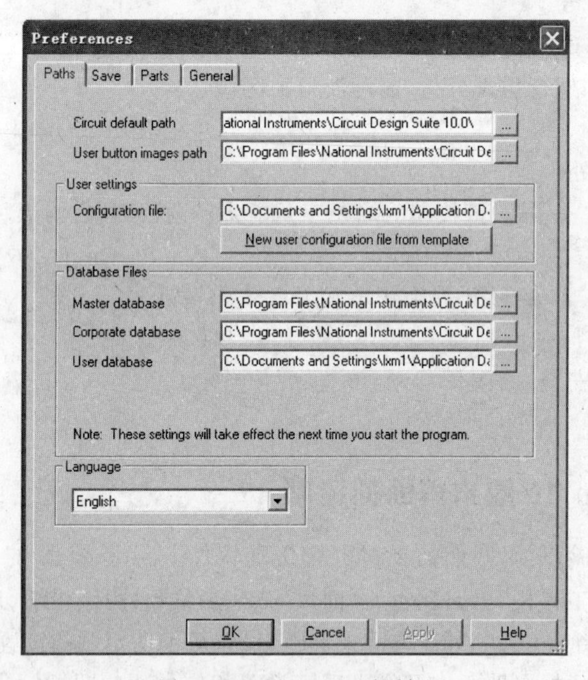

图 1-8 Preferences 对话框

2) Save(保存)选项卡

单击 Preferences 对话框中的 Save(保存)标签，打开 Save 选项卡。该选项卡用于对设计文档进行自动保存以及对仪器仪表的仿真数据保存进行设置。

(1) Create a "security copy"选项：在保存文档时，创建一个安全的副本，这样当原文件由于某种原因被破坏或者不能使用时，可以通过安全副本方便地重新得到。所以应勾选这个选项。

(2) Auto-backup 选项：指定是否对文档自动备份。如果勾选该项，则表示每隔一定的时间，系统会自动对设计文件进行自动保存。用户可以在 Auto-backup interal(自动保存时间间隔)框中输入时间即可，单位为分钟。

(3) Save simulation data with instruments：是否保存正在进行电路仿真时仪器仪表得到的数据。如果保存的数据超过了 Maximum size(最大保存容量)，系统会弹出警告提示，容量的单位为 MB(兆字节)。

3) Paths(元器件放置方式和符号标准)选项卡

Paths 选项卡主要用于选择放置元器件的方式、元器件符号标准、图形显示方式和数字电路仿真设置等，如图 1-9 所示。

(1) Place component mode(设置元器件放置方式)选项组。

- Return to component Browser after placement：在电路图中放置元器件后是否返回元器件选择窗口，选择默认方式。
- Place single component：每次选取一个元器件，只能放置一次。不管该元器件是单个封装还是复合封装(指一个 IC 内有多个相同的单元器件)。
- Continuous Placement for multi-section part only(ESC to quit)：按 Esc 键或右击可以结束放置。例如，集成电路 74LS00 中有 4 个完全独立的与非门，使用这个选项意味着可以连续放置 4 个与非门电路，并自动编排序号 U1A、U1B、U1C、U1D，但对单个分立元器件不能连续放置。

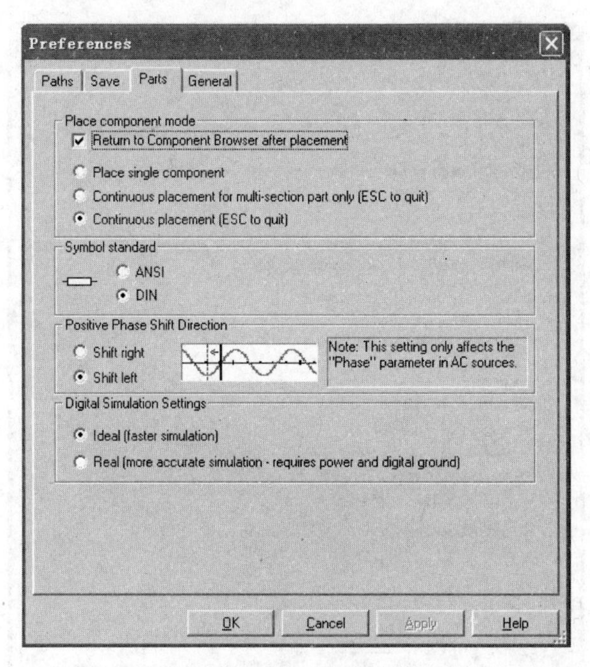

图 1-9　Parts 标签页

- Continuous Placement(ESC to quit)：不管该元器件是单个封装还是复合封装，只

要选取一次该元器件，可连续放置多个元器件，直至按 Esc 键或右击，才可以结束放置。为了画图快捷方便，建议选择这种方式。

(2) Symbol standard(元器件符号标准)选项组。

- ANSI：美国标准元器件符号，业界广泛使用 ANSI 模式。
- DIN：欧洲标准，DIN 模式与我国电气符号标准非常接近，建议选择 DIN 模式。

(3) Positive phase shift Direction(选择相移方向)选项组。

- Shift right：图形曲线右移。
- Shift left：图形曲线左移。

用户可以选择向左或者向右，通常默认曲线左移。

该项设置只有在信号源为交流电源时才起作用。

(4) Digital simulation setting(设置数字电路的仿真方式)选项组。

Ideal(faster simulation)：按理想器件模型仿真，可获得较高速度的仿真。通常选择 Ideal 方式。

Real(more accurate simulation—requires power and digital ground)：表示更加真实准确的仿真。要求在编辑电路原理图时，要给数字元器件提供电源符号和数字接地符号，其仿真精度较高，但仿真速度较慢。

4) General(常规)选项卡

General 选项卡主要用于设置选择方式、鼠标操作模式、总线连接和自动连接模式，如图 1-10 所示。

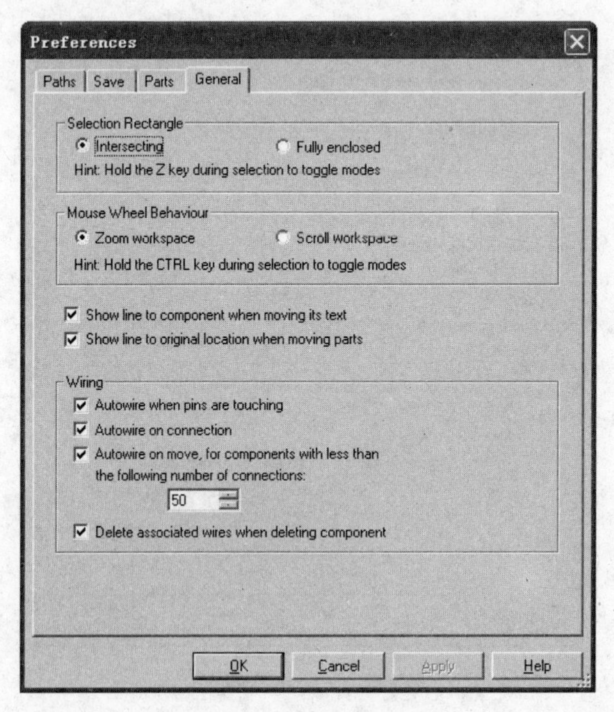

图 1-10 General 选项卡

(1) Selection Restangle(矩形选择操作)选项组。

- Intersection(相交)：选中元器件时只要用鼠标拖曳形成一个矩形方框，只要矩形框和元器件相交，即可将该元器件选中，一般默认这种方式。
- Fully enclosed(全封闭)：欲选中元器件时，必须用鼠标拖曳形成一个矩形框，一定要将元器件包围在矩形框中，才能将该元器件选中。

注意：在选中元器件过程中，通过按住Z键，在上述两种方式中进行切换。

(2) Mouse Wheel Behavior(鼠标滚动模式)选项组。

- Zoom Workspace：鼠标滚轮滚动时，可以实现图纸的放大或缩小，一般默认这种方式。
- Scroll Workspace：鼠标滚动时，电路图页面将作上下移动。

用户可以在滚动鼠标滚轮时，通过按下Ctrl键对两种操作方式进行切换。

(3) Show line to original location when moving parts 选项：选中该选项，移动元器件过程中，系统将实时显示元器件当前位置与初始位置的连线。

(4) Show line to component when moving its text 选项：选中该选项，移动元器件标识过程中，系统将实时显示该文本与元器件图标间的连线。

(5) Wiring(布线)选项组。设置线路绘制中的一些参数。

- Autowire when pins are touching：当元器件的引脚碰到连线时自动进行连接，应勾选。
- Autowire on connection：选择是否自动连线。应该勾选。
- Autowire on move, for：如果电路图中元器件的连接线没有超过一定数量，选中此选项，在移动某个元器件时，将自动调整连接线的位置。若元器件连接线超过一定数量，移动元器件时，自动调整连线的效果不理想。如不勾选此项，移动元器件时连线效果很不理想。用户可根据实际情况设定连线的数量。默认值为50条。
- Delete associated wires when deleting component：选中此项，当删除电路图中某个元器件时，同时删除与它相连接的导线。

对于初学者来说，General 选项卡可采用默认方式。

完成以上设置并保存后，下次运行该软件就不必再设置了。

2. Sheet properties(电路图属性设置)

选择 Options→Sheet properties 命令(如图1-11所示)，弹出 Sheet properties(页面设置)对话框，如图1-12所示。该对话框共有6个选项卡，每个选项卡都有多个功能设置选项，基本包括 Multisim 10 电路仿真工作区全部的界面设置选项。

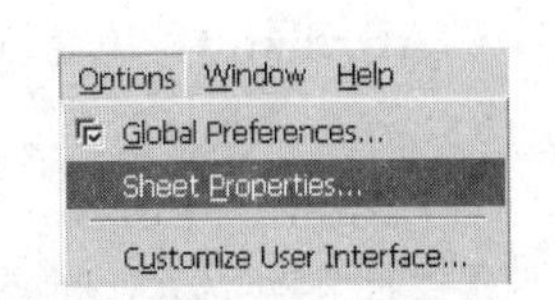

图1-11 Options 的下拉菜单

1) Circuit(电路)选项卡

Circuit 选项卡有两个选项组，Show(显示)和 Color(颜色)，主要用于设置电路仿真工作区中元器件的标号和参数、节点的名称及电路图的颜色等。

(1) Show(显示)选项组：设置元器件、网络、连线上显示的标号等信息，分为元器件、

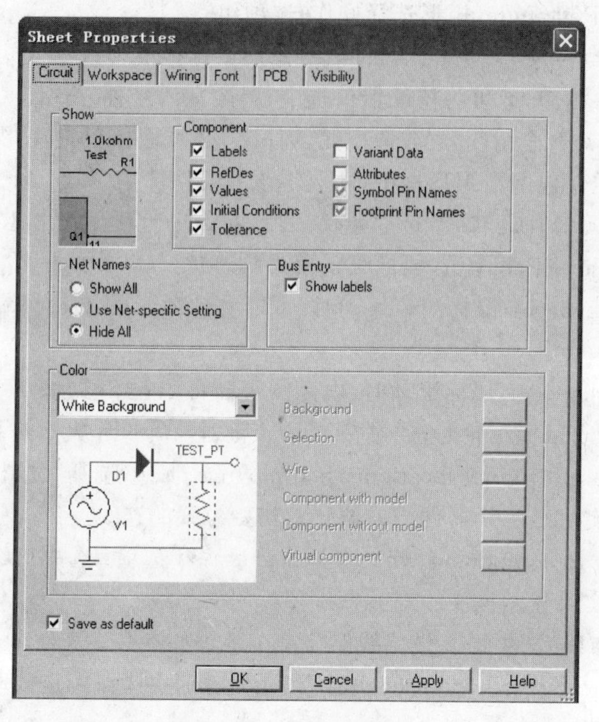

图 1-12 Circuit 选项卡

网络名称和总线入口 3 个选项。

① Component(元器件)选项

- Labels：是否显示元器件的标注文字，标注文字可以是字符串，但是没有电气含义。
- Refdes：是否显示元器件在电路图中的编号。如 R1、R2、C1、C2 等。
- Values：是否显示元器件的标称值或型号。如 5.1k、100uF、74LS00D 等。
- Initial Conditions：是否显示元器件的初始条件。
- Tolerance：是否显示元器件的公差。
- Variant Data：是否显示不同的特性，一般不选。
- Attributes：是否显示元器件的属性，如生产厂家等，一般不选。
- Symbol Pin Names：是否显示元器件引脚的功能名称。
- Footprint Pin Names：是否显示元器件封装图中引脚序号。

最后两个选项框默认为灰色。单选按钮上述各选项，一般选择默认。

② Net Names(网络名称)选项

- Show All：显示电路的全部节点编号。
- Use Net-specific Setting：选择显示某个具体的网络名称。
- Hide All：选择隐藏电路图中所有节点编号。

③ Bus Entry(总线入口)选项

Show labels：是否显示导线和总线连接时每条导线的网络称号，必须勾选。

(2) Color(颜色)选项：

通过下拉菜单可以设置仿真电路中元器件、导线和背景的颜色。

在颜色选择栏有 5 种配色方案供选择，它们依次是：

- Custom(用户自定义)；
- Black Background(黑底配色方案)；
- White Background(白底配色方案)；
- White & Black(白底黑白配色方案)；
- Black & White(黑底黑白配色方案)。

一般采取默认设置，即“白色背景”，这时导线为红色、元器件为蓝色。

右下脚方框为电路颜色显示预览。

2) Workspace(工作区)选项卡

单击 Sheet Properties 对话框中的 Workspace 标签，即可打开如图 1-13 所示的 Workspace 选项卡。该选项卡有两个选项组，主要用于设置电路仿真工作区显示方式、图纸的尺寸和方向等，其具体功能如下：

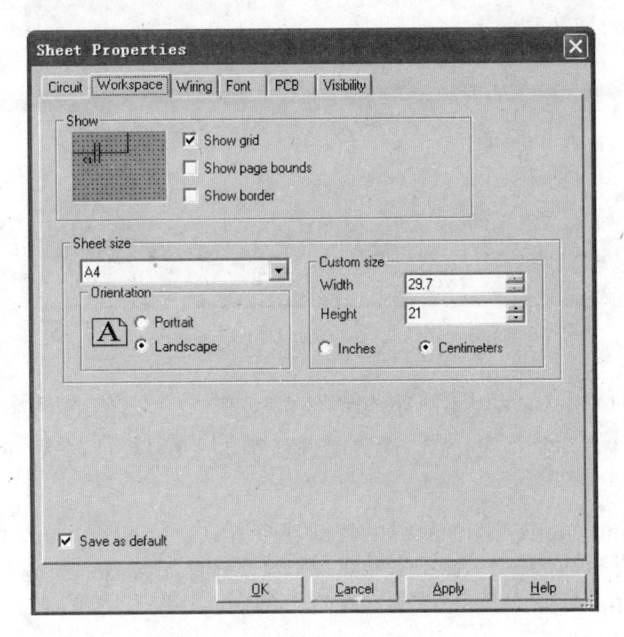

图 1-13 Workspace 选项卡

(1) Show(显示子选项)选项组。

- Show grid：是否显示栅格，在画图时，显示栅格可以方便元器件的排列和连线，使得电路图美观大方。所以，一般要勾选该选项。
- Show page bounds：是否显示图纸的边界。
- Show border：是否显示图纸边框。一般选择显示边框。

(2) Sheet size(图纸尺寸设置)选项组。

电路图可以用打印机打印，打印前要预先进行设置图纸的规格，通过下拉式列表框可以选择美国标准图纸 A、B、C、D、E，也可选择国际标准 A4、A3、A2、A1、A0 或者自定义。

- Orientation：设置图纸摆放的方向：Landscape（横放）或者 Portrait（竖放）。
- Custom Size：设置自定义纸张的 Width（宽度）和 Height（高度），单位为 Inches（英寸）或 Centimeters（厘米）。

3）Wiring（连线选项）选项卡

单击 Sheet Properties 对话框中的 Wiring 标签，见图 1-14。该选项卡有两个选项，主要用于设置电路图中导线和总线的宽度以及总级的连线方式。

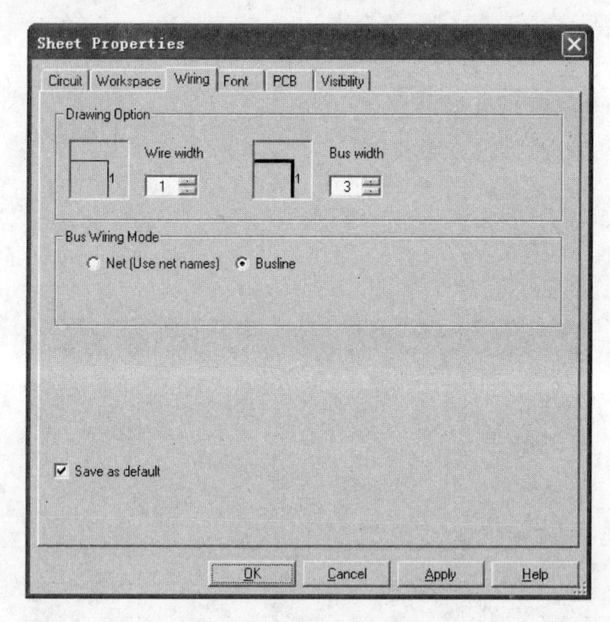

图 1-14　Wiring 选项卡

(1) Drawing Option：左边用来设置导线的宽度，宽度选值范围为 1～15，数值越大，导线越宽。右边用来设置总线宽度，其宽度选值为 3～45，数值越大，总线越宽。一般默认系统的设置。

(2) Bus Wiring Mode：设置总线的自动连接方式。

总线的操作有两种模式：Net 模式（网络形式）和 Busline 模式（总线形式），一般情况下，选择 Net 模式。

4）Font（字体选项）选项卡

单击 Sheet Properties 对话框中的 Font 标签，即可打开如图 1-15 所示的 Font 选项卡。该选项卡用于设置图纸中元器件参数、标识等文字的字体、字型和尺寸，以及字形的应用范围。

(1) 选择字形。

- Font（字体）：用于选择字体。默认字体为 Arial 宋体。
- Font Style（字型）：有 Bold（粗体字）、Bold Italic（粗斜体）、Italic（斜体字）和 Regular（正常）4 种选择。
- Size：选择字体大小。

- Sample：设置的字体预览，用来观察字体设置效果。

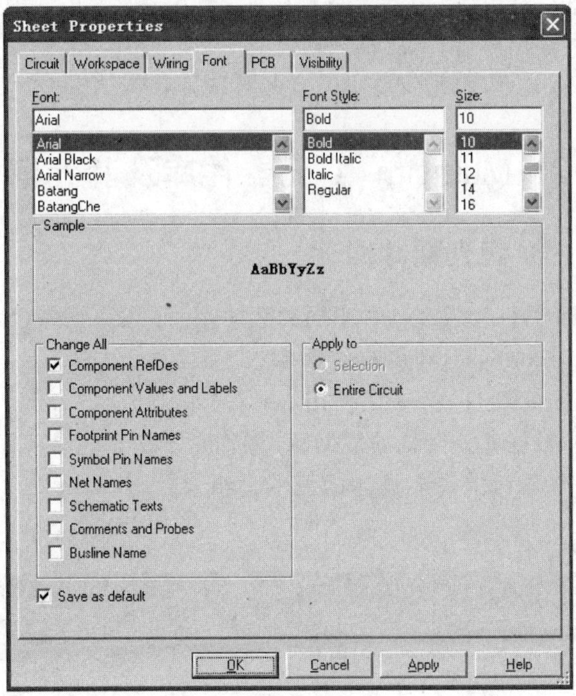

图 1-15　Font 选项卡

(2) Change All(选择字体的应用项目)选项组。

通过 Change All 选项组，设置电路窗口某项字体实现整体变化，即改变某项目中字体的设置，以后所画的电路图同项目字体都将随着变化。可选的项目有：

- Component RefDes：选择元器件编号采用所设定的字形。如 R1、C1、Q1、U1A、U1B 等元器件编号。
- Component Values and Label：选择元器件的标称值和标注文字采用所设定的字形。
- Component Attributes：选择元器件属性文字采用的字形。
- Footprint Pin Names：选择元器件引脚编号采用的字形。
- Symbol Pin Names：选择元器件引脚名称采用的字形。
- Net Names：选择网络名称采用的字形。
- Schematic Texts：选择电路图里的文字采用的字形。
- Comments and Probes：选择注释和探针采用的字形。
- Busline Name：选择总线名称采用的字形。

该选项对初学者来讲采取默认方式。

(3) Apply to(选择字体的应用范围)单选按钮。

- Selection：应用于选取的项目。
- Entire Circuit：应用于整个电路图。

上述4个选项卡，在每个选项卡设置完成后应该取消对话框左下角Save as default（以默认值保存）复选框，然后单击对话框下方的Apply按钮，再单击OK按钮退出。

以上设置完成并被保存后，下次打开软件就不必再设置。对初学者来说，完成以上设置就可以了，如要了解其他选项及设置，可以参阅相关书籍。

1.2 Multisim 10 元器件库及其元器件

1.2.1 Multisim 10 的元器件库

Multisim 10的元器件存放在3种不同的数据库中：主数据库(Master Database)、公司数据库(Corporate Database)和用户数据库(User Database)中，后两者存放企业或个人修改、创建和导入的元器件，第一次使用Multisim 10时，Corporate Database和User Database是空的。主数据库是默认的数据库，它又被分成17个组，每个组又被分成若干个系列(Family)，每个系列由许多具体的元器件组成。Multisim 10的主数据库界面如图1-16所示。

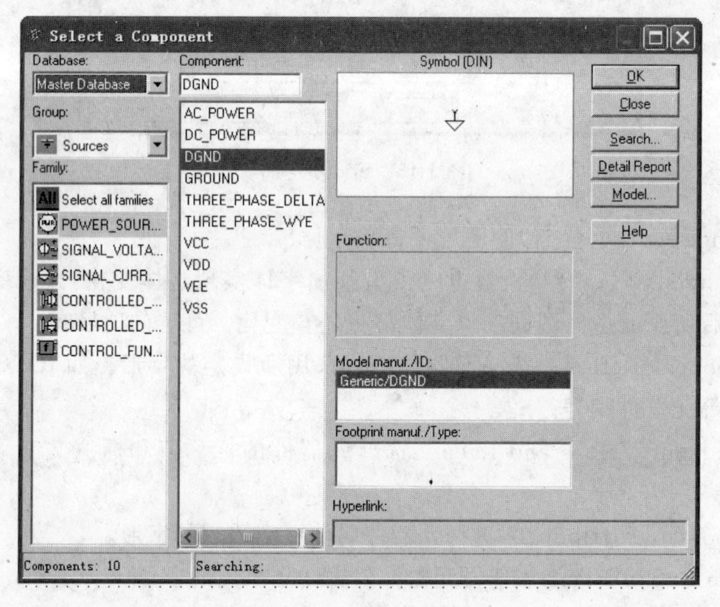

图1-16 主数据库界面

主数据库中包括17个元器件库。其中包括Sources(电源/信号源库)、Basic(基本元器件库)、Diodes(二极管库)、Transistors(晶体管库)、Analog(模拟集成电路库)、TTL(TTL元器件库)、CMOS(CMOS元器件库)、Mcu(微控制器库)、Advances_Peripherals(先进外围设备库)、Misc Digital(数字元器件库)、Mixed(混合元器件库)、Indicator(指示元器件库)、Power(电力元器件库)、Misc(杂项元器件库)、RF(射频元器件库)、Electro Mechanical(机电类元器件库)和Ladder-Diagrams(电气符号库)。在主数据库下面的每个分类元器件库中，又包括若干个元器件系列，每个系列中又包括若干个元器件。

当用户从元器件库中选择一个元器件符号放置到电路图窗口后，相当于将该元器件的仿真模型的一个副本输入在电路图中。在电路设计中，用户对元器件的任何操作都不会改变元器件库中元器件的模型数据。

- Database 下拉列表：选择元器件所属的数据库，默认 Master Databse（主数据库）。
- Group 下拉列表：选择元器件库的分类，共 17 种不同类型的库。
- Family 栏：每种库中包括的各种元器件系列。
- Component 栏：每个系列中包括的所有元器件。
- Symbol(DIN)：显示所选元器件的电路符号（这里选择的是欧洲标准）。

1. Sources（电源/信号源库）

电源/信号源库中包括：正弦交流电压源、直流电压源、电流信号源、接地端、数字接地端、时钟电压源、受控源等多种电源，如图 1-17 所示。

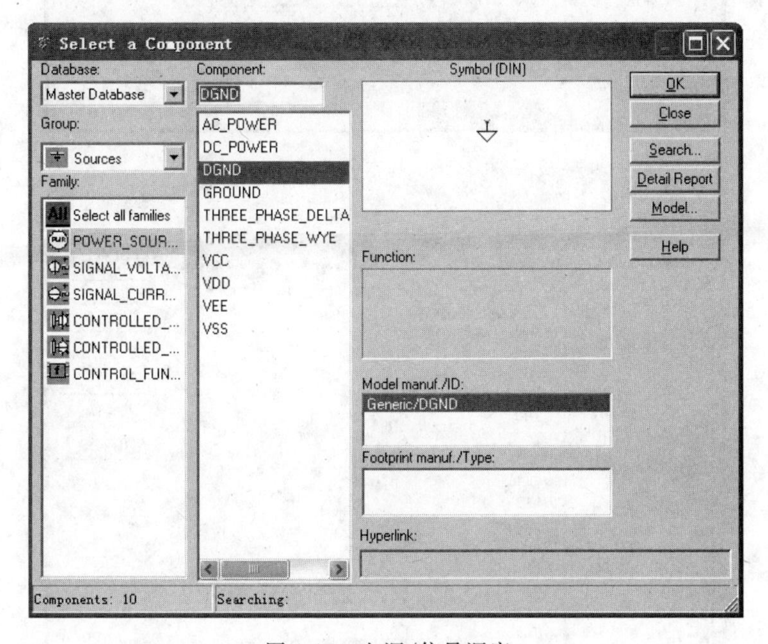

图 1-17　电源/信号源库

2. Basic（基本元器件库）

基本元器件库中有 17 个系列(Family)，每一系列又包括各种具体型号的元器件，常用的电阻、电容、电感和可变电阻、可变电容都在这个库中。还有电解电容器、开关、非线性变压器、继电器、连接器、插槽等，如图 1-18 所示。

3. Diodes（二极管库）

二极管库中共有 11 个系列(Family)，其中包含 DIODE（普通二极管）、ZENER（稳压二极管）、LED（发光二极管）、FWB（桥式整流二极管组）和 SCR（晶闸管）等。DIODES_VIRTUAL（虚拟二极管）只有两种，其参数是可以任意设置的，如图 1-19 所示。

4. Transistors（晶体管库）

晶体管库包含 20 个系列(Family)，其中有 NPN 型晶体管、PNP 型晶体管、达林顿晶

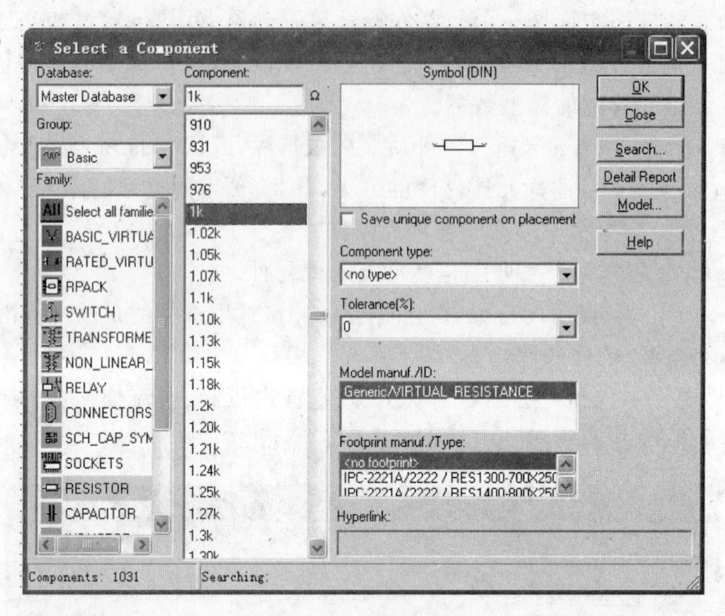

图 1-18　基本元器件库

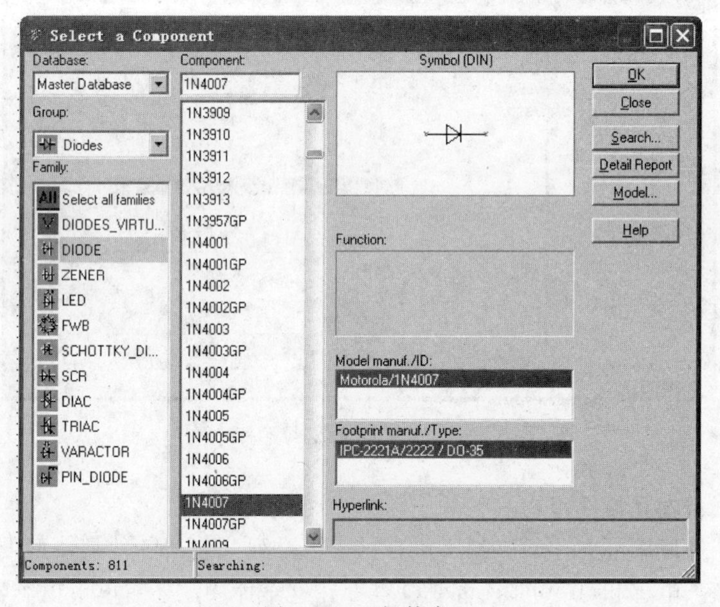

图 1-19　二极管库

体管、结型场效应晶体管、耗尽型 MOS 场效应晶体管、增强型 MOS 场效应晶体管、MOS 功率管、CMOS 功率管等，如图 1-20 所示。

5. Analog(模拟集成电路库)

模拟集成电路元器件库含有 6 个系列(Family)，分别是 ANALOG_VIRTUAL(虚拟运算放大器)、OPAMP(运算放大器)、OPAMP_NORTON(诺顿运算放大器)、COMPARATION(比较器)和 SPECIAL_FUNCTION(宽带放大器)，如图 1-21 所示。

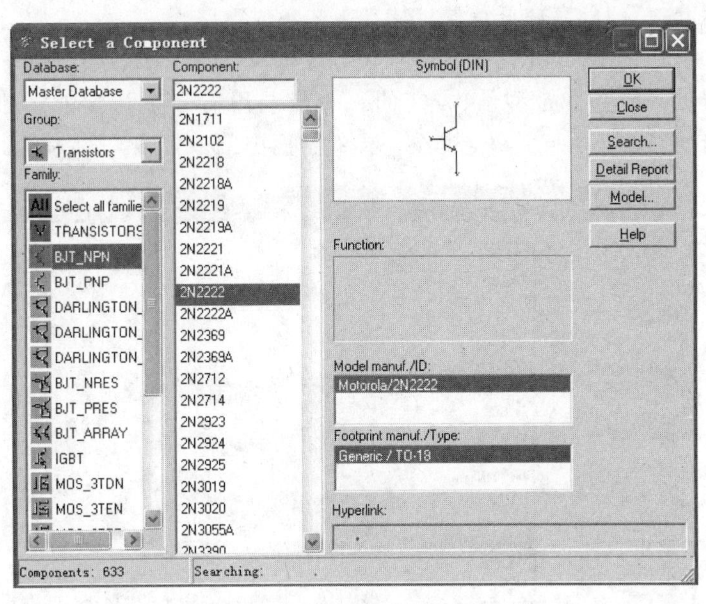

图 1-20　晶体管库

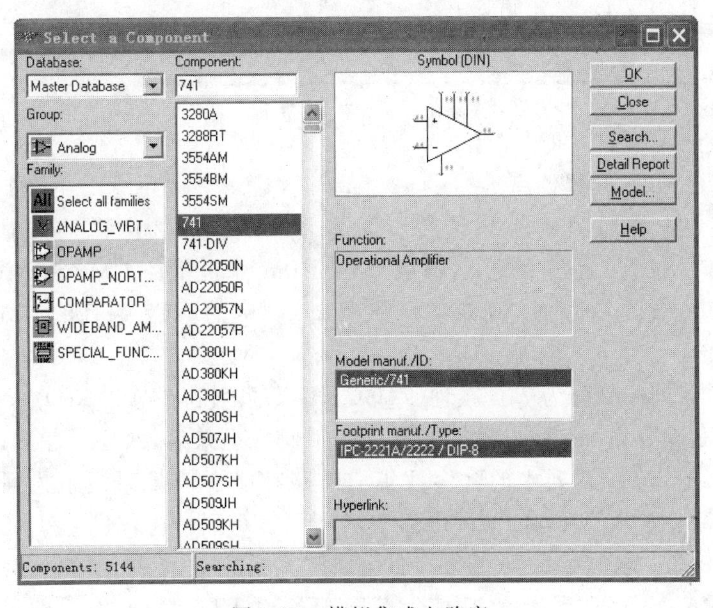

图 1-21　模拟集成电路库

6. TTL(TTL 元器件库)

TTL 元器件库包含 9 个系列(Family),主要包括 74STD_IC、74STD、74S_IC、74S、74LS_IC、74LS、74F、74ALS、74AS。每个系列都含有大量数字集成电路。其中,74STD 系列是标准 TTL 集成电路,74LS 系列是低功耗肖特基工艺型集成电路,74AS 代表先进(即高速)的肖特基型集成电路,是 S 系列的后继产品,在速度上高于 ALS 系列。74ALS 代表先进(即高速)的低功耗肖特基工艺,在速度和功耗方面均好于 74LS 系列,是其后继产品。74F 为仙童公司的高速低功耗肖特基工艺集成电路。

Multisim 10 中的 IC 结尾的表示使用集成块模式，而没有 IC 结尾的表示使用单元模式。TTL 元器件一般是复合型结构，在同一个封装里有多个相互独立的单元电路，如 74LS08D，它有 A、B、C、D 四个功能完全一样的与门电路。如图 1-22 所示。

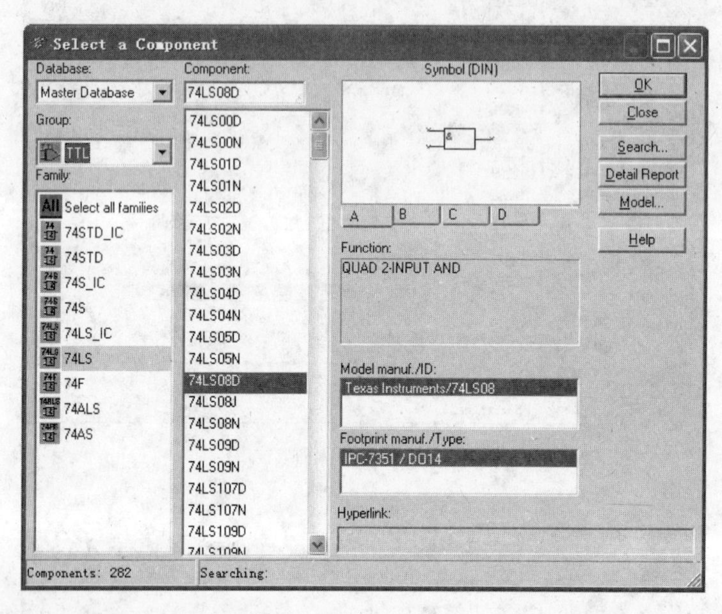

图 1-22　TTL 元件库

7. CMOS（CMOS 元器件库）

CMOS 集成电路是以绝缘栅场效应晶体管（即金属-氧化物-半导体场效应晶体管，亦称单极型晶体管）为开关的元器件。Multisim 10 提供的 CMOS 集成电路共有 14 个系列，主要包括 74HC 系列、4000 系列和 TinyLogic 的 NC7 系列的 CMOS 数字集成电路。

在 CMOS 系列中又分为 74C 系列、74HC/HCT 系列和 74AC/ACT 系列。对于相同序号的数字集成电路，74C 系列与 TTL 系列的引脚完全兼容，故序号相同的数字集成电路可以互换，并且 TTL 系列中的大多数集成电路都能在 74C 系列中找到相应的序号。74HC/HCT 系列是 74C 系列的一种增强型，与 74LS 系列相比，74HC/HCT 系列的开关速度提高了 10 倍；与 74C 系列相比，74HC/HCT 系列具有更大的输出电流。74AC/ACT 系列也称为 74ACL 系列，在功能上等同于各种 TTL 系列，对应的引脚不兼容，但 74AC/ACT 系列的集成电路可以直接使用到 TTL 系列的集成电路上。74AC/ACT 系列在许多方面超过 74HC/HCT 系列，如抗噪声性能、传输延时、最大时钟速率等。

Multisim 10 软件中根据 CMOS 集成电路的功能和工作电压，将它分成 6 个系列：CMOS_5V、CMOS_10V、CMOS_15V 和 74HC_2V、74HC_4V、74HC_6V。Multisim 10 中同样有 CMOS 的 IC 模式的集成电路，分别是 CMOS_5V_IC、CMOS_10V_IC 和 74HC_4V_IC。

TinyLogic 的 NC7 系列根据供电方式分为：TinyLogic_2V、TinyLogic_3V、

TinyLogic_4V、TinyLogic_5V 和 TinyLogic_6V，共五种类型，如图 1-23 所示。

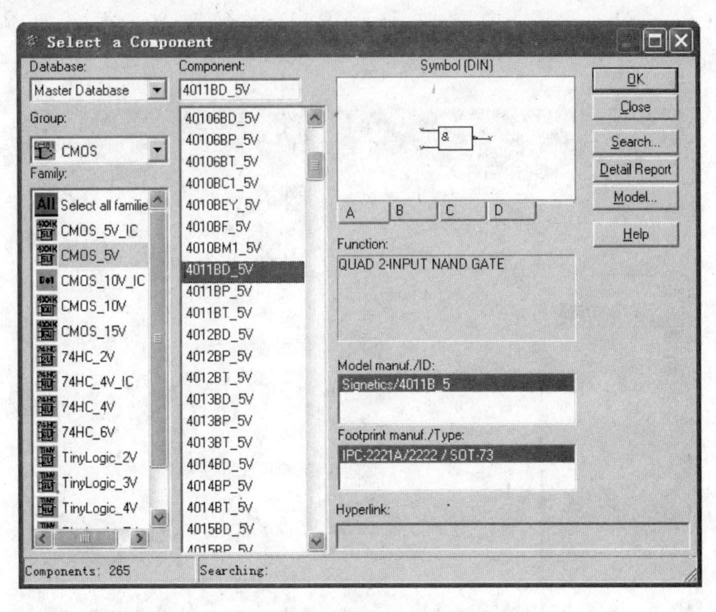

图 1-23　CMOS 元器件库

在对含有 CMOS 数字器件的电路进行仿真时，必须在电路工作区内放置一个 VDD 电源符号，其数值根据 CMOS 器件要求来确定，同时还要再放一个数字接地符号。

8. MCU Module(微控制器元器件库)

其中包含 4 个系列(Family)，主要为：8051 和 8052 两种单片机、PIC 系列的两种单片机、数据存储器和程序存储器，如图 1-24 所示。

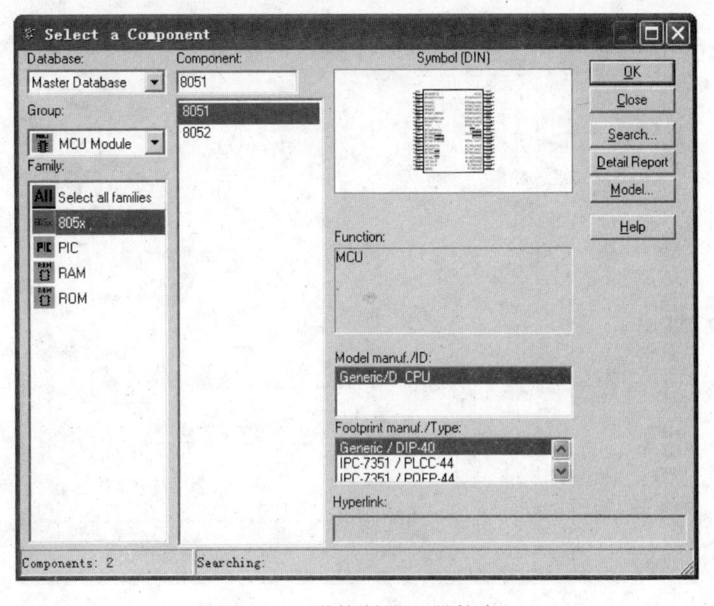

图 1-24　微控制器元器件库

9. Advanced_Peripherals(高级外围设备库)

Advanced_Peripherals 主要包括 KEYPADS(键盘)、LCD(液晶显示器)和 TERMINALS(终端设备),如图 1-25 所示。

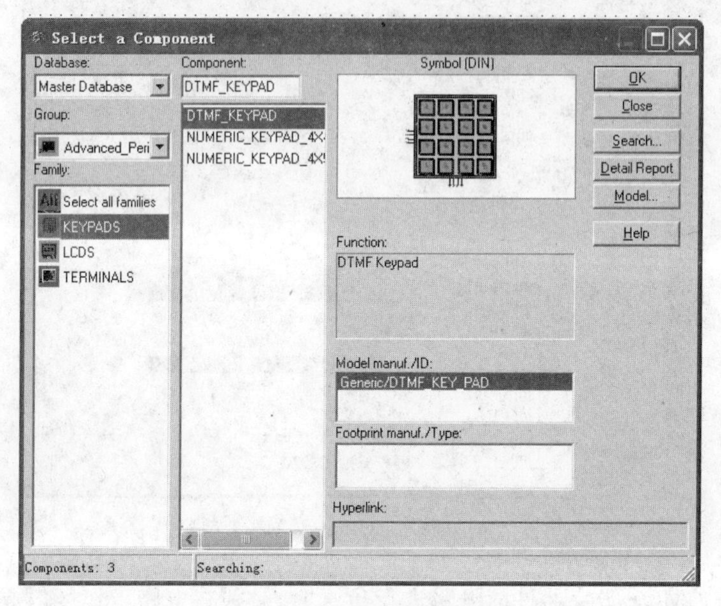

图 1-25 高级外围设备库

10. Misc Digital(其他数字器件库)

其他数字器件库包含 TIL、DSP、FPGA、PLD、CPLD、微控制器、微处理器、VHDL、存储器、线性驱动器、线性接收器、线性无线收发器等 12 个系列器件,如图 1-26 所示。

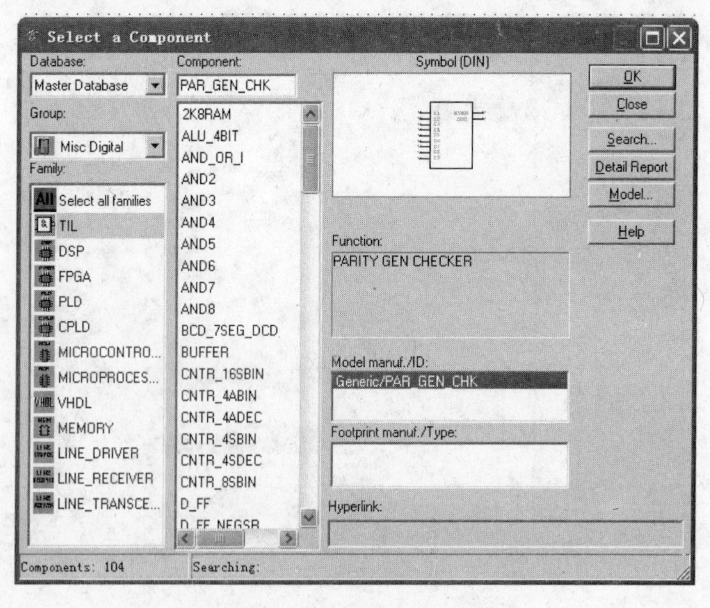

图 1-26 其他数字器件库

11. Mixed(数模混合器件库)

混合元器件库包含 5 个系列(Family),主要有 Timer(555 定时器)、ADC/DAC(模数/数模转换器)、MULTIVIBRATORS(多谐振荡器)等,如图 1-27 所示。

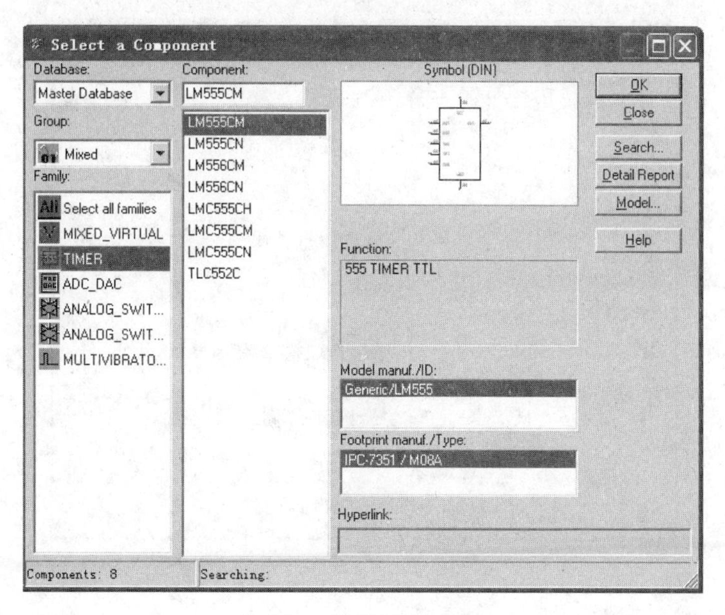

图 1-27　数模混合器件库

12. Indicators(指示器件库)

指示器件库含有 8 个系列,它们是 VOLTMER(电压表)、AMMETER(电流表)、PROBE(逻辑指示灯)、BUZZER(蜂鸣器)、LAMP(灯泡)、VIRTUAL_LAMP(虚拟灯泡)、HEX_DISPLAY(7 段数码管)等,如图 1-28 所示。

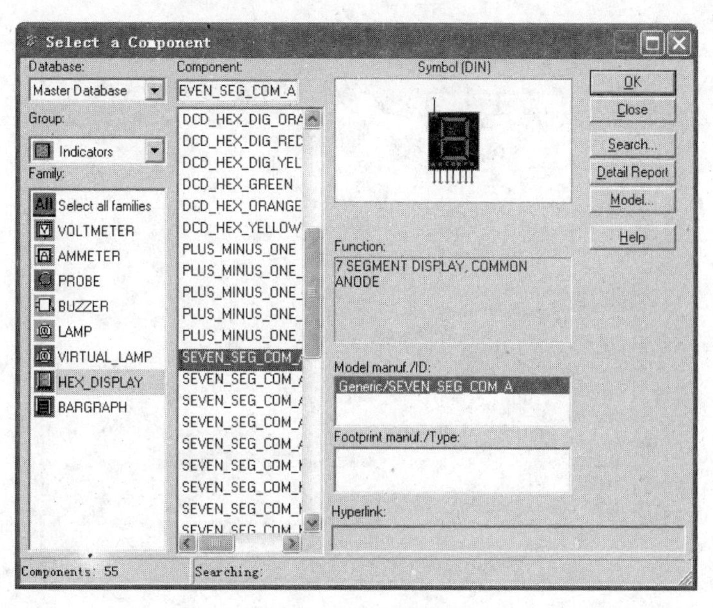

图 1-28　指示器件库

13. Power(电源器件库)

电源器件库包括 FUSE(熔断器)、VOLTAGE_REGULATOR(三端稳压器)、PWM_CONTROLLER(脉宽调制控制器)等,如图 1-29 所示。

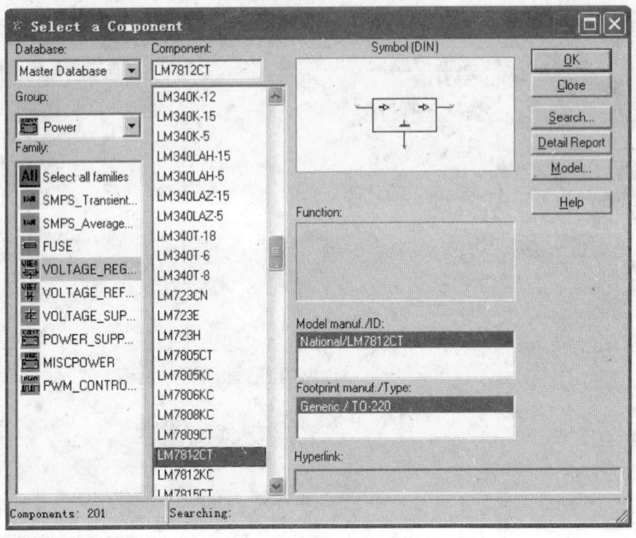

图 1-29 电源器件库

14. Misc(杂项元器件库)

杂项元器件库包括传感器、OPTOCOUPLER(光电耦合器)、CRYSTAL(晶体振荡器)、VACUUM_TUBE(电子管)、BUCK_CONVERTER(开关电源降压转换器)、BOOST_CONVERTER(开关电源升压转换器)、BUCK_BOOST_CONVERTER(开关电源升降压转换器)、LOSSY_TRANSMISSION_LINE(有损耗传输线)、LOSSLESS_LINE_TYPEI(无损耗传输线 1)、LOSSLESS_LINE_TYPE2(无损耗传输线 2)、FILTERS(滤波器)等,如图 1-30 所示。

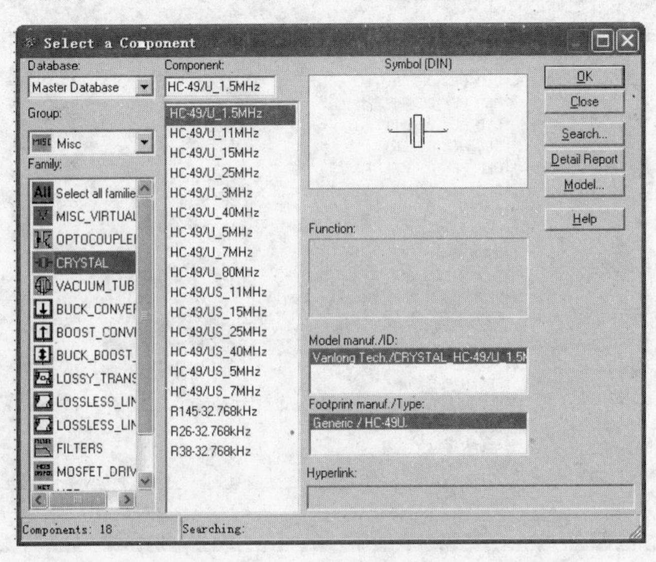

图 1-30 其他数字器件

15. RF(特高频元器件库)

射频(特高频)元器件库包含：RF_CAPACITOR(射频电容)、RF_INDUCTOR(射频电感)、RF_BJT_NPN(射频 NPN 型三极管)、RF_BJT_PNP(射频 PNP 型三极管)、RF_MOS_3TDN(射频 MOSFET 管)等，如图 1-31 所示。

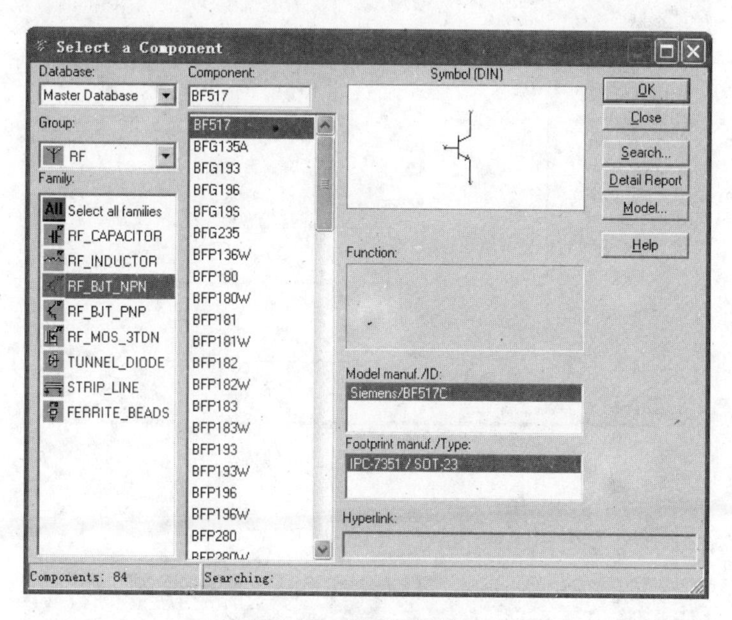

图 1-31 射频元器件库

16. Electro_Mechanical(机电类器件库)

机电类器件库包含：SENSING_SWITCHES(检测开关)、MOMENTARY_SWITCHES(瞬时开关)、SUPPLEMENTARY_CONTACTS(附加触点开关)、TIMED_CONTACTS(定时触点开关)、COILS_RELAYS(线圈和继电器)、LINE_TRANSFORMER(线型变压器)、PROTECTION_DEVICES(保护装置)、OUTPUT_DEVICES(输出装置)，如图 1-32 所示。

1.2.2 元器件的查找

在元器件库中查找元器件的途径有两种：分门别类地浏览查找和输入元器件名称查找。

1. 分门别类浏览查找

选取元器件时，一般首先要知道该元器件属于哪个元器件库(17 个元器件库)，将光标指向元器件工具栏上的该元器件所属的该元器件分类库图标，即可弹出 Select a Component(选择元器件)对话框(见图 1-33)。在该对话框中显示所选元件的相关资料。

在该对话框中首先在 Group 下拉列表中选择器件组，再在 Family 下拉列表中选择相应的系列，这时在元器件区会弹出该系列的所有元器件列表，选择一种元器件，功能区就出现了每种元器件的信息。

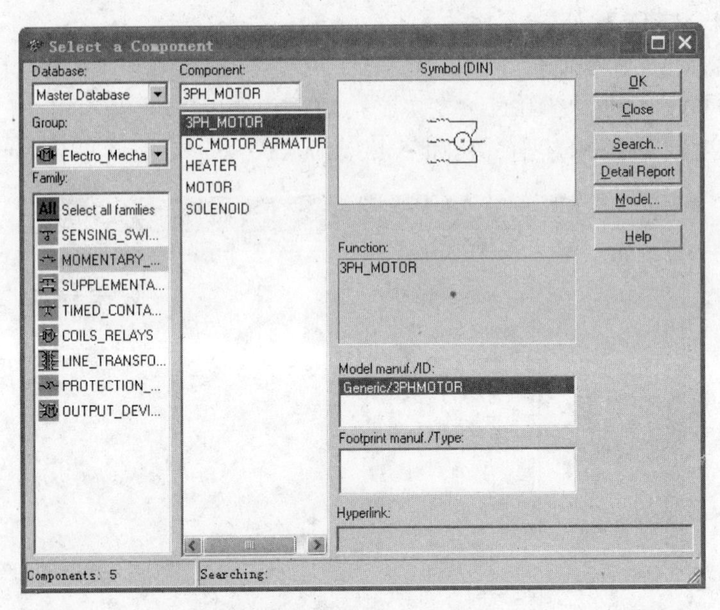

图 1-32　机电类元器件库

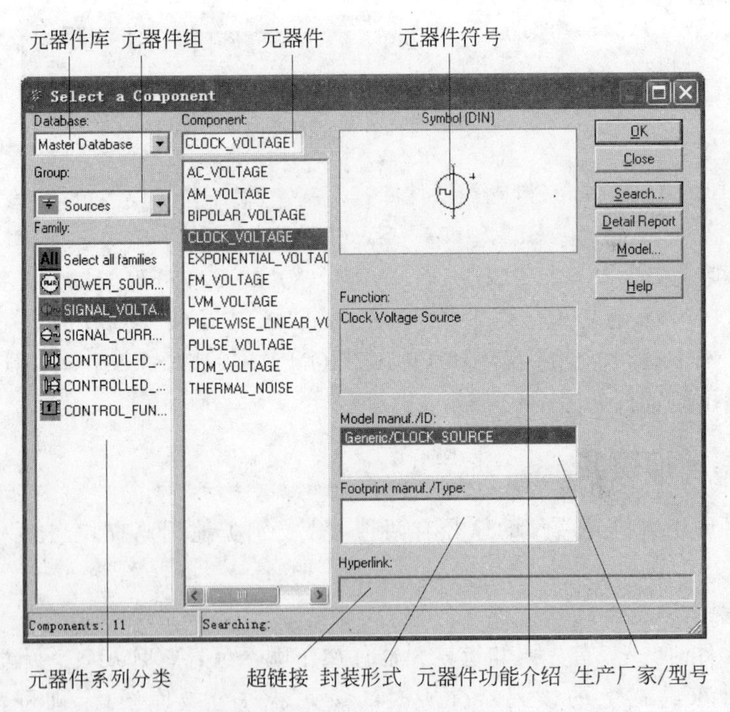

图 1-33　元器件库浏览窗口

案例 1-1：复合封装元器件 74LS00 的放置。

单击元器件工具栏中的图标，弹出 Select a component 对话框，在 Family 列表栏中选择 74LS，在 Component 列表中，可以看到 74LS 系列所有的元器件。选择 74LS00D，单击 OK 按钮，切换到电路图设计窗口下，如果是第一次放置 74LS00D，可以看到如

图 1-35(a)所示的选择菜单，这意味着最多可以连续放置 4 个与非门电路，右击菜单的 A、B、C、D，与非门电路就会自动出现在电路工作区，并自动编排序号 U1A、U1B、U1C、U1D，如图 1-35(b)所示。

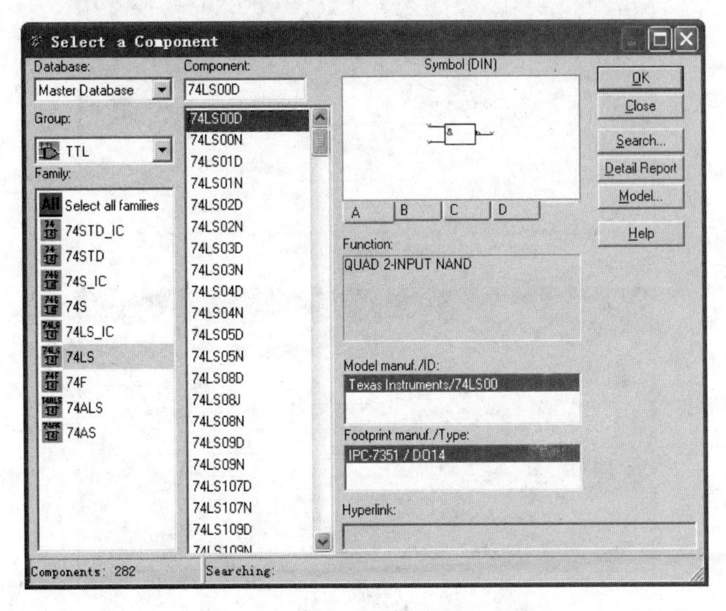

图 1-34 复合封装元器件的查找

如果是图 1-36(a)所示的菜单，表示在电路工作区已经放置过该元器件的一个单元电路，元器件的标识为 U1。用户可以单击 U1 中的 B、C、D 继续放置。也可以单击 New 一栏中的 A、B、C、D 按钮，放置一个新的元器件的单元电路，其编号自动为 U2A、U2B、U2C、U2D，如图 1-36(b)所示。

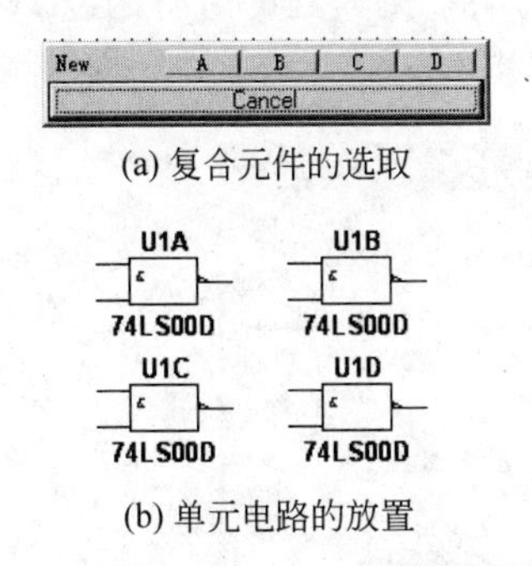

(a) 复合元件的选取

(b) 单元电路的放置

图 1-35 元器件片段选择 1

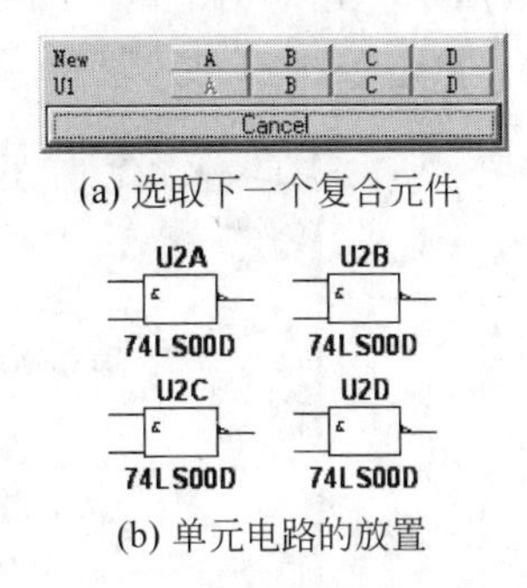

(a) 选取下一个复合元件

(b) 单元电路的放置

图 1-36 元器件片段选择 2

2. 搜索元器件

如果对元器件分类信息有一定的了解，Multisim 10 提供了强大的搜索功能，帮助用户快速找到所需元器件，具体操作如下：

(1) 选择 Place→Component 命令，弹出 Select a compnent(选择元器件)对话框。

(2) 单击 Search(搜索)按钮，弹出如图 1-37(a)所示的 Search Component(搜索元器

件)对话框。Component 栏中可以输入关键词。

(3) 单击 Advanced 按钮,弹出详细搜索对话框,如图 1-37(b)所示。

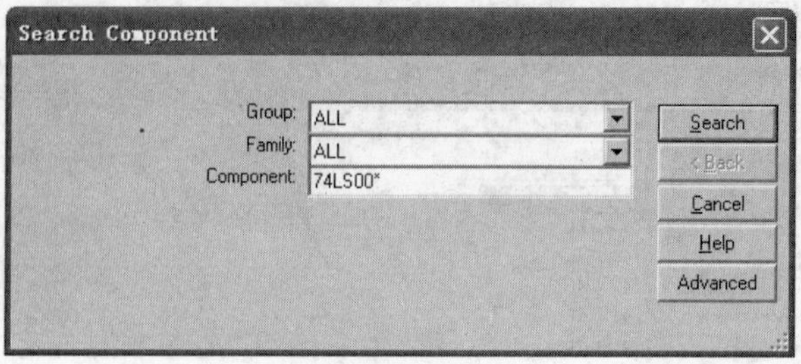

(a) 搜索元器件对话框

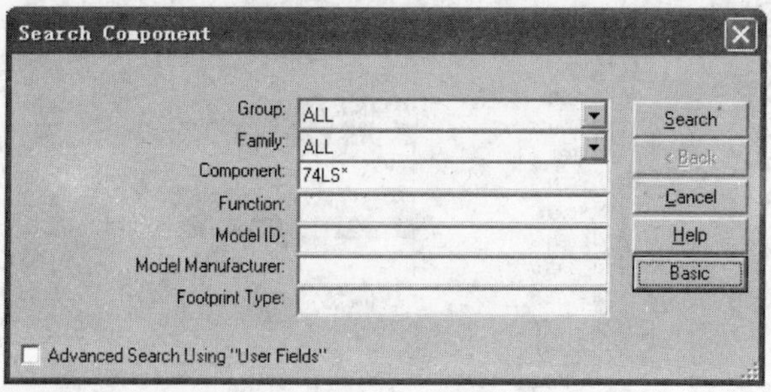

(b) 设置更多搜索条件

图 1-37　Select a Component 对话框

(4) 输入搜索关键词,可以是数字和字母(不区分大小写),对话框中的空白处至少填入一个条件,条件越多查得越准,在 Component 框中输入字符串,如 74LS *,然后单击 Search 按钮,即可开始搜索,最后弹出搜索结果 Search Component Result 对话框,如图 1-38(a)所示。在对话框的 Component 列表栏中,列出了搜索到的所有的以 74LS 开头的元器件。单击查找到的元器件,单击 OK 按钮,将查找的元器件放置在电路图窗口。

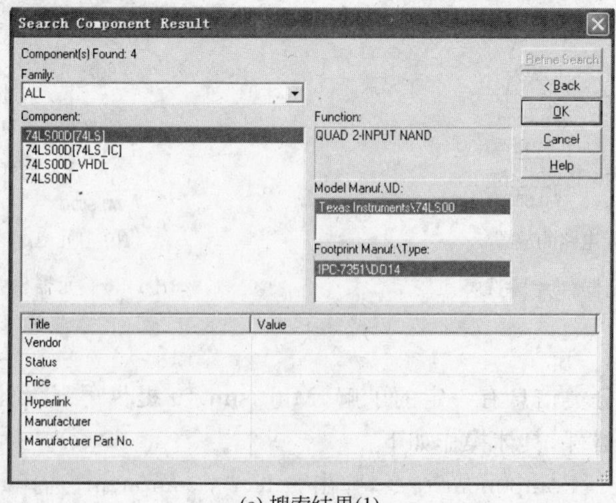

(a) 搜索结果(1)

图 1-38　Search Component Result 对话框

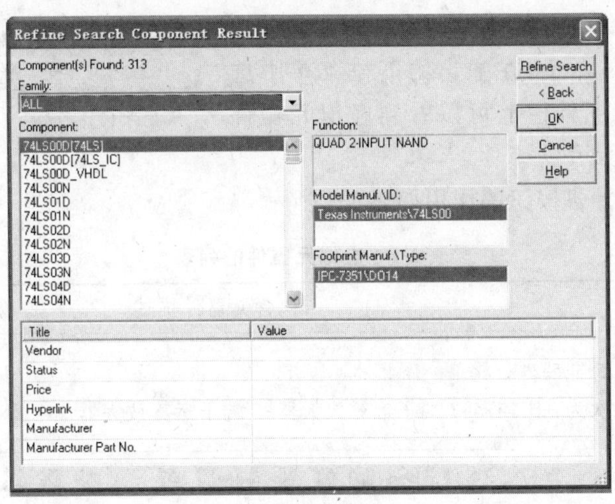

(b) 搜索结果(2)

图 1-38　(续)

1.2.3　使用虚拟元器件

Multisim 10 中的元器件有两大类：实际元器件和虚拟元器件。严格地讲，元器件库中所有的元器件都是虚拟的。实际元器件是根据实际存在的元件参数精心设计的，与实际存在的元件基本对应，模型精度高，仿真结果可靠。而虚拟元器件是指元件的大部分模型参数是该种(或该类型)元件的典型值，部分模型参数可由用户根据需要而自行确定的元件。

在元件查找过程中，当用户搜索到某个元器件库时，在 Family 栏下凡是出现墨绿色按钮者，表示该系列为虚拟元器件，选中该虚拟元器件，在 Component 栏下，显示出了该系列所有的虚拟元器件名称，选中其中的一个元器件，再单击 OK 按钮，该虚拟元器件就可以被放置到电路工作区，如图 1-39 所示。

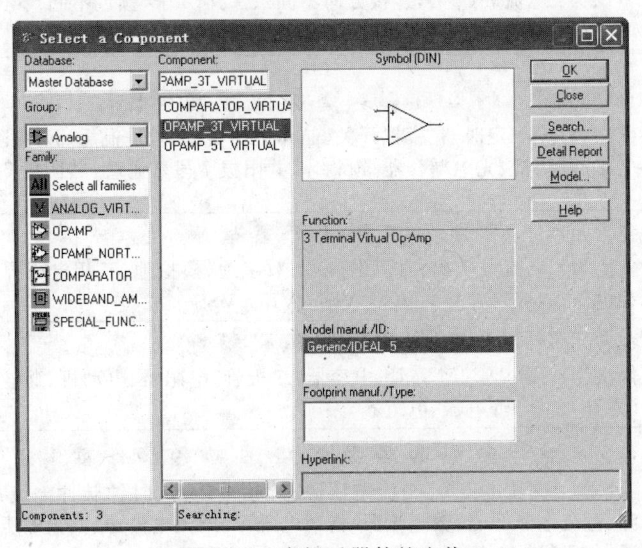

图 1-39　虚拟元器件的查找

一般情况下，虚拟元器件库是这样打开的：选择 View→Toolbars 命令，在弹出的下拉菜单中选中 Virtual 选项，在工具栏上可以看到虚拟元器件工具条，如图 1-40 所示。

图 1-40　虚拟元器件工具条

虚拟元器件条上各按钮的作用如表 1-1 所示。

表 1-1　虚拟元器件的列表

图标描述	包含元器件描述
模拟元器件按钮	包含元器件： 依次为：比较器；3 端子运算放大器；5 端子运算放大器
基本元器件按钮	包含元器件： 依次为：电容器、空芯电感器、磁芯电感器、非线性变压器、电位器、常开触点继电器、常闭触点继电器、组合继电器、电阻器、音频变压器、多功能变压器、功率变压器、变压器、可变电容器、可变电感器、上拉电阻、压控电阻器
二极管元器件按钮	包含元器件： 依次为二极管、稳压二极管
晶体管元器件按钮	包含元器件： 依次为：四端子双极型 NPN 型晶体管。双极型 NPN 型晶体管。四端子双极 PNP 型晶体管。双极 PNP 型晶体管、N 型砷化镓场效应管、P 型砷化镓场效应管、N 型场效应管、P 型场效应管、3 端子 N 型增强型 MOS 管、3 端子 P 型耗尽型 MOS 管、3 端子 N 型增强型 MOS 管、3 端子 P 型增强型 MOS 管、4 端子 N 型耗尺型 MOS 管、4 端子 P 型耗尽型 MOS 管、4 端子 N 型增强型 MOS 管、4 端子 P 型增强性 MOS 管
测量元器件按钮	包含元器件： 依次为：电流表（4 个，连接方向不同）、探针（5 个，颜色不同）、电压表（4 个，接连方向不同）
混杂元器件按钮	包含元器件： 依次为：555 定时器、模拟开关、晶体振荡器、十六进制 DCD、保险丝、灯泡、单稳态电路、电动机、光电耦合器、锁相环、共阳极 7 段数码管、共阴极 7 段数码管
电源按钮	包含元器件： 依次为：交流电压源、直流电压源、数字地、模拟地、三相电压源（三角形连接）、三相电压源（星形连接）、VCC、VDD、VEE、VSS
虚拟定值元器件按钮	包含元器件： 依次为：NPN 管、PNP 管、电容器、二极管、电感器、电动机、继电器（常闭）、继电器（常开）、组合继电器、电阻器
信号源按钮	包含元器件： 依次为：交流电流源、交流电压源、调幅电压源、时钟脉冲电流源、时钟脉冲电压源、直流电流源、指数电流源、指数电压源、调频电流源、调频电压源、分段线性电流源、分段线性电压源、脉冲电流源、脉冲电压源

在电子设计中选用实际元器件，不仅可以使设计仿真与实际情况有良好的对应性，还可以直接将设计导出到 Ultiboard 10 中进行 PCB 的设计。虚拟元器件只能用于电路的仿真。

1.3　Mulitisim 10虚拟仪器的使用

在仿真分析时，电路的运行状态和结果要通过测试仪器来显示。Multisim 10 提供了大量用于仿真电路测试和研究的虚拟仪器，这些仪器的操作、使用、设置、连接和观测过程与真实仪器几乎完全相同，就如同在电子实验室里使用真实的仪器一样。在仿真过程中，这些仪器能够非常方便地监测电路的工作情况，对仿真结果进行显示与测量。另外，从 Multisim 8 以后，利用 NI 公司的灵活、方便、图形化的虚拟仪器编程软件 LabVIEW，可以定制出自己的虚拟仪器，用于仿真电路的测试和控制，从而将仿真电路与实测环境、真实测试设备有机地联系起来，极大地扩展了 Multisim 的仿真功能。Multisim 10 提供了 18 种虚拟仪器仪表、另外还有电流检测探针 1 个、实时测量探针 1 个，以及 4 种 LabVIEW 采样仪器和动态实时测量探针 1 个，如图 1-5 所示。

仿真使用时，在工作窗口内的虚拟仪器仪表有两个显示界面：添加到电路中的仪器仪表图标和进行操作显示的仪器仪表面板。例如字信号发生器的面板和图标如图 1-41 所示。用户通过仪器仪表图标的外接端子将仪器接入电路，双击仪器图标弹出仪表面板，并在仪器面板中进行设置、显示等操作。用户还可以用鼠标将仪器面板拖动到电路窗口的任何位置。允许在一个电路中同时使用多个相同的虚拟仪器，只不过它们的仪器标识不同。

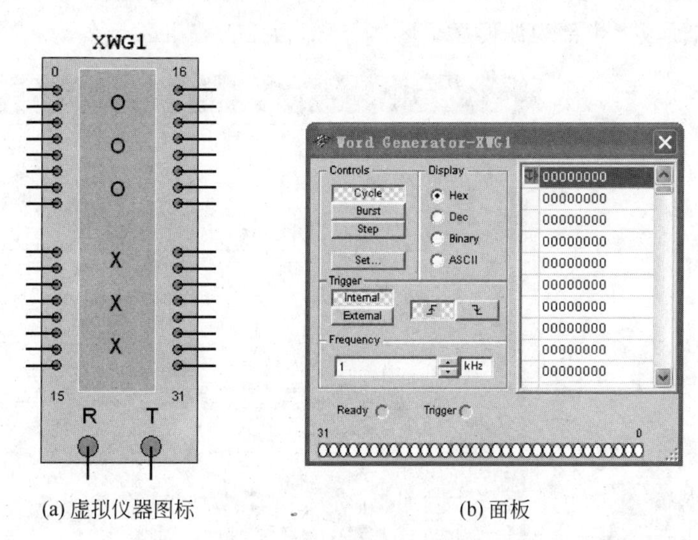

(a) 虚拟仪器图标　　(b) 面板

图 1-41　字信号发生器的图标和面板

大多数虚拟仪器具有以下特性：

仿真的同时可以改变设置；仿真的同时重新连接仪器端子；在一个电路图中可以使用多个同样的仪器；对仪器进行的设置和显示的数据可以与电路图一起保存；仪器显示的数

据同样可以在图形窗口中显示；仪器面板可以根据屏幕分辨率和显示模式自动改变其大小；可以非常方便地将显示结果保存为.txt、.lvm和.tdm格式的数据文件。

使用虚拟仪器时，可按下列步骤操作。

(1) 选用仪器。从仪器库中将所选用的仪器图标拖放到电路工作区即可，类似元器件的拖放。

(2) 连接仪器。将仪器图标上的连接端(接线柱)与相应电路的连接点相连，连线过程类似元器件的连线。

(3) 设置仪器的参数。双击仪器图标即可打开仪器面板。可以操作仪器面板上相应按钮设置对话框的数据。

(4) 改变仪器的参数。在测量或观察过程中，可以根据测量或观察结果来改变仪器参数的设置，如示波器、逻辑分析仪、函数信号发生器等。

(5) 使用仪器。仪器的连接和参数设置完成后，选择 Simulate→Run 命令，或者单击"仿真运行"开关，在仪器面板上就显示出所要测量的数据和波形，并可以像操作实际仪器一样，在仪器面板上操作虚拟仪器。

下面对数字电路中经常使用的仪器进行详细说明。

1.3.1 双通道示波器

示波器(oscilloscope)是电子实验中使用最为频繁的仪器之一。可以用来观察信号的波形、测量信号的幅值、频率及周期等参数。

1. 图标和面板

如图 1-42 所示，图标上共有 6 个端子，分别为 A 通道的正负端、B 通道的正负端和外触发的正负端，面板上半部为波形显示区，下半部为控制按钮区。

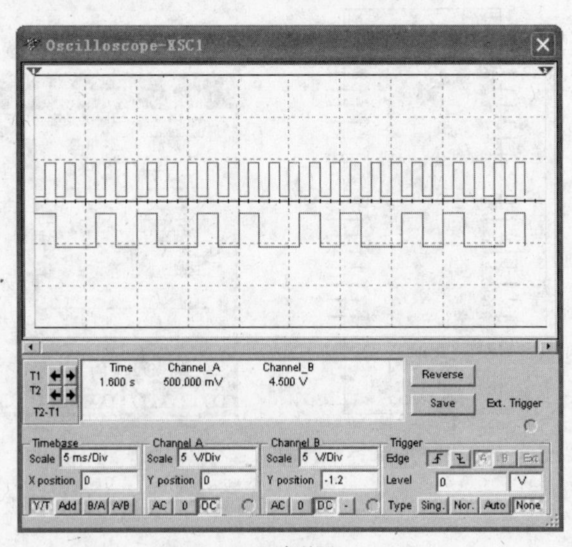

(a) 图标　　　　(b) 波形图

图 1-42　双通道示波器图标与面板

2. 连接

双通道示波器有 A、B 两个通道，可同时观察和测量两路输入信号。A、B 两个通道的正端分别只需要一根导线与待测点相连接，测量的是该点与地之间的电压波形，使用 Multisim 10 画电路图，电路中必须有接地端。如果被测电路已有接地符号，示波器 A、B 两个通道的负端可以不必再接地，这和真实示波器是不同的。

若需测量元器件两端的电压波形，只需将 A 或 B 通道的正负端与元器件两端分别相连即可。

3. 使用与设置

占据示波器操作面板上绝大部分的是显示屏，下部是设置和测量数据显示区。

1) Timebase(扫描时基选择)

用来设置 X 轴方向的扫描线和扫描速率。

(1) Scale(扫描时间)：表示 X 轴方向每一刻度代表的时间。单击该栏将出现刻度翻转按钮，上下微调按钮可选择适当的值。初始设置扫描时间与被测电路中信号源的周期相同。

(2) X Position(X 轴位移)：表示 X 轴方向扫描线的起始位置。

单击该框将出现刻度翻转按钮，修改其设置可以使扫描线左右移动。

(3) Y/T：表示 Y 轴显示 A、B 通道的波形，X 轴显示扫描线。

(4) A/B 或 B/A：表示将 B 通道信号作为 X 轴扫描信号，将 A 通道信号施加在 Y 轴上；而 B/A 则相反。以上这两种方式可用于观察李莎育图形。

(5) Add：表示 X 轴按设置时间进行扫描，而 Y 轴方向显示 A、B 通道输入信号之和。

2) Channel A(A 通道控制)区：用来设置 Y 轴方向 A 通道输入信号的刻度。

(1) Scale：表示 Y 轴方向对输入信号每格所表示的电压数值(伏/格)。单击该栏后出现刻度翻转列表，根据所测信号电压的大小，上下翻转选择一适当的值。

(2) Y position：表示时间扫描基极在显示屏幕的上、下位置。当其值大于 0 时，时间基线在屏幕中线上侧，反之在下侧。

(3) AC：交流耦合，被测信号经过隔直电容器输入示波器。这种输入方式只能观察输入信号中的交流分量，使用交流耦合，波形的第一个周期显示是不准确的。一旦直流成分被计算出来并在第一个周期后被剔除掉，波形就正确了。

(4) DC：直接耦合，被测信号的交直流分量都会显示出来。此时的“Y position”应选择为 0，以便测量直流成分。

(5) 0：表示将输入信号对地短路。

3) Channel B(B 通道控制)区：

Channel B 用于设置 Y 轴方向 B 通道输入信号的刻度。其设置与 Channel A 区相同。

4) Trigger(触发方式控制)区。

Trigger 区用于设置触发方式。

Edge：表示边沿触发(上升沿或下降沿)。

触发源有两种选择：一种是外触发(EXT)；另一种是内触发，来源是A通道或B通道的输入信号，用鼠标单击A按钮或B按钮。需要外部触发信号触发时，单击Ext按钮，但前提是示波器的Exl Trig(外触发端)端必须外接触发信号源。一般选择内触发。

- Edge(边沿触发)：可选择输入信号的上升或下降沿作为触发信号。
- Type：触发方式选择。
- Sing：单次触发方式。
- Nor：常态触发方式。
- Auto：自动触发方式，一般情况下使用Auto方式。
- None：下设定触发方式。一旦按下None按钮，A、B、Ext 3个按钮自动失效。
- Level(触发电平设置)：触发电瑋给输入信号设置门槛，只有当输入信号电平达到触发电平时，示波器才开始扫描。
- Type(信号触发方式)：
- 单击Sing按钮：触发信号达到触发电平门槛时，示波器只扫描一次。
- 单击Nor按钮：常态扫描方式按钮。
- 单击Auto按钮：自动扫描方式，不管有无触发信号均有扫描线。一般情况下使用Auto方式。
- 单击None按钮：触发信号不用选择。一旦按下None按钮，内外触发信号选择就毫无意义(Edge后面的3个按钮失效)。

5）波形显示区

信号波形的颜色可以通过设置A、B通道连接导线的颜色来改变。

屏幕背景颜色可以在黑白之间切换，单击面板右下角的Reverse按钮，即可将背景颜色由黑变白，再次单击Reverse按钮，屏幕恢复为黑色。但是切换条件是系统必须处在仿真状态。

垂直游标的使用：在屏幕上有两条T1、T2可以左右移动的游标，指针上方注有1、2的三角形标志，用以读取所显示波形的数值，并将其显示在屏幕下方的测量数据显示区。数据区显示T1时刻、T2时刻，T2-T1时间段读取的3组数据，每一组数据都包含时间值(Time)、信号1的幅值(Channel_A)和信号2的幅值(Channel_B)。用户可以将鼠标光标指在游标上，然后按下左键拖动游标左右移动，或通过单击数据区左侧T1、T2的箭头按钮移动游标左右移动读取数值。

通过上述操作，可以测量信号的周期、脉冲信号的宽度和幅值等参数。为使测量数值准确，单击Pause simulation(暂停仿真)按钮，使波形“冻结”，然后再测量，如图1-43所示。

1.3.2 四通道示波器

4通道示波器可以同时显示4路信号的波形，可以分别测量各路信号的频率、幅度、脉冲宽度等参数。

1. 图标和面板

示波器图标上有6个接线端：A通道接线端、B通道接线端、C通道接线端、D通道接线端、接地端G和外触发输入端T。

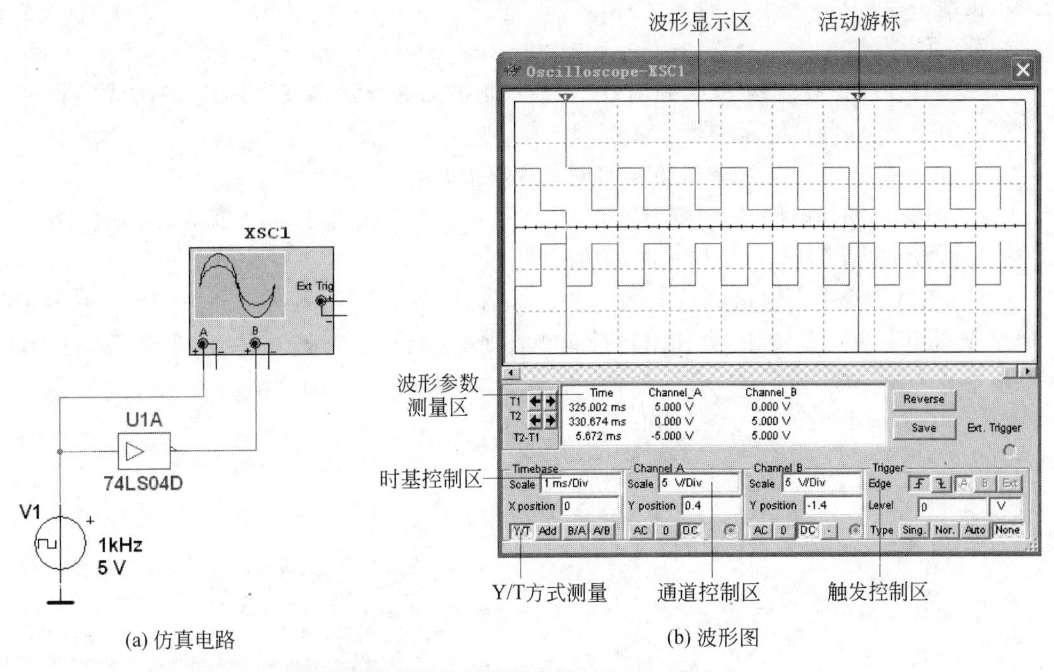

(a) 仿真电路　　(b) 波形图

图 1-43　双通道示波器的使用方法

面板上有一个通道控制旋钮，当旋钮拨到某个通道位置时，才能对该通道进行一系列设置和调整。4 通道示波器的图标和面板如图 1-44 所示。

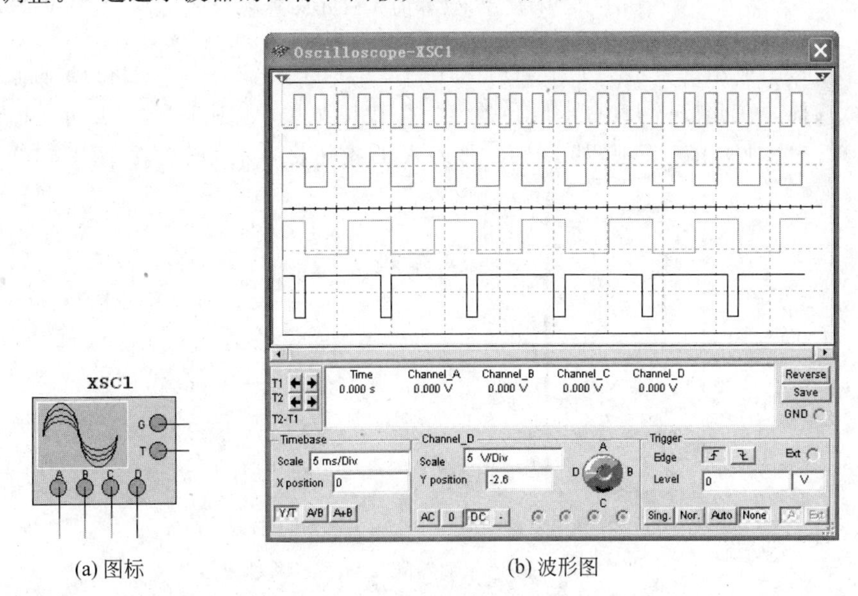

(a) 图标　　(b) 波形图

图 1-44　4 通道示波器的图标和面板

2. 连接

每个通道与测试点的连接与双通道示波器稍有不同：即每个通道只有一根线与被测点连接，测量的是该点与地之间的波形，当电路图中有接地符号时，示波器的接地端 G 可以不接地。

3. 面板操作

在仿真前或仿真过程中都可以改变4通道示波器的设置,以达到最佳的测试结果。

1) Timebase(时基控制)区

Timebase区用于设置X轴方向时间基线扫描时间。

(1) Scale(扫描时间):当测量方式在Y/T或A+B选项时,可改变X轴扫描周期。X position、Y/T与双通道示波器功能相同。

(2) A/B:将一个通道的输入信号作为X轴的扫描信号,另一个通道的输入信号施加在Y轴上。右击此按钮,会弹出快捷菜单,如图1-45(a)所示,一共有12个可选项,单击选中其中某一项,如D/C,示波器下方显示D/C,如图1-45(b)所示。

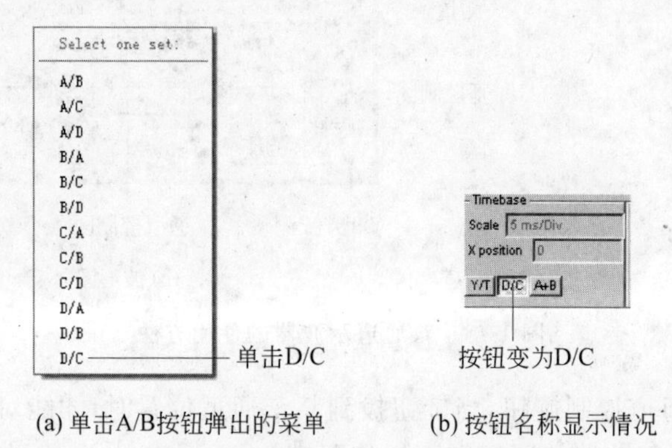

(a) 单击A/B按钮弹出的菜单　　(b) 按钮名称显示情况

图1-45　4通道示波器的Timebase控制1

(3) A+B:显示的波形为4个通道中任意2个通道的输入信号之和,X轴按设置的时间进行扫描。在此按钮上,右击也会弹出一个快捷菜单,如图1-46(a)所示,也是12个可选项,单击选中其中某一项,如D+C,那么A/B按钮将显示D+C,如图1-46(b)所示。

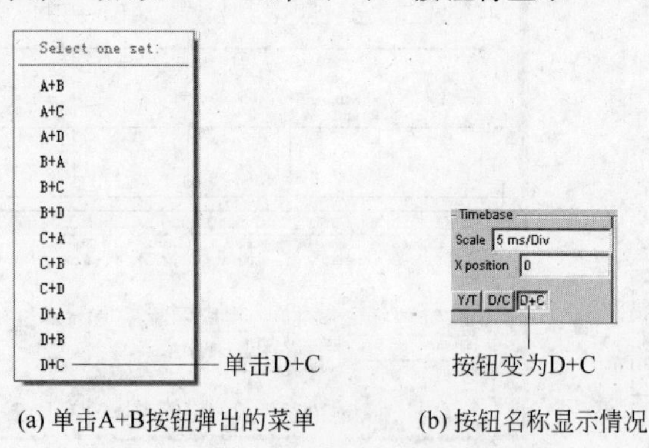

(a) 单击A+B按钮弹出的菜单　　(b) 按钮名称显示情况

图1-46　4通道示波器的Timebase控制2

(4) Y position:设置信号在Y轴上的位置,以便让4个通道的信号在示波器屏幕上相互分离。

2) Trigger(触发方式设置)

对于Trigger(触发信号),因为有4个通道,选择哪一路信号作为触发信号由用户决定。右击示波器面板右下角的按钮 A，立即弹出 A、B、C、D 4 个触发信号通道选择，如图 1-47 所示。屏幕正下方有 4 个小圆圈示波器，表示接线柱符号，只要某通道有信号输入，该圆圈中就会显示一个黑点。

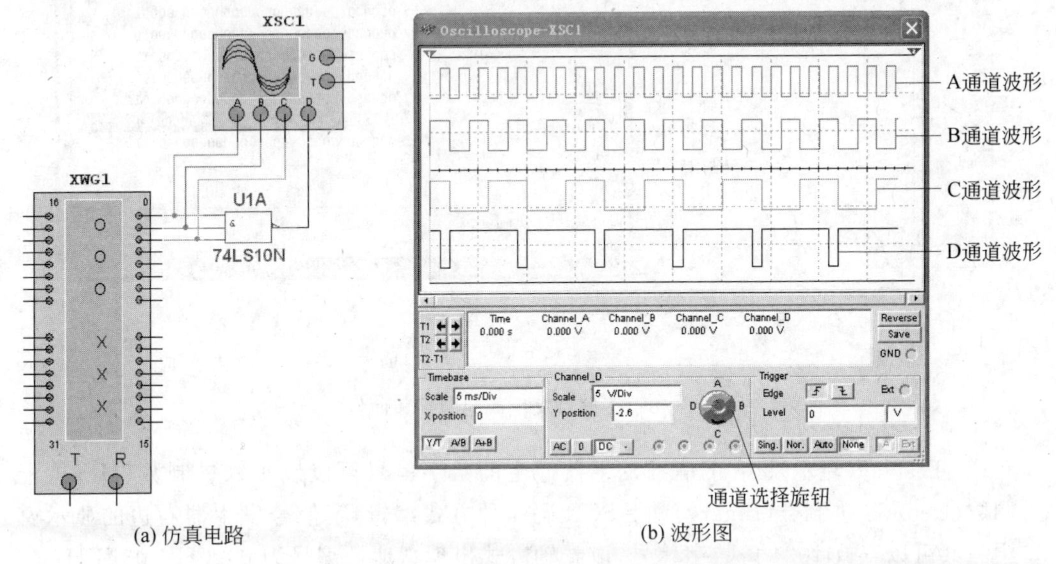

(a) 仿真电路　　(b) 波形图

图 1-47　4 通道示波器的使用方法

1.3.3　字信号发生器

在 Multisim 10 中，字信号发生器是一个可编辑的通用数字信号发生器，用于对数字逻辑电路进行测试。

1. 图标和面板

字信号发生器的图标及面板如图 1-48 所示。字信号发生器图标上左右侧共有 0～31 共 32 个输出端，0～15 为低 16 位输出端。16～31 是高 16 位输出端，任何一侧都可以作为数字电路的输入信号。另外，R 为备用信号端，T 为外触发信号输入端。

2. 面板操作与设置

字信号发生器的面板左侧有 4 个区：输出方式设置区、字信号显示方式设置区、触发控制区和输出频率设置区。

字信号发生器被激活后，经过编辑的字信号按照一定的规律逐行输出，同时在面板的底部对应于各输出端的 32 个小圆圈内实时显示输出字信号的各个位(bit)的值。

(1) 字信号的输出方式(Controls)：字信号的输出方式分为 Cycle(循环)、Burst(单帧)和 Step(单步)三种方式：每单击 Step 按钮一次，信号发生器并行输出一个信号。单击 Burst 按钮，字信号从设置起始行开始一行一行地输出信号，到设置的最末行自动结束，即完成一个周期。如果单击 Cycle 按钮，则信号发生器将周而复始地进行 Burst 方式的字信号输出。

在 Burst 和 Cycle 状态下，字信号传输到电路中的速度与 Frequency(频率)区的 Frequency 设置有关。

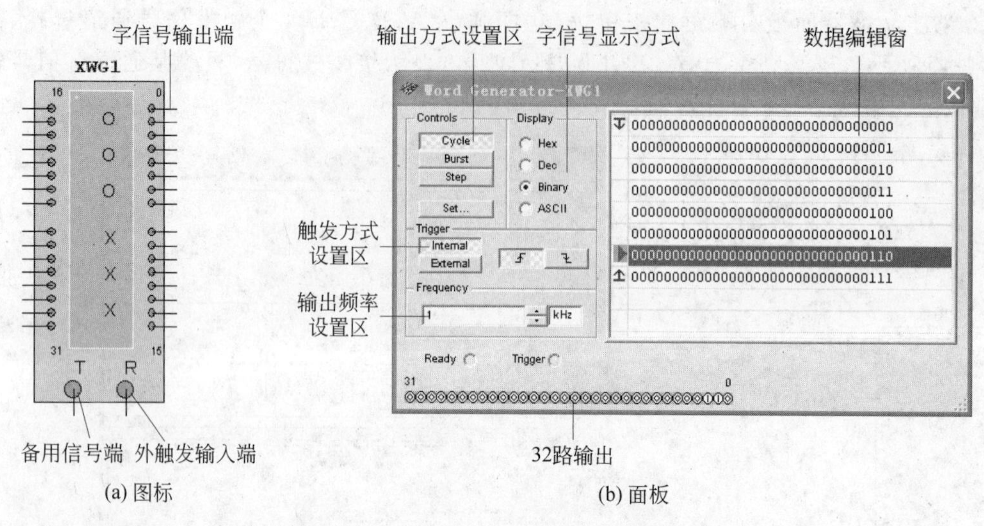

(a) 图标　　(b) 面板

图 1-48　字信号发生器的图标和面板

(2) Display(显示)区：字信号发生器产生的数字信号可以以十六进制数(Hex)、十进制数(Dec)、二进制数(Binary)和 ASCII 码 4 种方式编辑，字信号发生器右边的显示窗口中一共可以存放 1024 条数字信号，以卷轴方式出现。地址编号为 0000H～03FFH。

(3) Trigger(触发控制)区：信号发生器产生的数字信号传输到电路中有两种触发方式：内部信号(Internal)还是外部信号(External)触发。单击 Internal 按钮，是用字信号发生器内部的时钟信号控制触发；单击 External 按钮，是用外部时钟信号控制触发。选择内部信号触发时，字信号的输出直接受输出方式按钮 Step、Burst 和 Cycle 的控制。

(4) Frequency(输出频率设置)：当字信号发生器选择为内部信号触发方式时，在 Burst 或 Cycle 状态下，频率的设置将决定输出信号的速度，频率范围为 1Hz～999MHz。默认输出频率为 1kHz。

3. 字信号编辑区的设置

面板右侧为字信号的编辑区。字信号一般以二进制方式输出，32 位字信号来自字信号发生的 32 个输出端(0～31)，最右端的位为二进制数的最低位，自右向左“位”数依次升高，每一行信号以并行方式输出的。字信号的编辑有两种方式：第一种方式为人工编辑，第二种方式由软件自动完成信号编辑工作。

1) 第一种方法

在数据编辑窗内，单击某一行字信号，这一行立即被激活，被蓝色长条覆盖，再次单击，蓝色消失，留下一个黑框。这时就可以对这一行的每一位进行改写。如此操作，直到每行信号都改写完毕。下一步对一帧输出信号进行设置，右击某一行字信号，弹出数据编辑菜单。下面说明其中的各个命令。

(1) Set Cursor：设置字信号位置指针.在单步(Step)输出字信号时，该指针同步指示当前的输出信号，利用它可以为改变或设定当前的输出信号。

(2) Set Initial Position：用于设置字信号输出的起始位置，只需预先选中该条字信号，单击 Set Initial Position 命令即可。

(3) Set Final Position：用于设置字信号输出的终止位置。当选择字信号以 Burst(单帧)或 Cycle(循环)输出时，字信号从设定的起始位置到终止位置逐行自动输出。一般情况下，将字信号位置指示箭头和字信号输出起始位置设置在同一行字信号上。

(4) Set Break-Point：用于设置断点。在 Cycle 和 Burst 方式中，要使字信号输出到某行字信号时自动停止输出，只需预先选中该条字信号，然后单击 Set Break-Point 命令即可。

(5) Delete Break-Point：用于取消已设置的断点。

每帧数字信号必须设置输出信号的起始位置、终止位置和指针，如有必要还要设置断点，如图 1-49 所示。

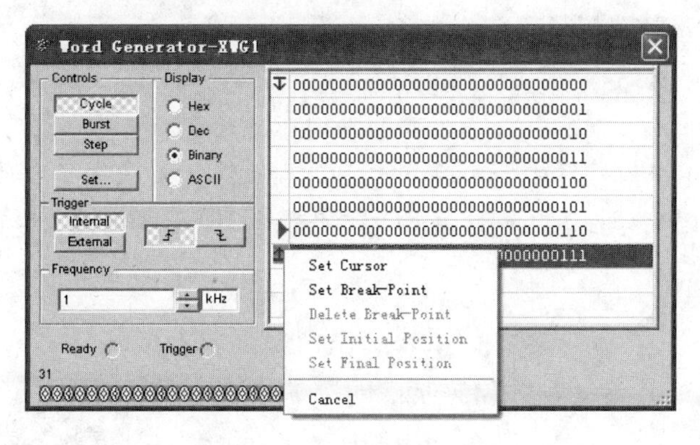

图 1-49 人工编辑输出信号

2) 第二种方法

单击字信号发生器面板左侧的 Set(设置)按钮，弹出 Settings 对话框，用于自动设置字信号的内容，它的各个选项如下：

(1) Buffer Size：设置字信号的长度，即字信号从起始位置到终止位置有多少行，该数字可以选择用十六进制数(Hex)或十进制数(Dec)表示。

(2) Initial pattern：设置起始位置处字信号内容，可以选择用十六进制数或十进制数表示。

(3) Pre-Set patterns(设置模式)：设置自动生成字信号代码的方式。

(4) No Change：不变。

(5) Load：调用以前已经设置的字信号的文件。

(6) Save：将数据编辑窗内的字信号以文件形式存盘。

(7) Clear buffer：将数据编辑窗内原来的内容全部清 0。

(8) Up Counter：表示在字信号编辑区地址范围内，字信号码按逐个加 1 的方式编码。

(9) Down Counter：表示在字信号编辑区地址范围内，字信号码按逐个减 1 的方式编码。

(10) Shift Right：表示在字信号编辑地址范围内，以逻辑右移方式生成字信号。

(11) Shift Left：表示在字信号编辑地址范围内，以逻辑左移方式生成字信号。

在图 1-50 中，是用上述方法生成的 8421BCD 码。

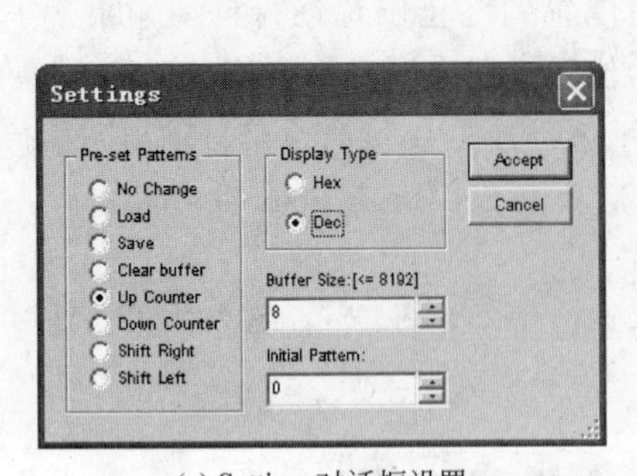

(a) Settings对话框设置

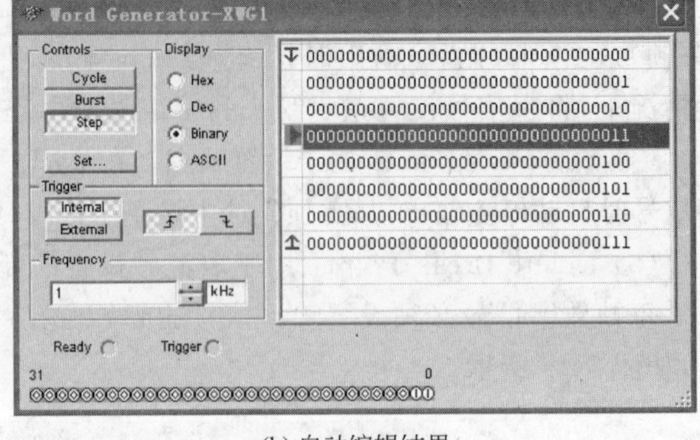

(b) 自动编辑结果

图 1-50　字信号发生器的自动编辑

案例 1-2：使用字信号发生器产生 8421BCD 码，作为 7 段译码器 CC4511 的输入信号，经 CC4511 译码后，驱动共阴极 LED 数码管循环显示 0～9 十个十进制符号，如图 1-51 所示。

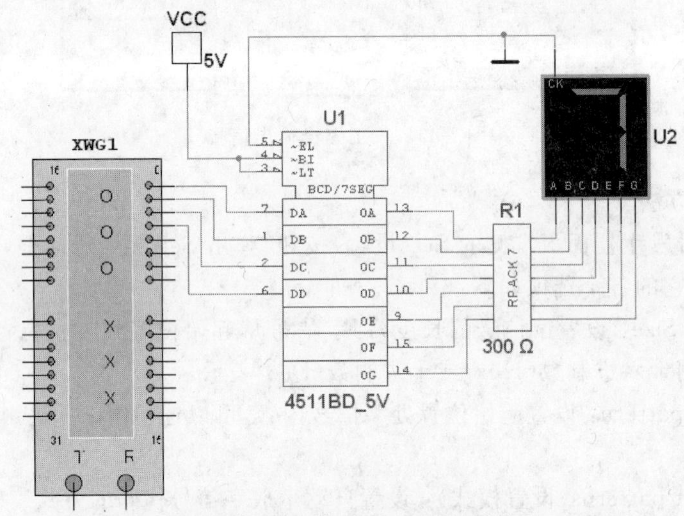

(a) 字信号发生器应用在译码显示电路

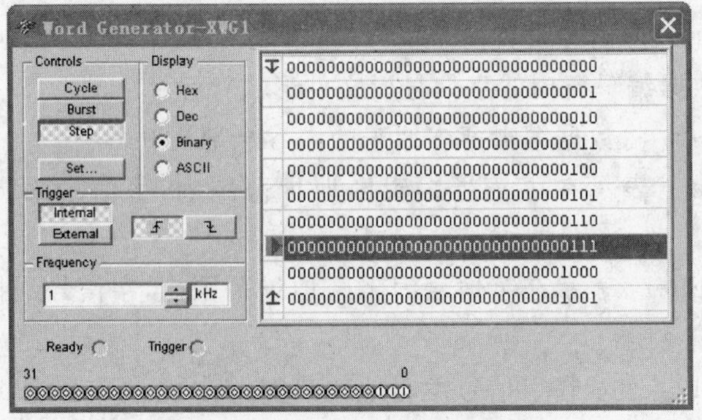

(b) 字信号发生器产生的8421BCD码

图 1-51　字信号发生器的应用

字信号发生器设置为：Display 为 Binary(二进制)显示，触发方式选择 Interral(内部信号)触发，字信号输出频率默认为 1kHz，然后单击 SET 按钮，在弹出的 Settings(设置)对话框中，选择以 Up Counter 方式产生 8421BCD 码，字信号的长度和起始位置的字信号用十进制数表示，字信号长度为 10，初始位置数值为 0(如用十六进制数显示，字信号长度为 A，初始位置数值为 0)，然后单击 Accept 按钮，完成设置。字信号编辑窗口出现 0000，0001，…，1001 共 10 个 8421BCD 码，字信号的指针、起始位置和终止位置标志已自动设置好，在仿真时，字信号的输出方式可根据情况在 Cycle、Burst 和 Step 中任选一种。

1.3.4 逻辑分析仪

逻辑分析仪(Logic Analyzer)用于对数字逻辑信号的高速采集和时序分析，广泛用于数字电子系统的调试、故障排除、性能分析等，可同步记录和显示 16 路数字信号。逻辑分析仪的图标和面板如图 1-52 所示。

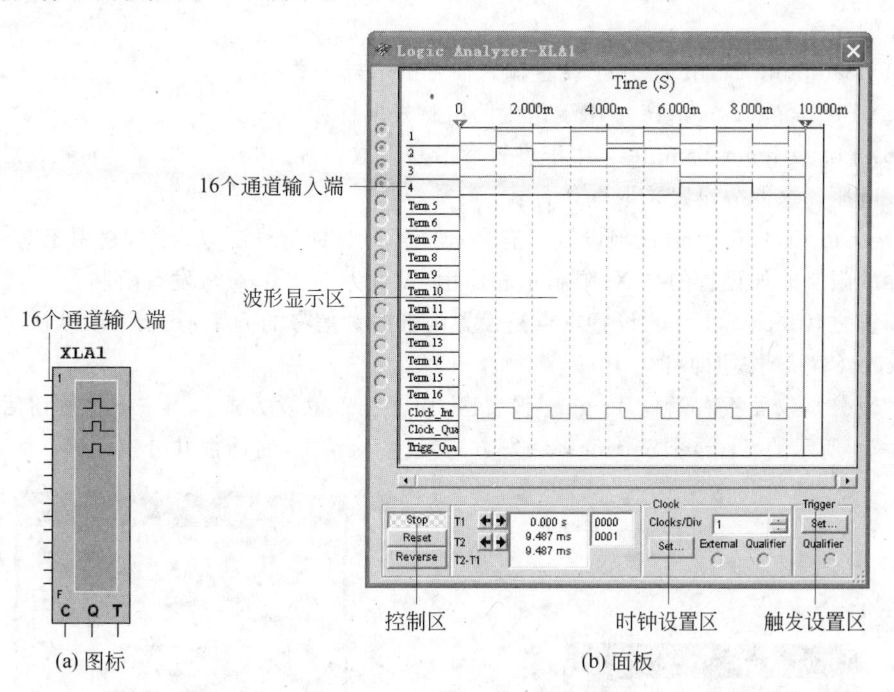

(a) 图标　　(b) 面板

图 1-52 逻辑分析仪的图标和面板

1. 连接

图标左侧自上而下有 16 个逻辑信号输入端，使用时连接到数字电路的测量点，C 是外部时钟信号输入端，Q 是时钟控制输入端，T 是触发控制输入端。

2. 面板显示与设置

逻辑分析仪面板左侧有代表输入端的 16 个小圆圈，如果其中某个连接端有被测信号后，该端的小圆圈就会出现一个黑点，被采集的信号以矩形波的形式显示在屏幕上。改变输入信号连接线的颜色，可以使相应的波形颜色随之改变，以便于观察。

面板下方左侧有 3 个按钮，自上而下为：Stop 按钮用于停止仿真；Reset 按钮用于逻辑分析仪复位并清除原有的波形;Reverse 按钮的作用是改变屏幕的背景颜色。

紧接着的是数据显示读数窗口,显示屏幕上有两条游标指针,用鼠标左键按住游标指针上方的三角形将其拖动,也可以弹出 T1 和 T2 右侧的左右箭头移动游标指针。T1 为指针 1 离开时间基线零点的时间;T2 为指针 2 离开时间基线零点的时间,T2-T1 为两条指针之间的时间差。小窗口显示的是指针 1 和指针 2 所在处波形的逻辑值。

(1) Clock(时钟)区：Clock/Div 用于设置每个水平刻度所显示的时钟脉冲的个数。通过旁边的三角形按钮改变时钟脉冲的个数,增加脉冲的个数,可以看到行数较多的信号波形。

(2) Set 按钮：单击 Set 按钮,弹出如图 1-53 所示的对话框。其中,Clock Source 区用于选择时钟脉冲的信号来源。

(3) External 为外部时钟脉冲信号,Internal 为内部时钟脉冲信号,逻辑分析仪在读取输入信号时,必须有时钟脉冲信号。一般选择内部时钟信号。Clock Rate 用于设置时钟脉冲的频率。

(4) Sampling Setting：用于设置输入信号的取样方式。

(5) Pre-trigger Samples：用于设置前沿触发取样数。

(6) Post-trigger Samples：用于设置后沿触发取样数;Threshold Voltage(V)用于设定门限电压。这部分设置采取默认方式。

(7) Clock Qualifier：该项设置只有在选择外部时钟信号时才有效,它用于对外来时钟脉冲的限制。如设置的是 X,限制不起作用,设置为 1 或 0,对触发有限制。

简言之,Clock Setup 的设置重点是设置内部时钟信号的频率,其余采取默认,然后单击 Accept(默认)按钮即可。

逻辑分析仪面板右侧是 Trigger 设置区,用于设置触发方式。单击 Set 按钮后,弹出如图 1-54 所示的 Trigger Settings(触发方式)设置对话框,对话框共分三个区：

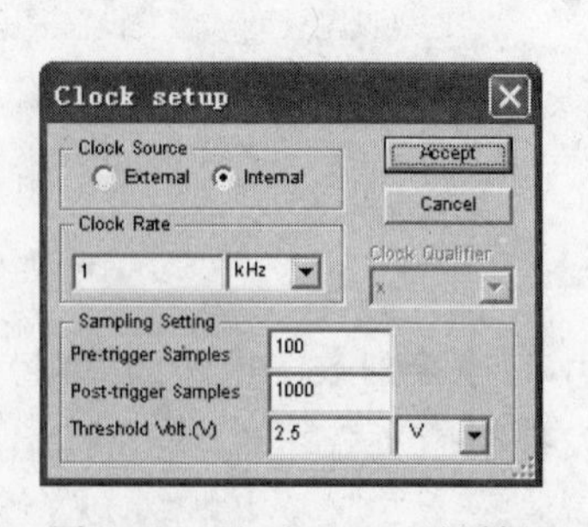

图 1-53 Clock setup 对话框

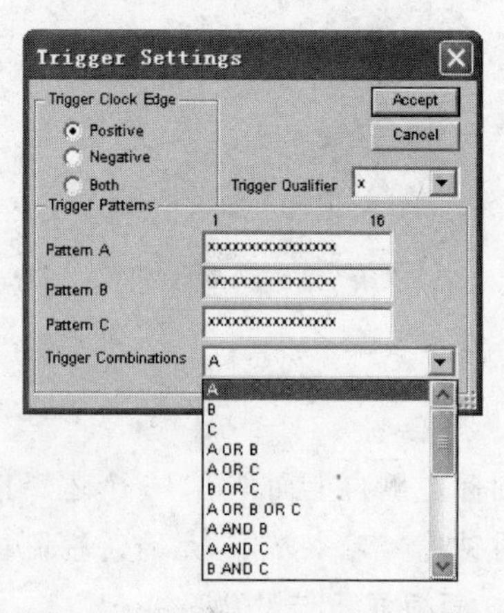

图 1-54 Trigger Settings 对话框

(1) Trigger Clock Edge 为选择时钟信号触发边沿条件,其中 Positive 表示上升沿触发, Negative 代表下降沿触发,Both 代表上升沿下降沿触发。

(2) Trigger Patterns 为触发模式选择,可以在 Pattern A、Pattern B、Pattern C 栏中

设置触发字。

(3) 还可以在 Trigger Combinations 栏内下拉列表中选择组合触发样本，选择方式一共有 21 种，选择其中之一，并单击 Accept 按钮(确认)后，在 Trigger Combinations 方框中的选择就被设置为触发字。

3 个触发字 A、B、C 的默认设置均为××××××××××××，表示只要第一个输入的逻辑信号到达，无论是什么逻辑值，逻辑分析仪均被触发开始波形的采集。另外，Trigger Qualifier(触发限定字)对触发有控制作用，若该位为×，触发控制不起作用，触发完全由触发字决定；若该位设置为 1(或 0)，则仅当触发控制信号为 1(或 0)时，触发字才起作用；否则，即使触发字组合条件满足也不能引起触发。

1.3.5 逻辑转换仪

逻辑转换仪(Logic Converter)是 Multisim 中特有的虚拟仪器，实验室中并不存在这样的实际仪器。逻辑转换仪的功能是：由逻辑电路得到真值表，由真值表得到电路逻辑表达式的最小项之和形式，由真值表得到电路逻辑表达式的最简与或形式，将逻辑表达式转换为真值表，将逻辑表达式转换成与非-与非表达式，由逻辑表达式得到逻辑电路。

1. 图标和面板

在虚拟仪器库中，单击逻辑转换仪图标将其拖到电路工作区放下，然后双击图标弹出逻辑转换仪的面板，如图 1-55 所示。

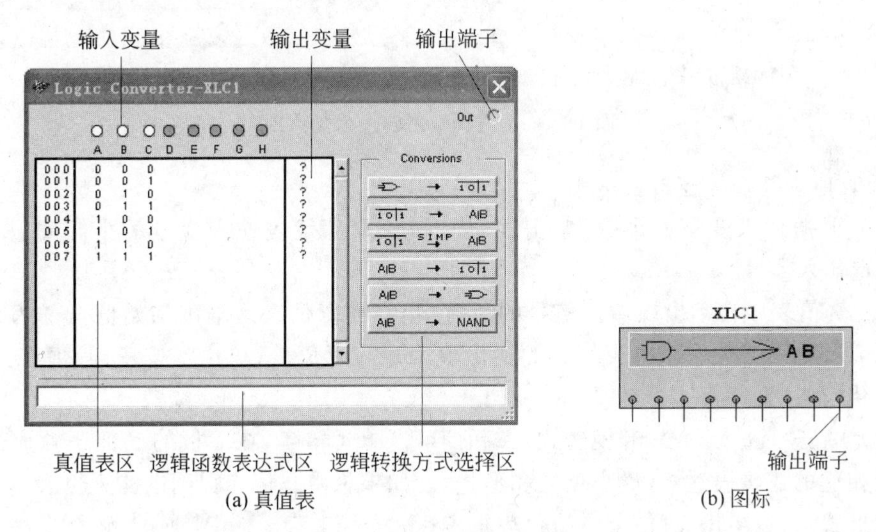

(a) 真值表 (b) 图标

图 1-55 逻辑转换仪的图标和面板

在逻辑转换仪图标的下方，有 8 个输入端子和 1 个输出端，输入端子与逻辑电路的输入端连接，为逻辑电路提供不同组合的逻辑信号，输出端子接入逻辑电路的输出端，通常只有在由逻辑电路求它的真值表时，才需要这样连接。

逻辑转换仪的面板上分 4 个区：上方为 A～H 共 8 个按钮，表示有 8 个输入逻辑变量，单击这些按钮，可在中间的真值表列表框里显示出各种 0 和 1 组合而成的输入信号，信号的数量为 2^n 个(n 为输入变量的个数)。右边是逻辑转换方式选择区，下方是逻辑函数表达式区。

2. 逻辑转换仪的使用

1）逻辑电路转换为真值表

逻辑电路转换为真值表的步骤为：

（1）画出逻辑电路。

（2）将逻辑转换仪的输入端连接到电路的输入端（逻辑转换仪最多有 8 个逻辑变量输入），逻辑转换仪唯一的输出端连接逻辑电路的输出端。

（3）单击“电路→真值表”按钮，电路的真值表就会在逻辑转换仪的真值表显示框里显示出来。

案例 1-3：已知逻辑电路，求它的真值表，如图 1-56 所示。

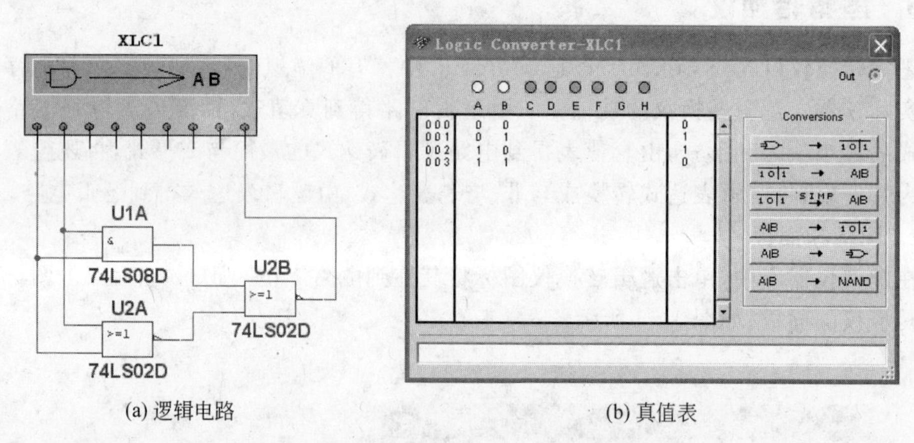

(a) 逻辑电路　　(b) 真值表

图 1-56　由逻辑电路转换为真值表

2）真值表转换为逻辑表达式

（1）根据输入变量的个数，单击逻辑转换仪顶部代表输入变量的小圆圈（由 A 到 H），确定输入信号。

（2）真值表中自动出现输入信号的所有组合，而真值表区输出初始值全部为“?”号，根据所需要的逻辑关系修改真值表的输出值来建立真值表（单击？按钮，其值在 0、1、×之间变化）。

（3）单击“真值表→逻辑表达式”按钮，在面板的底部逻辑表达式栏中出现相应的逻辑表达式（最小项之和形式）。如果想由真值表得到电路逻辑表达式的最简与或形式，可以单击“真值表→简化逻辑表达式”按钮，则会在逻辑表达式栏中出现相应逻辑表达式的最简与或形式。

案例 1-4：如图 1-57 所示，已知“三人选举电路”的真值表，求它的逻辑表达式。

案例 1-5：如图 1-58 所示，求“三人选举电路”的最简与或表达式的转换方法。

3）逻辑表达式转换为真值表

（1）在逻辑表达式栏中输入用“与-非”式或者“或-非”式表示的逻辑表达式。注意：如果是逻辑“非”，例如：A 则应写成 A'，$\overline{A+B}$（或非形式）应根据摩根定律转换为 $\overline{A}\overline{B}$，输入 $A'B'$。

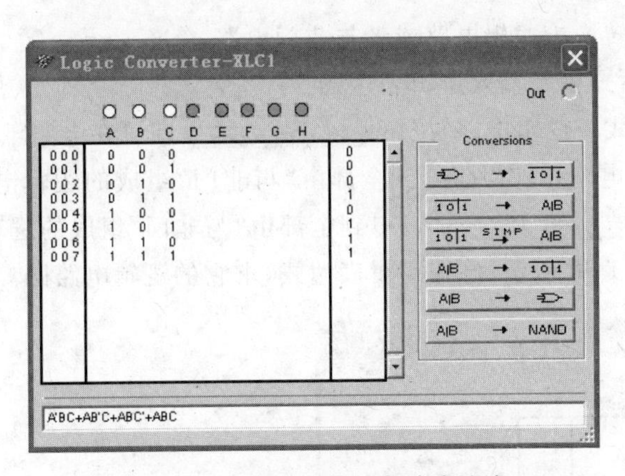

图 1-57　真值表转换为与或表达式

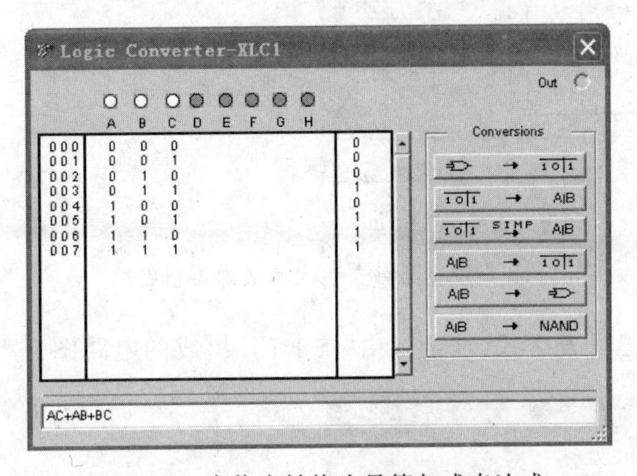

图 1-58　真值表转换为最简与或表达式

(2) 单击“表达式→真值表”按钮 A|B → 1 0|1，即可得到相应的真值表。

案例 1-6：如图 1-59 所示，已知逻辑表达式，求它的真值表。

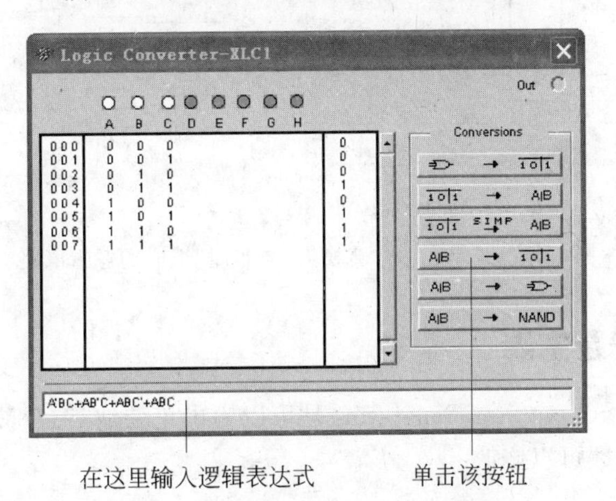

图 1-59　逻辑表达式转换为真值表

4) 逻辑表达式转换为逻辑电路或者与非门电路

(1) 在逻辑表达式栏中输入逻辑表达式。

(2) 单击"表达式→逻辑电路"按钮 A|B → ,即可在电路工作区得到由与门、或门、非门组成的逻辑电路。如果想得到全部由"与非门"组成的逻辑电路,则应单击"表达式→与非门"按钮 A|B → NAND ,可以得到全部由"与非门"组成的逻辑电路。

案例 1-7:如图 1-60 所示,已知逻辑表达式,求它的逻辑电路图。

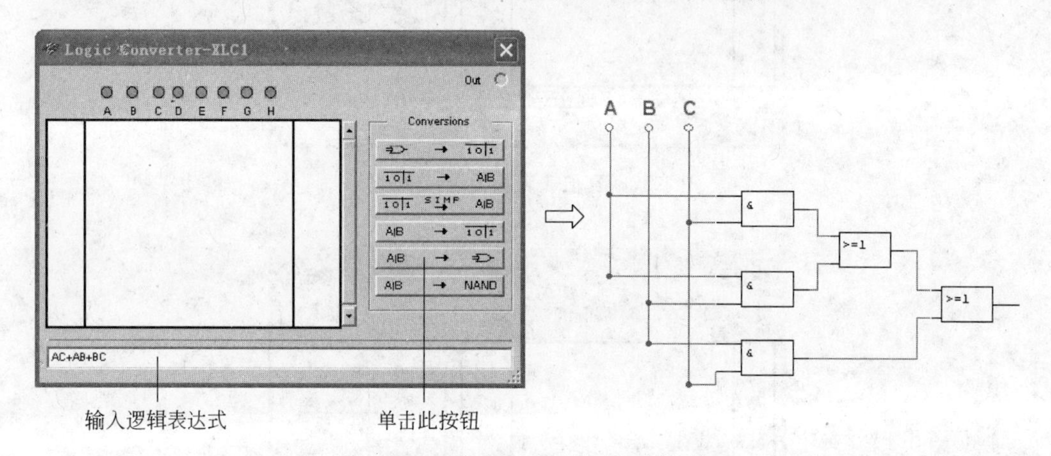

图 1-60　逻辑表达式转换为逻辑电路

图 1-61 中已知逻辑表达式,求全部由"与非门"组成的电路图。

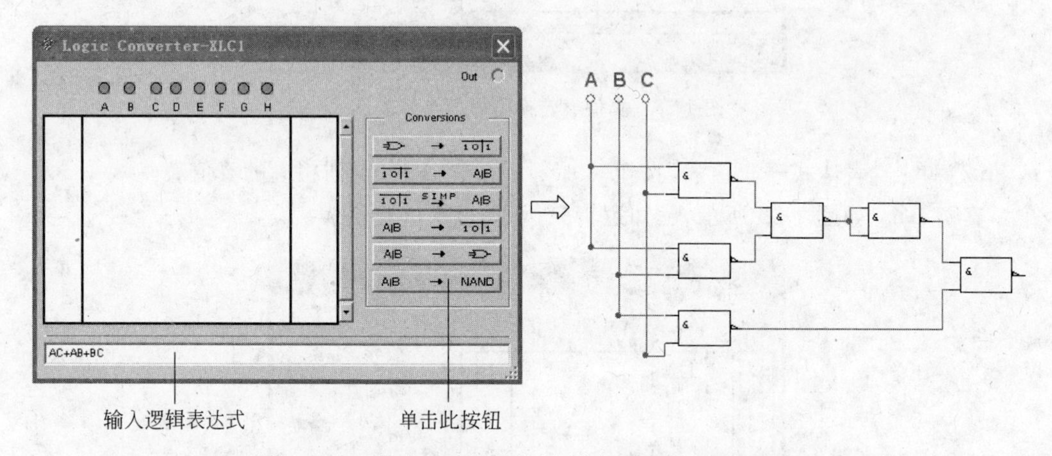

图 1-61　逻辑表达式转换为"与非门"组成的逻辑电路

1.3.6　函数信号发生器

函数信号发生器(Function Generator)是可以输出正弦波、三角波和方波信号的电压信号源,而且信号参数可以修改。

1. 图标和面板

函数信号发生器图标上有 3 个接线柱:+(正级)、-(负极)和 Common(公共端)。其中,Common 端提供了电路的参考电平,该端接地。从面板上可以看出,可以对输出信号的频率、偏置电压、电压最大值和占空比(正弦波除外)等参数在仿真前或仿真时进行调整,如图 1-62 所示。

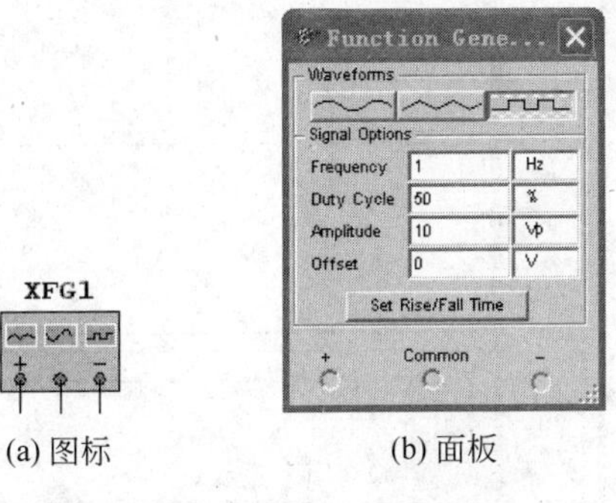

(a) 图标　　(b) 面板

图 1-62　函数信号发生器的图标和面板

2. 连接

连接＋和 Common 两接线柱,输出信号为正极性信号;连接－和 Common 两接线柱,输出信号为负极性信号;连接＋和－两个接线柱,输出信号的幅值是前面两种连接方式输出信号幅值的 2 倍。

3. 使用与设置

1) Waveforms 区

Waveforms 区有正弦波、三角波和方波 3 个波形选择按钮,按下相应按钮,函数信号发生器即输出相应波形。

2) Signal Options 区

Signal Options 区用于对 Wareforms 区选中的信号进行相关参数设置。包括:

(1) Frequency:设置信号频率,范围为 1～1000THz。

(2) Duty Cycle:设置信号的占空比,范围为 1%～99%。此设置仅对三角波和方波有效。

(3) Amplitude:设置信号的幅值,范围为 1fV～1000TV。

(4) Offset:设置偏置电压,也就是把正弦波、三角波和方波叠加在设置的偏置电压上输出。范围为±(1fV～1000TV)。

另外,当信号发生器作为方波发生器使用时,面板上的按钮 Set Rise/Fall Time 有效,单击该按钮,弹出方波信号的上升沿和下降沿时间设置对话框。其可选范围为 1ns～500ms,默认值为 10ns,一般选择默认值。设定上升沿(下降沿)时间,再单击 Accept 按钮即可,如果单击 Default 按钮,则恢复默认值 10ns。

在面板参数设定后,关闭其面板,仪器将保持设定的波形参数不变。

案例 1-8:用函数信号发生器产生一个连续的矩形波,该矩形波是频率为 1kHz,占空比为 0.2,幅值为 5V 的单极性信号,如图 1-63 所示。

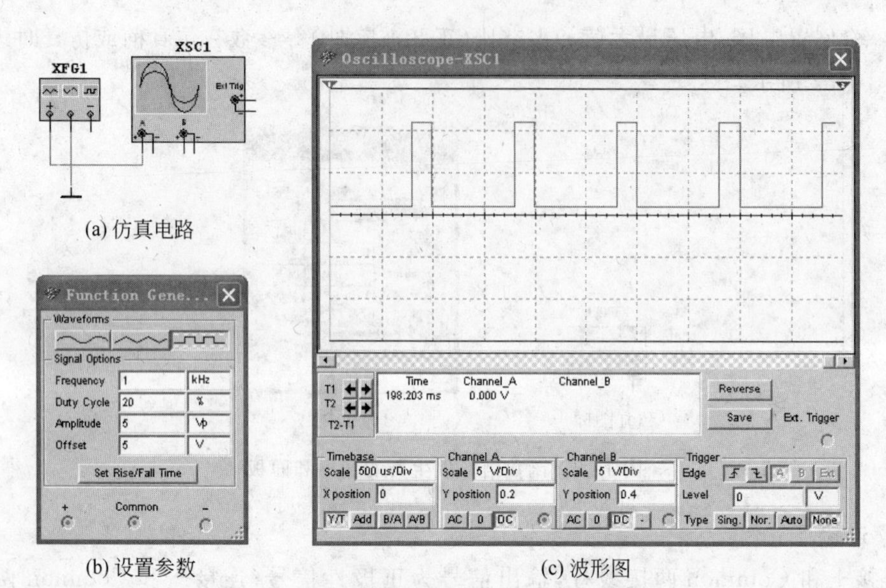

(a) 仿真电路

(b) 设置参数

(c) 波形图

图 1-63　函数信号发生器输出矩形波

1.4　建立仿真电路的基本操作

用 Multisim 10 对电路进行仿真分析，首先要创建仿真电路，然后将仪器放置在仿真电路上并和相应端点连接，最后启动“仿真开关”，从而得出分析结果。本节将介绍元器件的放置和连接、文本的输入、图纸标题栏的编辑以及绘制电路图的方法等。

1.4.1　创建电路图文件

关于软件用户界面的定制，在 1.1 节中已经作了详细介绍。在此基础上开始绘制仿真电路，第一步是创建电路图文件。

新建电路图文件的方法有以下几种：

(1) 当启动 Multisim 10 软件时，它会自动打开一个名为 Circuit 1 的空白电路文件，同时打开一个无标题的电路窗口，在关闭当前电路窗口时系统会自动提示是否保存电路文件，单击“保存”按钮，将弹出文件的保存对话框，设置文件的保存路径后，还可以给 Circuit 1 取一个新的名称。然后单击对话框中的“保存”按钮，完成了电路文件的存盘。

(2) 选择 File→New→Schematic Capture 命令选项，可以打开一个新的电路图文件和电路窗口。

(3) 单击工具栏中的🗋图标。

反复使用方法(2)和方法(3)可以建立多个空白电路图文件，此时众多电路图文件会以标签的形式叠在仿真工作区中，可通过单击标签在多个电路图文件间切换，如图 1-64 所示。

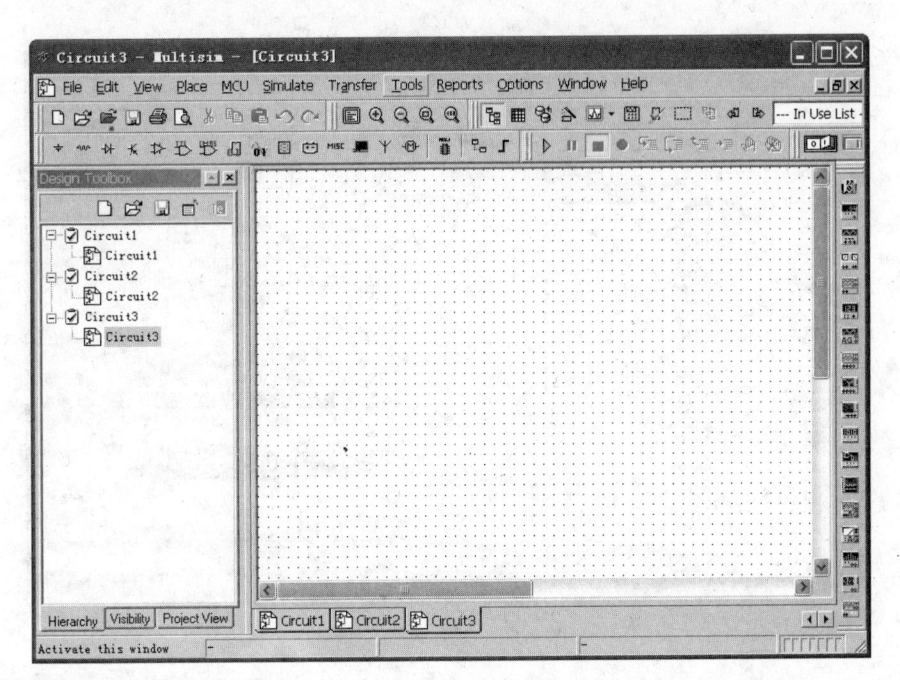

图 1-64　创建多个电路图文件的方法

1.4.2　放置元器件

放置元器件首先要知道该元器件属于哪个元器件库，分门别类去查找。从选中的元器件库对话框中，单击选中该元件，然后单击 OK 按钮，用鼠标拖曳到电路工作区适当位置，再单击放下即可。(详见 1.3.3 节)，如图 1-65 所示，放置七段显示译码器 74LS47D，它属于 TTL 集成电路，单击 TTL 元件按钮，弹出放置 TTL 对话框，考虑到电源多为 5V，选择工作电压为 5V 的元件，Family(元件系列)栏中有 74LS_IC 和 74LS 两个系列，74LS_IC 为集成电路模式，元器件符号上有电源引脚，而 74LS 系列没有电源引脚，一般选择 74LS 系列，在 Component(分类库)中找到 74LS47D。单击 OK 按钮，将集成电路 74LS47D 拖动到电路工作区适当位置，单击放下。

1.4.3　元器件布局

元器件布局包括的操作有删除、移动、旋转、复制、替换以及元器件参数的设置等。

1. 选中元器件

单击元器件，被选中的元器件立即被蓝色虚线方框所包围。对选中的元器件可以进行移动、旋转、删除、设置参数等操作。如果要同时选中一组元器件，用鼠标拖曳形成一个矩形方框，将这些元器件包围在其中即可。

要取消元器件的选中状态，只须在电路工作区空白区中单击。

2. 元器件的移动

用鼠标单击元器件，按住鼠标不放并拖曳到目的地，然后松开鼠标即可。

要移动一组元器件，首先如前述所说用矩形框选中这些元器件，然后用鼠标拖曳其中

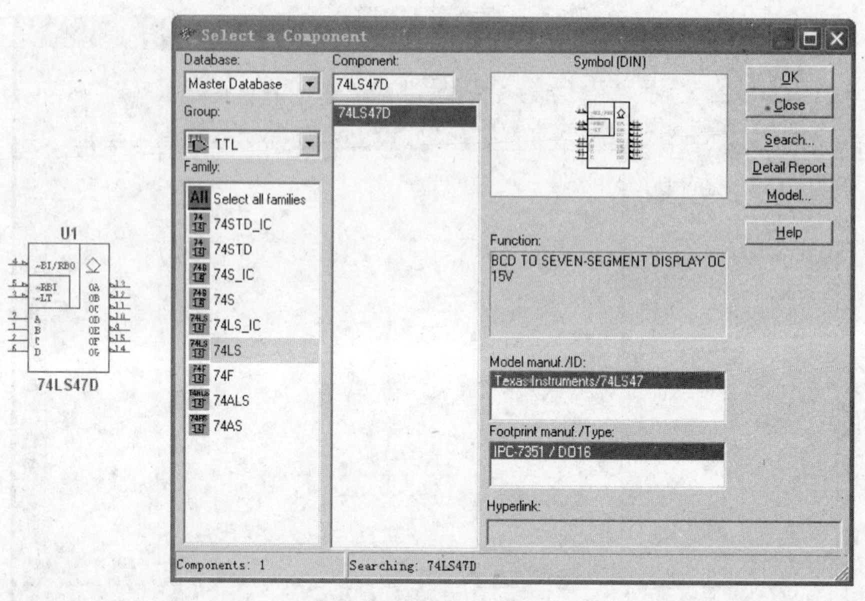

图 1-65 元器件的放置

的任意一个元器件，则所有选中的元器件会一起移动。

3. 旋转和翻转元器件

右击元器件，弹出一个快捷菜单：

- Flip Horizontal(水平方向翻转)；
- Flip Vertical(垂直方向翻转)；
- 90 Clockwise：(顺时针旋转 90°)；
- 90 CounterCW：(逆时针旋转 90°)。

用户根据需要可以选择某一命令，也可多次使用同一命令。

4. 删除元器件

右击元器件，在弹出的菜单中单击 Delete 命令，或者选中元器件后，单击键盘上的 Delete 键。

5. 元器件的复制、粘贴和剪切

最快捷、处置手段最多、不需要预先选中的方法是：用鼠标右键单击元器件，弹出菜单。使用 Copy(复制)、Paste(粘贴)、Cut(剪切)等菜单命令即可。

6. 元器件标签、编号、数值和模型参数的设置

选中元器件后，双击该元器件，会弹出元器件特性对话框，对话框包括 Label(标识)、Display(显示)、Value(数值)、Fault(故障设置)、Pins(引脚)、Variant(变量)等选项卡。下面以 7 段显示译码器 4511 为例进行说明如下：

1) Label(标识)

Label 选项卡用于设置元器件的 Label(标识)和 RefDes(编号)。图中元器件的编号是由系统自动分配的，一般不必修改，必要时也可以修改，但是不能有重号。Label 为元器件的标识文字，没有电气意义。在电路图中是否显示标识和编号可通过 Options 菜单打开 Sheet Preferences（电路参数设置）对话框，在 Circuit 选项卡中进行设置，如图 1-66 所示。

2) Display（显示）

Display 选项卡用于设置元器件的标识和编号的显示方式。

Display 选项卡如图 1-67 所示。

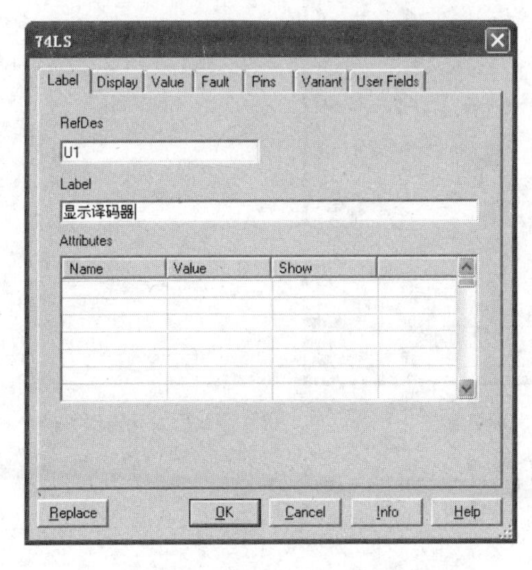

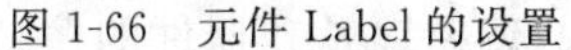
图 1-66　元件 Label 的设置

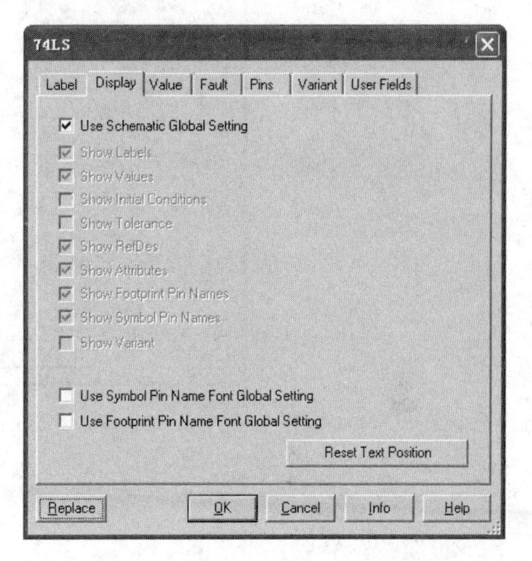

图 1-67　元器件 Display 的设置

当勾选 Use Schematic Global Setting 选项时，元器件显示的信息采用全电路整体显示认定，不可单独设置元器件的显示方式，此时，下方各选项无效。取消勾选时，可以看到 Use Schematic Global Setting 选项以下各个选项都可以进行设置。

(1) Show Labels：显示元器件的标识。

(2) Show Values：显示元器件的数值或型号。

(3) Show RefDes：显示元器件的序号。

(4) Show Attributes：显示元器件的属性。

(5) Show Footprint Pin Name：显示元器件封装引脚编号。

(6) Show Symbol Pin Name：显示元器件封装引脚名称。

案例 1-9：元器件识别信息的显示。

在电路图中，某些元器件的显示信息还可以进行个性化处理。如一些相同元器件的名称、参数值不一定都一一显示出来，可以让它们隐藏起来，这样图纸显得更简洁，方法是：从工具栏中取出元器件放置在电路工作区上，双击图标，打开其属性对话框，如图 1-67 所示。选择其中的 Display（显示方式）选项卡，其中共有 12 个选项，第 1 个选项为 Use Schematic Global Setting 被勾选，它的含义是，按照电路图属性设置中的设置显示元器件（即执行 Options→Sheet Properties→Circuit 命令时进行的设置），其余 11 个选项无效。现在将第 1 个选项前的“勾号”去掉，其余的 11 个选项被激活。根据图形需要，要显示出来的就勾选，否则不选。不需要显示的元器件的名称和数值就不要勾选 Show Value 选项，不需要显示的元器件的编号，就不要勾选 Show Refdes 选项。图 1-68 为与非门电路 74LS00 显示信息改变前后的标注情况。

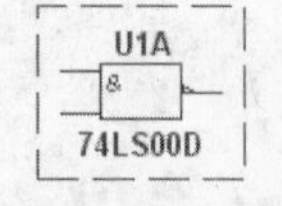

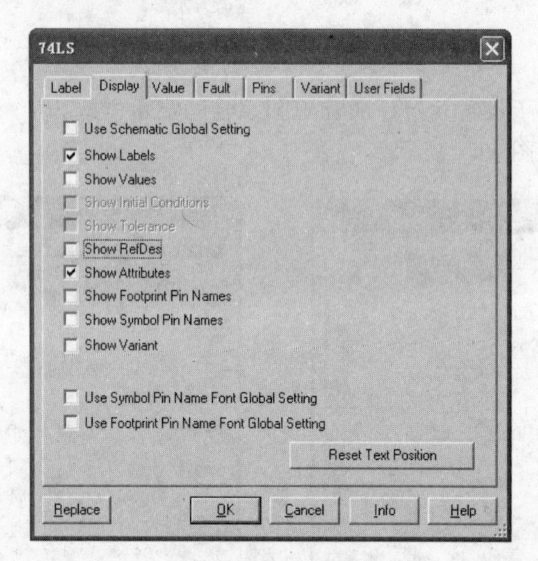

(a) Edit Model按钮　　(b) 修改元器件识别信息　　(c) 修改后的元器件

图 1-68　元器件识别信息的改变

3) Value(数值)

Value 选项用于设置元器件的标称值、元器件允许的偏差以及元器件的模型编辑等。

4) Fault(故障设置)

Fault 可供人为设置元器件的隐含故障。None(无故障)、Open(开路)、Short(短路)、Lakage(漏电)。

7. 改变元器件的颜色

右击元器件,弹出快捷菜单,选取 Change Color 命令,在弹出的对话框中直接单击所要采用的颜色,然后单击 OK 按钮即可。

案例 1-10:查看元器件的参数和功能表。

例如要查看集成电路 74LS148 的逻辑功能,可双击 74LS148 的图标,在弹出的属性对话框中单击右下角的 Info(帮助信息)按钮,即可弹出 74LS148 的功能表。如图 1-69 所示,从中可以查阅的该元件的一些参数及功能。

对于真实元器件,用户可以对元器件模型进行编辑,以三极管 2N2222A 为例,双击 2N2222A 的图标,在弹出的元器件对话框中,单击右下角的 Edit Model 按钮,弹出模型编辑 Edit Model 对话框。框中显示的三极管的各项性能、参数,如图 1-70 所示。

1.4.4 元器件的连线

Multisim 10 软件提供了自动连线与手工连线两种连线方式。自动连线就是用户鼠标的箭头移近元器件的引脚,当箭头变为一个带十字的黑点时,单击并拖动黑点至另一元件的引脚,出现一个红点时单击,由系统选择引脚间最佳路径自动完成连线操作。手工连线是用户可以改变连线的路径,在连线中当需要拐弯时,只要在拐弯处单击,然后拖动黑

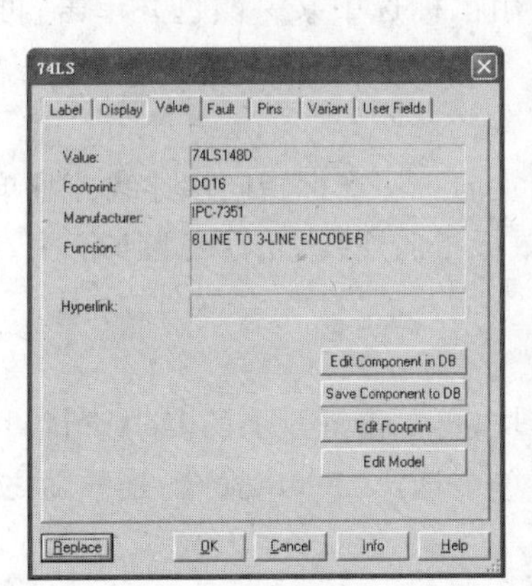

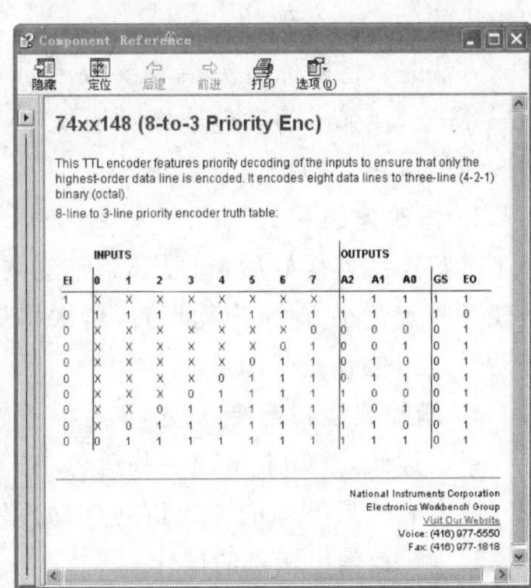

INPUTS									OUTPUTS				
EI	0	1	2	3	4	5	6	7	A2	A1	A0	GS	EO
1	X	X	X	X	X	X	X	X	1	1	1	1	1
0	1	1	1	1	1	1	1	1	1	1	1	1	0
0	X	X	X	X	X	X	X	0	0	0	0	0	1
0	X	X	X	X	X	X	0	1	0	0	1	0	1
0	X	X	X	X	X	0	1	1	0	1	0	0	1
0	X	X	X	X	0	1	1	1	0	1	1	0	1
0	X	X	X	0	1	1	1	1	1	0	0	0	1
0	X	X	0	1	1	1	1	1	1	0	1	0	1
0	X	0	1	1	1	1	1	1	1	1	0	0	1
0	0	1	1	1	1	1	1	1	1	1	1	0	1

(a) Edit Model按钮　(b) 74LS对话框　(c) 74LS148逻辑功能显示

图 1-69　74LS148 的逻辑功能表

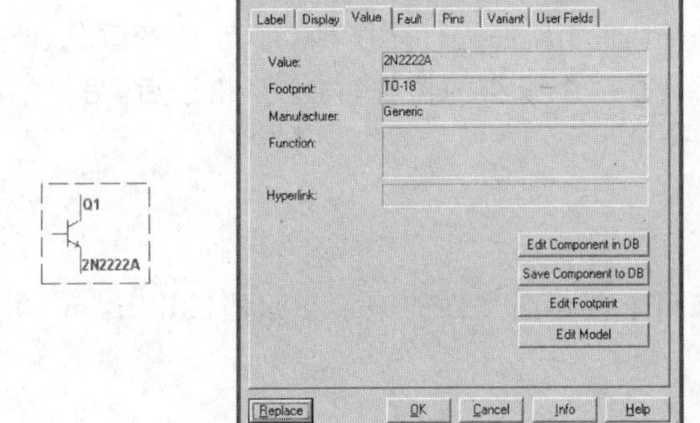

(a) Edit Model 按钮　(b) DJT-NPN对话框　(c) 三极管参数显示

图 1-70　三极管参数的查询

色圆点沿自定义的方向运动，如果要再次拐弯可再次单击，直至最后完成连线。大多数连线采用自动连线完成，部分连线采用手工连线，两种方法结合进行。

1. 连接点的操作

在连线过程中，如果连线一端为元器件引脚，另一端为导线，则在交叉处系统自动形成一个“接点”。若连线的起点不是元器件引脚或节点，即两条导线相交不会形成“接点”。

在连线上放置“接点”的方法是：执行主菜单 Place→Junction(接点)命令，此时光标上带有一个悬浮的接点，将光标移动到适当的位置，单击鼠标左键，即可将接点放下。

2. 导线颜色的设置

在 Multisim 中为便于识图和波形的观察，通常将电路中和仪器(示波器、逻辑分析仪)连接的导线以及某些特殊的导线设置为不同颜色，这样仪器屏幕上显示的波形的颜色和导线的颜色是一致的。

方法是：将鼠标箭头指着要改变颜色的导线，右击，在弹出的菜单中选择 Segment color 命令，在弹出的颜色选择对话框中，用鼠标选中某一颜色并单击，再单击 OK 按钮，则该线的颜色立即按设置要求改变。

3. 修改连线

某些连线连接好后，想局部调整连线走向。用光标指向该连线并且单击，这时连线上出现一些蓝色小方块(拖动点)。再次将鼠标指向连线，光标变为双箭头，按住鼠标不放并拖动至适当位置松开即可。

4. 删除连线和连接点

单击连线，连线上出现一些蓝色小方块，再单击键盘上的 Delete 键，可以删除连线。

或者右击要删除的连线，在弹出的菜单中选择 Delete 命令，连线随之被删除。

5. 输入/输出端点的操作

在 Multisim 10 中，连线必须是引脚对引脚，或引脚对连线，连线的任何一端不能悬空。一个电路有时要与外电路相连，需要放置与外电路连接的输入/输出端点。此外，输入/输出端点也是子电路连接其上层电路的端点。放置输入/输出端点的步骤如下：

(1) 执行主菜单 Place→Connectors→HB/SC connector 命令，取出一个浮动的输入/输出端符号，移至适当位置单击将其固定。

(2) 这时可以把输入/输出端点当作一般的元器件进行操作，如旋转、改变颜色、改变名称、甚至删除等，输入/输出端点相当于只有一个引脚的器件，与电路相连后，另一端必须悬空。

1.4.5 图纸文字编辑

对图纸设置标题栏和添加文本框，有利于电路图文件的记录和归档，Multisim 10 要求放置文字时，只能放置英文。

1. 添加标题栏

选择菜单 Place→ Title Block 命令，弹出“打开”对话框，如图 1-71(a)所示，在 titleblocks 文件夹下，系统提供了 10 种形式的标题栏，用户根据需要任选一种。例如，选择打开名称为 default. tb7 的标题栏，可以看到光标上悬浮着一个标题栏的轮廓，移动光标到图纸的右下角，单击鼠标左键，即可完成标题栏的放置，如图 1-71(b)所示。

移动光标到标题栏上，双击弹出 Title Block 对话框，用户可以对各个文本框进行编辑，完成图纸的标注。

(1) Title：电路图名称。

(2) Desc：电路图功能描述。

(3) Designed：设计者姓名。

(4) Checked：检查者姓名。

(5) Approved：核准者姓名。

(6) Document：电路图图号。

(7) Date：绘制日期。

(a)“打开”对话框

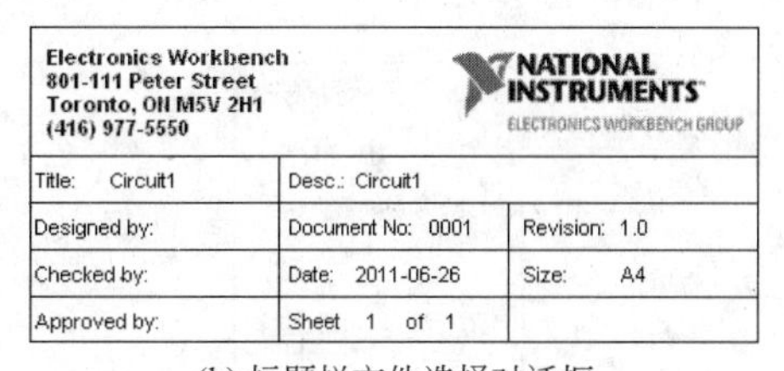

(b) 标题栏文件选择对话框

图 1-71　标题栏的放置

(8) Sheet：电路图为图集中的第几张图。

(9) Of：图集，总共有多少张图。

(10) Revision：版本号码。

(11) Size：图纸尺寸。

编辑完毕后，单击 OK 按钮即可，如图 1-72 所示。

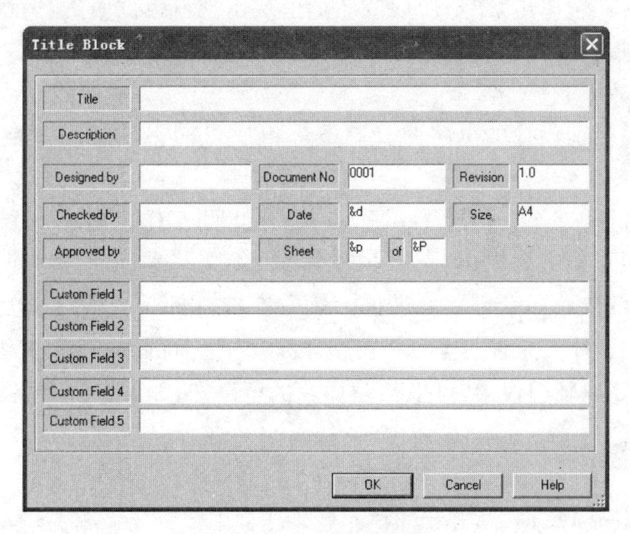

图 1-72　标题栏的编辑

2. 在电路工作区输入文字

为了加强对电路图的理解，在电路图的某些部位可以添加文字注释。

(1) 选择 Place→Text 命令，光标变为 I 形状，移动到电路中适当区域单击左键，即可在该位置放置一个文本框。在文本框中输入文字信息，文字输入完毕后，单击输入框以外的地方，文本框会自动消失。

(2) 如果需要改变文字的颜色,可以用鼠标指向该文字块右键单击,在弹出的菜单中选择 Pen color 命令,在 Colors 对话框中选择颜色。选择 Font 命令,可以改变文字的字体和大小。在图 1-73 中,在 74LS47D 上方建立了一个“BCD/7 段显示译码器”文本框。

3. 图形注释

Multisim 10 不但为用户提供了添加文本的注释,而且还具有添加图形注释的功能。在 Multisim 10 中,用户可以使用 ARC(弧形)、Ellipse(椭圆)、Line(直线)、Muitiline(折线)、Polygon(多边形)、Rectangle(矩形)、Picture(图片)为对象作注释,如图 1-74 所示。

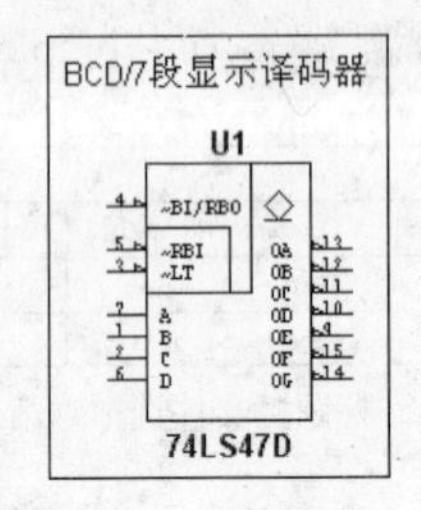

图 1-73 文本框的建立

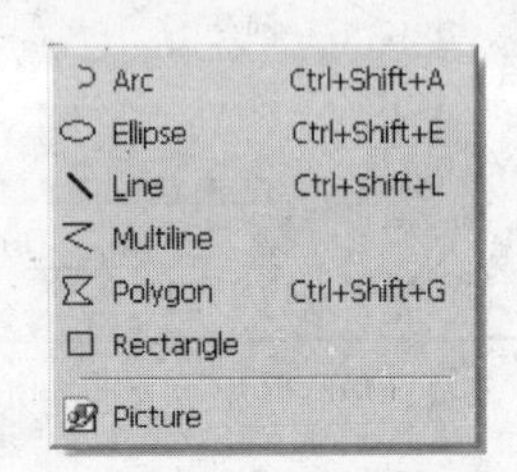

图 1-74 图形注释选择框

选择 Place→Graphics 命令,或者右击工作区,在弹出的快捷菜单中选择 Place Graphics 命令,均可打开子菜单选项,在子菜单中选择不同的命令,可以为电路图添加不同的图形注释。

图形注释放置后,可以调整图形的大小和形状。方法是:用鼠标拉一个矩形框选中该图形或用鼠标指着图形单击,图形四周或图形上层出现蓝色方块(拖曳点),将鼠标指着拖曳点,即可改变图形的大小和形状。

4. 屏幕捕获

它的作用是将当前设计的电路图复制下来,在 Word 软件中可复制捕获的那部分电路图。

选择菜单 Tools→Capture Screen Area 命令,电路工作区出现一个屏幕 Copy 矩形,将鼠标箭头指着矩形框上的黑点,光标立即变为双箭头符号,沿箭头方向调整矩形框的大小,以便将被复制的电路图全部包围进去。然后单击捕获框上的 Copy 按钮,即将矩形框中内容复制到剪贴板中。捕获完毕后,单击捕获框右上角的 ✖ 按钮,关闭捕获框。

之后,在 Word 或画图板中,可以粘贴捕获的电路图,如图 1-75 所示。

1.4.6 保存电路

(1) 选择 File→Save 命令,弹出“保存”对话框,用户首先要选择文件保存的路径,最后输入文件名(不要输入扩展名),系统默认扩展名为. ms10。单击对话框中的“保存”按钮,完成对当前电路的保存。

(2) 为防止电路编辑过程中发生意外导致电路图文件丢失,要养成随时保存的习惯。

(3) 设置系统每隔一段时间就自动保存。如前所述,在使用 Multisim 10 时,选择 Option→Global Preferences(全局参数设置),弹出 Preferences 对话框,单击 Save 选项卡,在打开的标签中选中 Auto-Backup 项,并在 Auto Backup Internal(自动保存时间)项中输入自动保存间隔时间，单位为“分钟”。

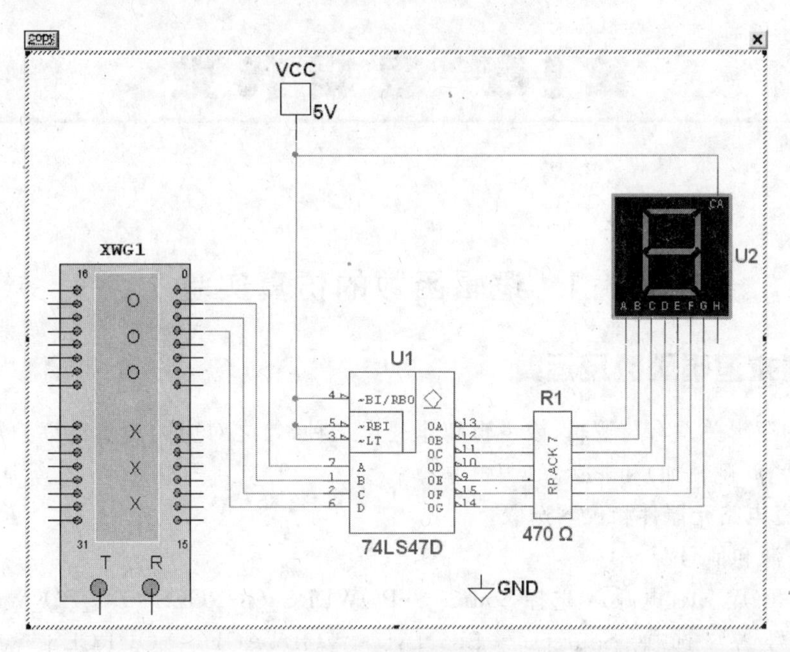

图 1-75　屏幕捕获方法

第2章　逻辑代数

2.1　逻辑函数的仿真实验

2.1.1　基本逻辑函数及运算

基本的逻辑关系有与逻辑、或逻辑和非逻辑三种，与之对应的逻辑运算为与运算（逻辑乘）、或运算（逻辑加）和非运算（逻辑非）。

1. 仿真电路元器件和仪器选取

（1）电源和信号源：

- DC-POWER（电源）：选择 Sources→POWERS_OURCES→DC_PO_WER 命令。
- 信号源：选择 Sources → SIGNAL _ VOLTAGE _ SOURCES → CLOCK _ VOLTAGE 命令。

（2）接地：选择 Sources→POWER_SOURCES→GROUND。

（3）开关：选择 Basic→SWITCH→SPST 和 SPDT 选项。

（4）灯泡：选择 Indicators→LAMP→12V_10W 选项或选择 Indicaors→PROBE→PROBE_RED 选项。

（5）TTL 集成电路：选择 TTL→74LS→74LS08（四 2 输入与门）选项，接下来可选择 74LS32D（四 2 输入或门）、74LS04（六反相器）、74LS00（四 2 输入与非门）、74LS02（四 2 输入或非门）、74LS86（四 2 输入异或门）、74S51（2 输入与或非门）。

（6）其他数字元件库：选择 Misc Digital→TIL→AND_OR_1（与或非门）选项。

（7）CMOS 集成电路：选择 CMOS→CMOS_5V 选项，接下来可选择 CC4011（四 2 输入与非门）、CC4069（六反相器）、CC4071（四 2 输入或门）、CC4001（四 2 输入或非门）、CC4081（四 2 输入与门）。

（8）电阻：选择 Basic→RESISTOR 选项。

（9）仿真仪器：可选择 4 channel Oscilloscope（四通道示波器）、Word Generator（字信号发生器）、Logic Converter（逻辑转换仪）选项。

2. 与逻辑关系仿真

当决定一件事情的各个条件全部具备时，这件事情才会发生，这样的因果关系，称之为与逻辑关系。

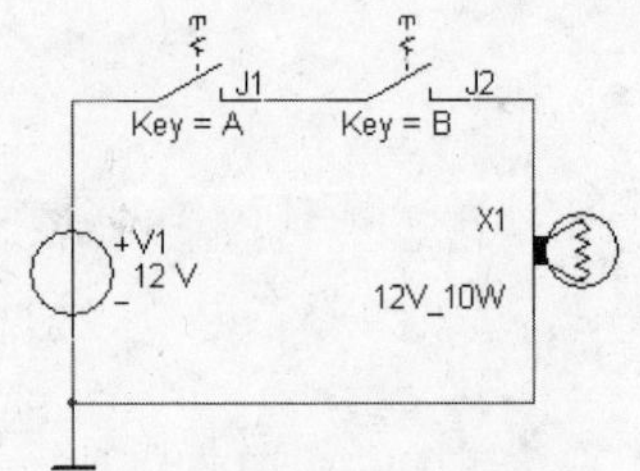

图 2-1　与逻辑关系电路

在图 2-1 中，按动 A、B 键，如果开关 J1、J2 只有一个闭合或者都不闭合，灯不亮。只有 J1、J2 两个开关同时闭合，灯才能亮。所以对灯 X1 点亮这件事情来说，开关 J1、开关

J2 闭合是与逻辑关系。

在图 2-2 中，用字信号发生器给 2 输入与门电路 74LS08 提供输入逻辑信号，输入的逻辑信号如图 2-2 所示。将 74LS08 的输入端和输出端和 4 通道示波器相连，与门电路的输入和输出波形显示在示波器的屏幕上，如图 2-3 所示。从波形图中可以看出，输入逻辑变量 A、B 的取值和输出函数 Y 之间的关系满足逻辑乘的运算规律，即 $Y=A \cdot B$。

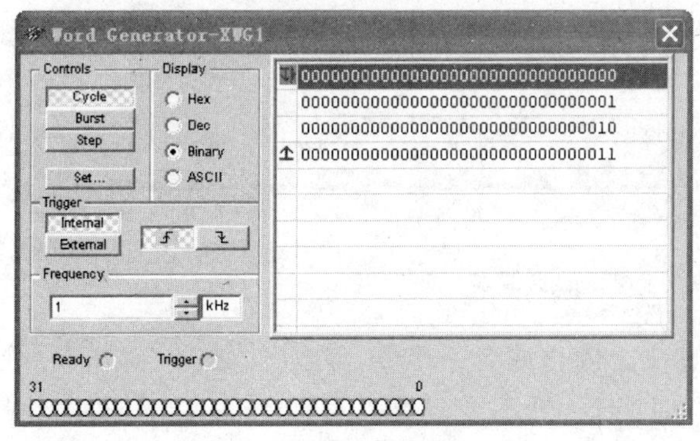

(a) 输出信号

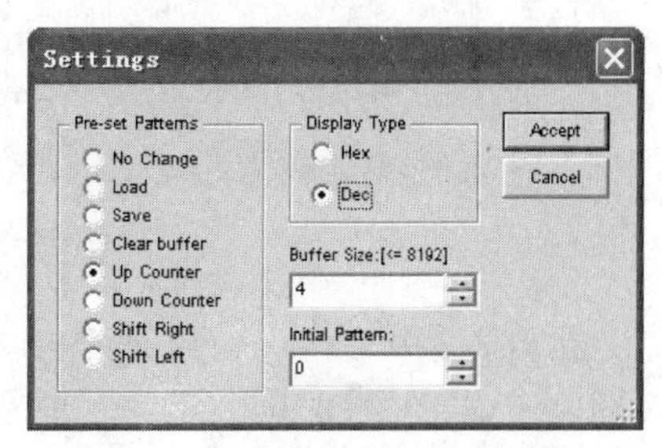

(b) Settings对话框

图 2-2　字信号发生器的输出信号设置

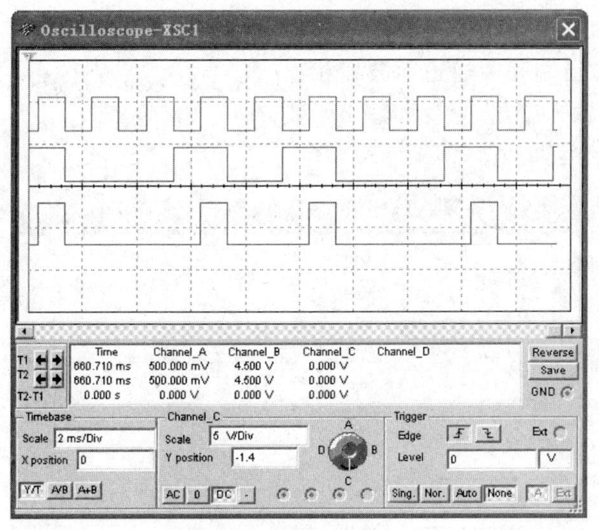

(a) 波形图

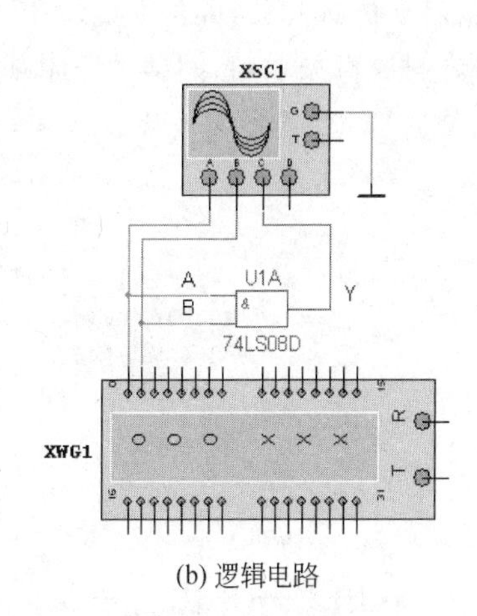

(b) 逻辑电路

图 2-3　与逻辑电路的波形图

在图 2-4 中，用逻辑转换仪来分析与逻辑的真值表。将 74LS08 和逻辑转换仪的输入端和输出端分别连接，设置好输入逻辑变量 A 和 B 的取值，然后单击“逻辑电路转换为真值表”按钮，立即求出与逻辑的真值表：全 1 出 1，有 0 出 0。

3. 或逻辑关系仿真

当决定某一事件的所有条件中，只要有一个条件或几个条件同时具备时，这一事件就会发生，这样的因果关系称为或逻辑。

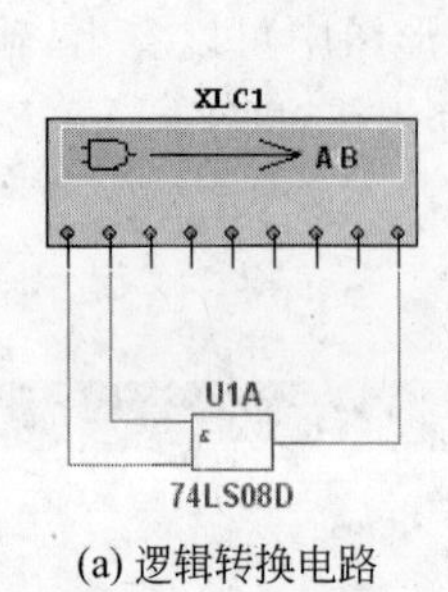

(a) 逻辑转换电路

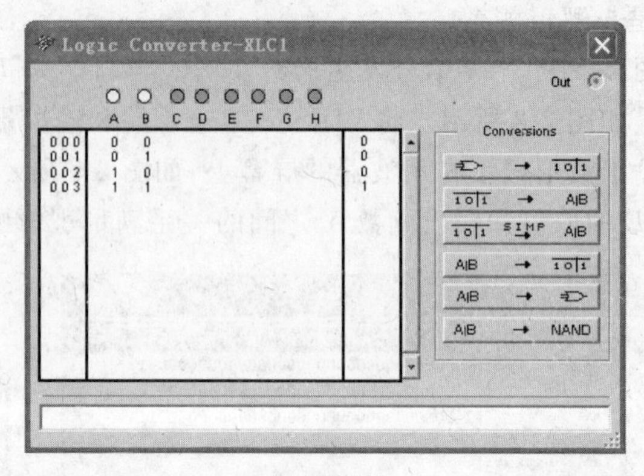

(b) 真值表

图 2-4 与逻辑的真值表

在图 2-5 中，只要 J1、J2 两个开关有 1 个闭合或者 2 个开关同时闭合，灯会被点亮。两个开关同时断开，灯不会点亮。对于灯 X1 点亮这件事情来说，开关 J1、开关 J2 闭合是或逻辑关系。

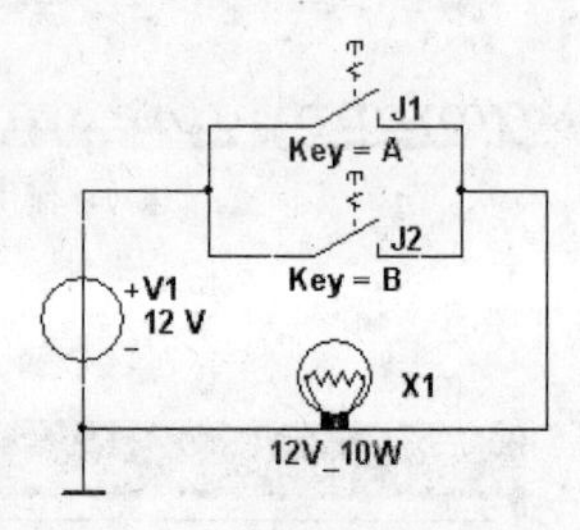

图 2-5 或逻辑关系电路

在图 2-6 中，用字信号发生器给 2 输入或门电路 74LS32 提供输入逻辑信号，输入逻辑变量和图 2-2 中的逻辑变量取值完全相同，将 74LS32 的输入端和输出端和 4 通道示波器相连接，启动仿真开关，屏幕上显示出了输入变量 A、B 和输出函数 Y 之间逻辑关系，它们满足逻辑加的运算规律，即 $Y=A+B$。

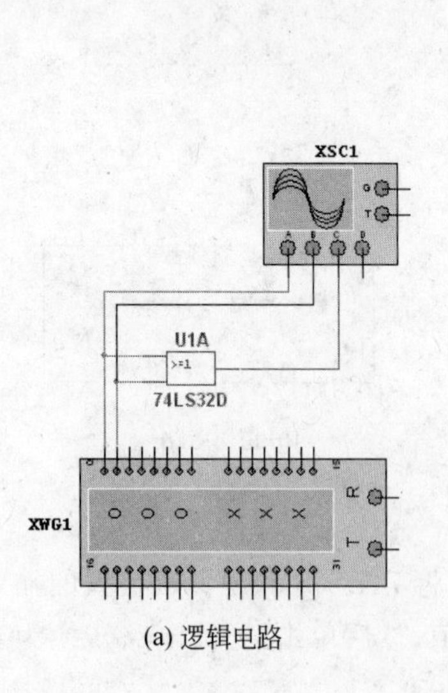

(a) 逻辑电路

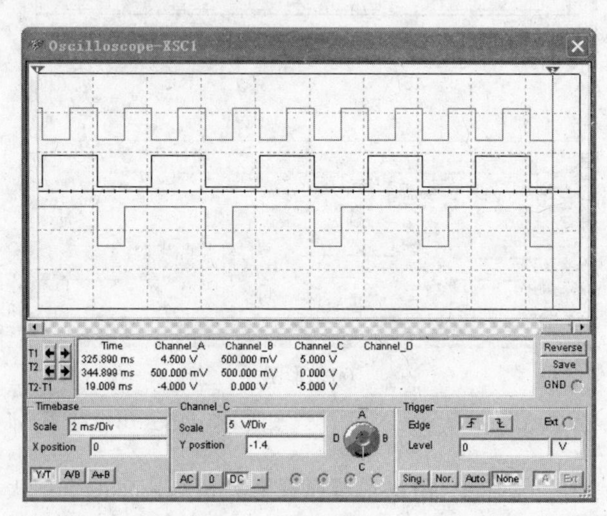

(b) 波形图

图 2-6 或门电路的波形图

在图 2-7 中，将或门电路 74LS32 和逻辑转换仪连接，设置好输入逻辑变量 A 和 B 的取值后，单击“逻辑电路转换为真值表”按钮，屏幕上立即显示出或逻辑的真值表：有 1 出

1,全 0 出 0。

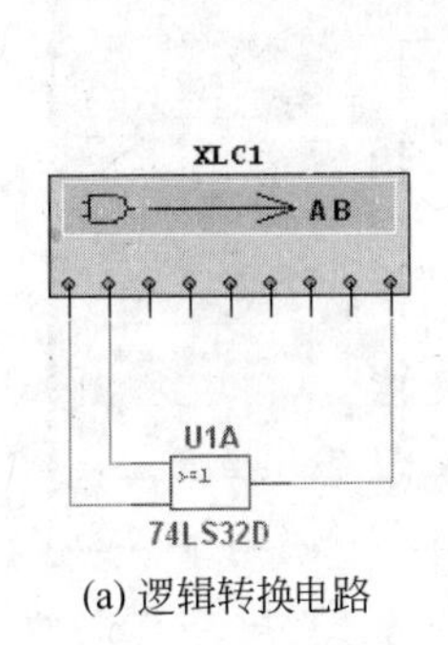

(a) 逻辑转换电路

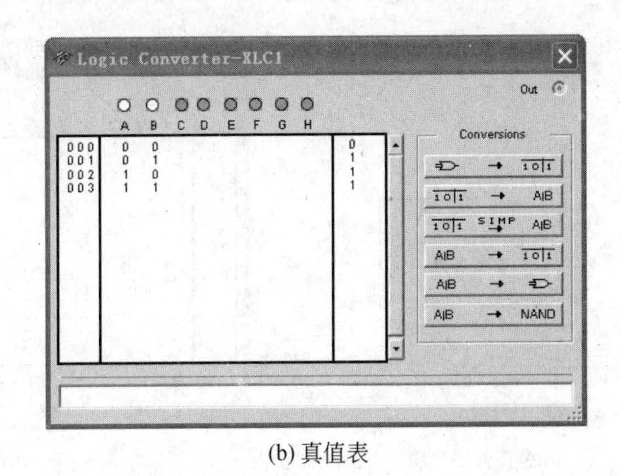

(b) 真值表

图 2-7　或门电路的真值表

4. 非逻辑关系仿真

非逻辑的输出总是输入的取反,当决定某一事件的条件具备了,结果却不发生,而此条件不具备时,结果一定发生。

在图 2-8 所示的电路中,开关 J1 闭合,灯不亮;开关 J1 断开,灯却亮。这种互相否定的因果关系,称为逻辑非。

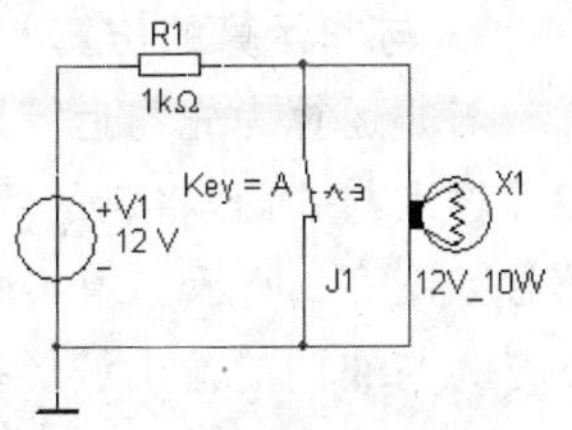

图 2-8　非逻辑关系电路

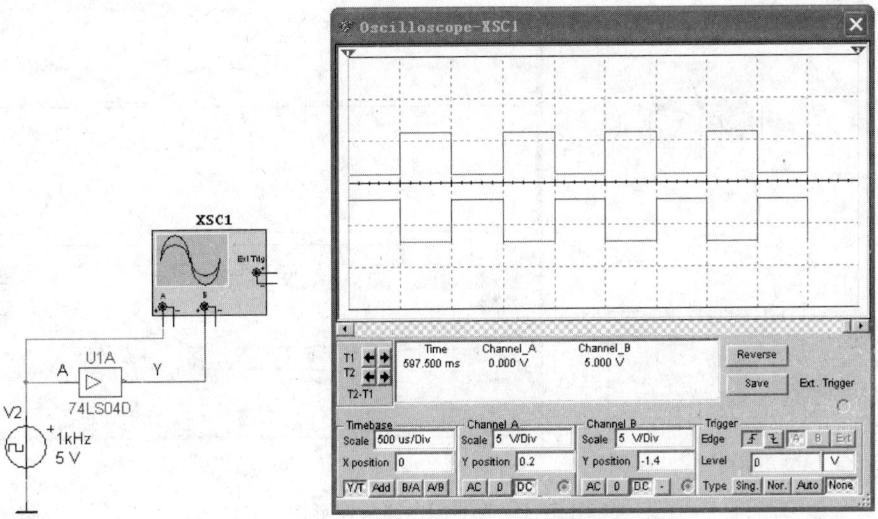

在图 2-9 所示的电路中,非门电路 74LS04 的信号源是一个方波信号发生器,从示波器上观察到输入变量 A 的波形和逻辑函数 Y 的波形大小相同、相位相反,即逻辑非运算: $Y=\overline{A}$。

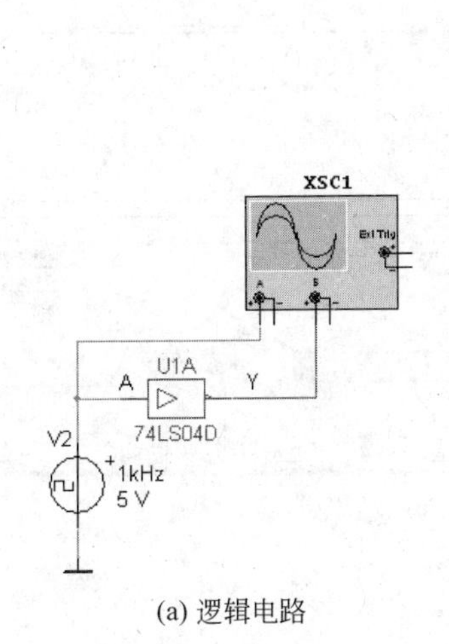

(a) 逻辑电路

(b) 波形图

图 2-9　非门电路的波形图

在图 2-10 中,用逻辑转换仪求出非逻辑的真值表:0 变 1,1 变 0。

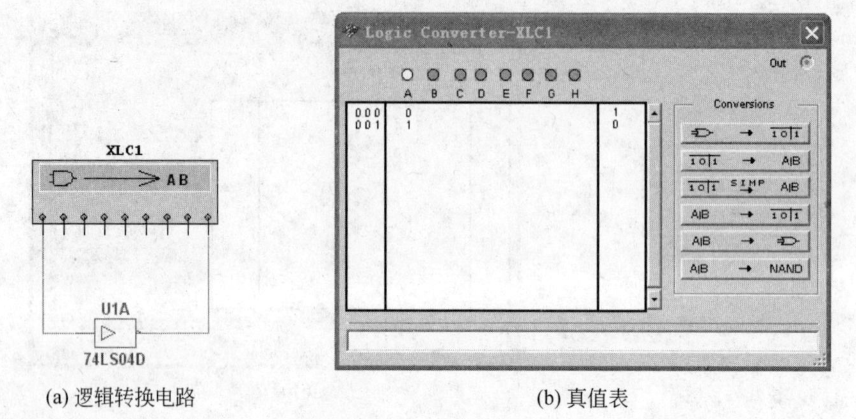

(a) 逻辑转换电路　　(b) 真值表

图 2-10　非门电路的真值表

2.1.2　几种常见的逻辑运算的仿真

1. 与非运算的仿真

与非运算为先与运算后非运算。实现与非运算的电路称为与非门电路。74LS00 是四 2 输入与非门,将它的两个输入端和字信号发生器输出端相连接,字信号发生器的输出信号如图 2-2 所示。用 4 通道示波器观察 74LS00 输入、输出的波形,如图 2-11 所示,最下方为与非门的输出波形。

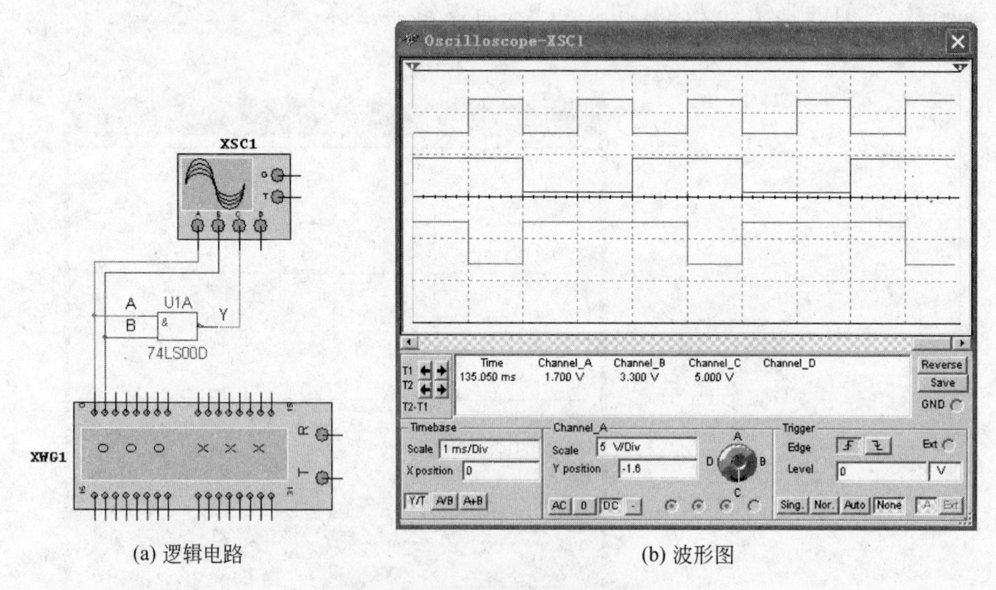

(a) 逻辑电路　　(b) 波形图

图 2-11　与非门电路的波形图

在图 2-12 中,是用逻辑转换仪得出的与非逻辑真值表:有 0 出 1,全 1 出 0。

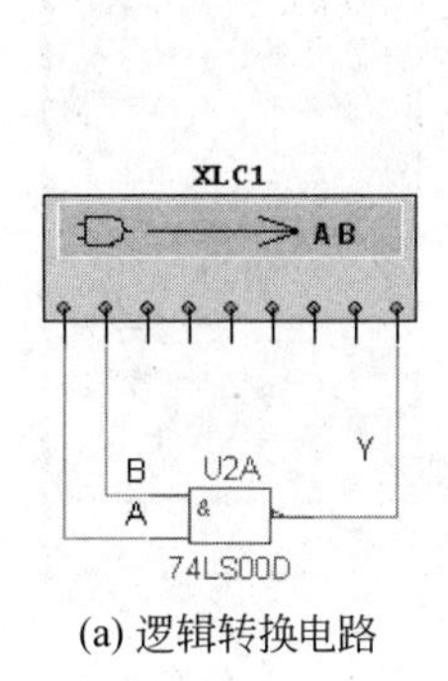

(a) 逻辑转换电路

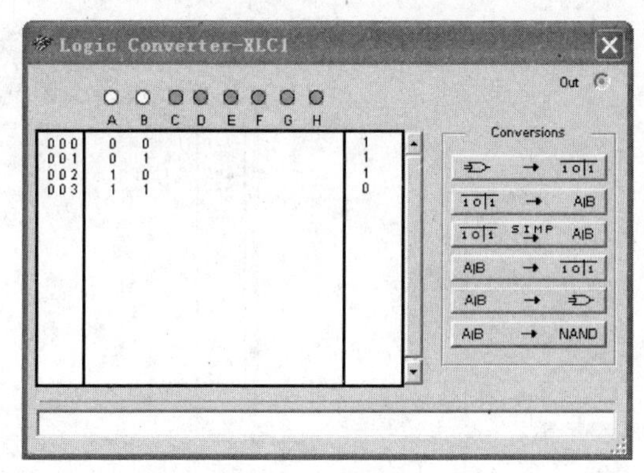

(b) 真值表

图 2-12　与非门的真值表

2. 或非运算的仿真

或非运算为先或运算后非运算。实现或非运算的电路称为或非门电路。74LS02 是四 2 输入或非门电路，根据上述同样的方法，可以用示波器测出它的输入输出波形，如图 2-13 所示。

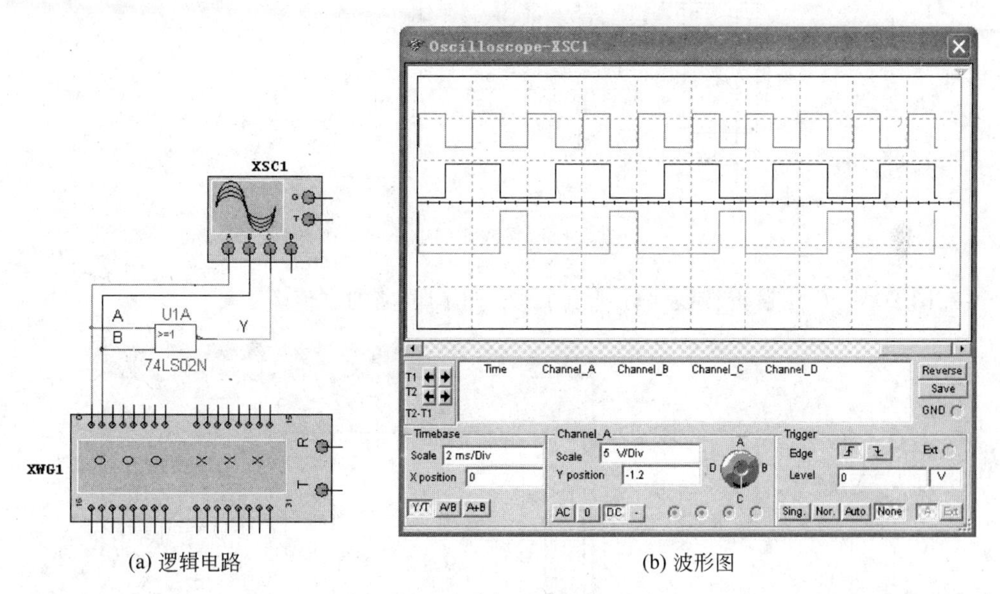

(a) 逻辑电路　　　　(b) 波形图

图 2-13　或非门电路的波形图

用逻辑转换仪可以求出或非逻辑的真值表：有 1 出 0，全 0 出 1。或非门电路的真值如图 2-14 所示。

3. 与或非运算的仿真

与或非运算为先与运算后或运算再进行非运算。74S51 为 2 输入与或非门，在图 2-15 中，分别单击 A、B 和 C、D 键，仔细观察两组输入状态的组合，可以看出：两组输入中至少有一个输入端为低电平时，输出为高电平；如果有一组输入端都为高电平，则输出就为低电平。

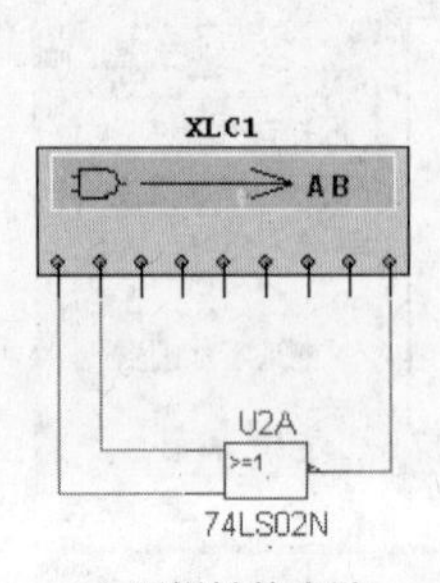

(a) 逻辑转换电路

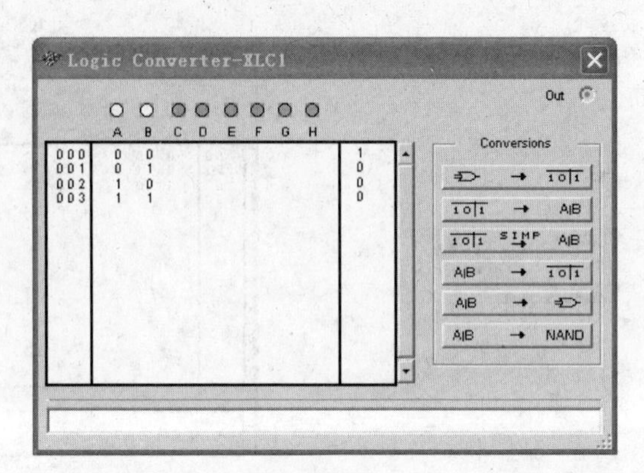

(b) 真值表

图 2-14　或非门电路的真值表

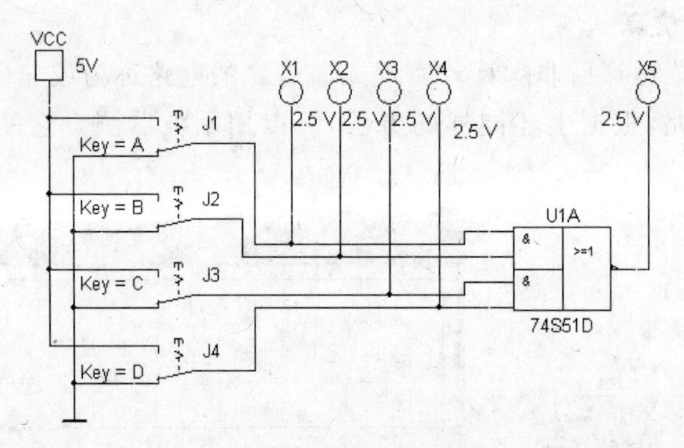

图 2-15　与或非门电路

在图 2-16 中，用逻辑转换仪分析出了与或非门电路的真值表。

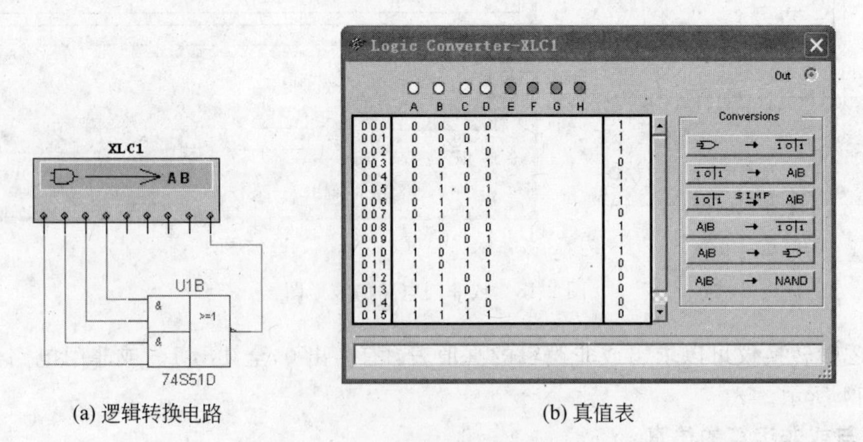

(a) 逻辑转换电路　　(b) 真值表

图 2-16　与或非门电路的真值表

4. 异或运算的仿真

异或运算是二变量逻辑运算。在图 2-17 中，74LS86 为异或逻辑门电路，示波器显示为：两个输入相同时，输出为低电平；两个输入不同时，输出为高电平（相同出 0，相异出 1）。

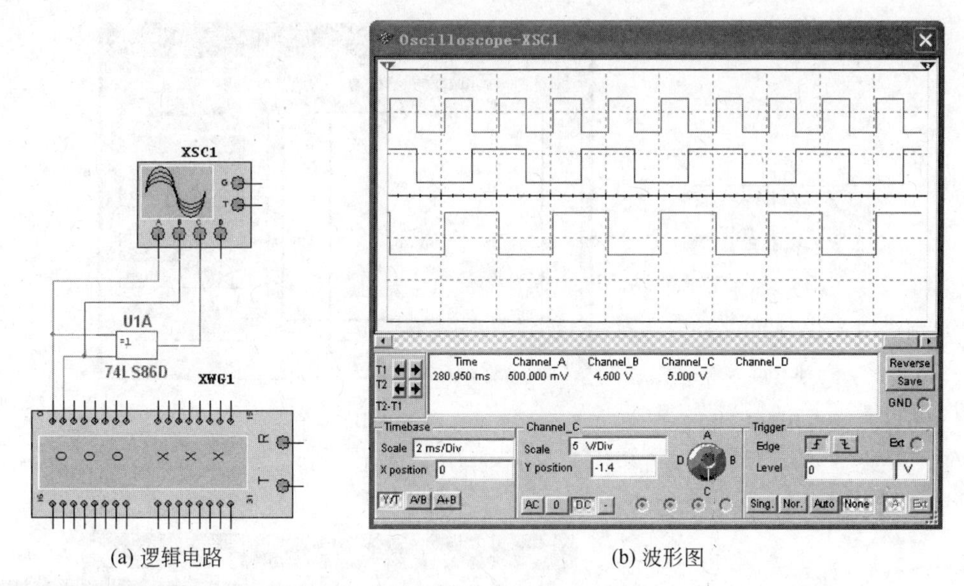

(a) 逻辑电路　　(b) 波形图

图 2-17　异或门电路的波形图

从图 2-18 中看出异或运算的真值表为：相同出 0，相异出 1。

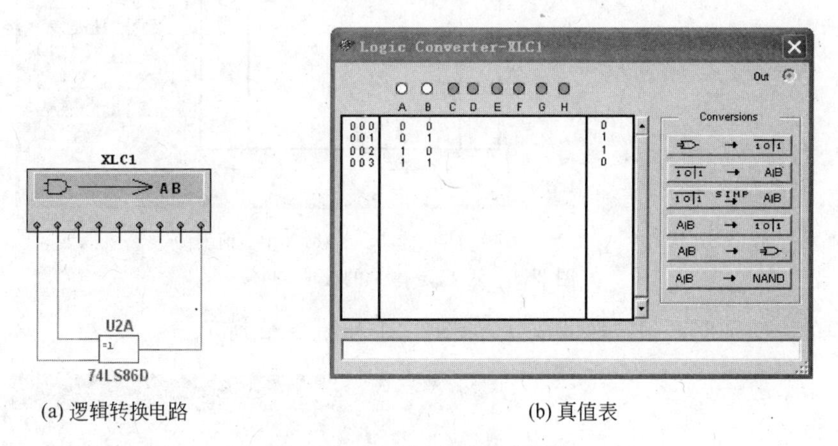

(a) 逻辑转换电路　　(b) 真值表

图 2-18　异或门电路的真值表

2.2　逻辑代数基本定律的证明

2.2.1　摩根定律的证明

摩根定律有两种形式：

$$\overline{A \cdot B}=\overline{A}+\overline{B}$$

$$\overline{A+B}=\overline{A} \cdot \overline{B}$$

首先证明摩根定律 1，用逻辑转换仪分别求出等号两边逻辑函数的真值表，如图 2-19 所示，两边的函数值相等，说明摩根定律 1 成立。

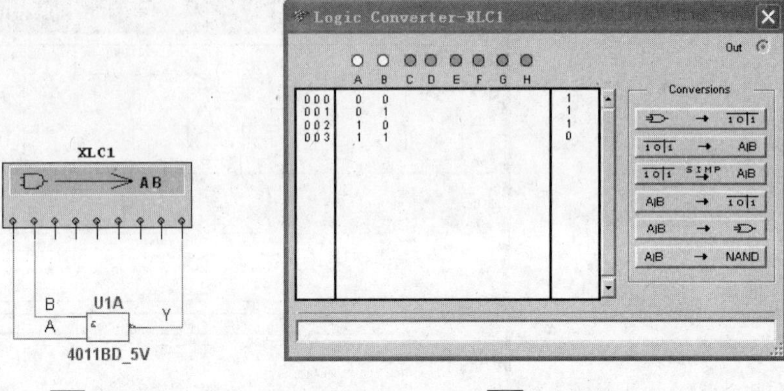

(a) $\overline{A\cdot B}$逻辑转换　　(b) $\overline{A\cdot B}$的真值表

图 2-19　摩根定律 1 的证明(1)

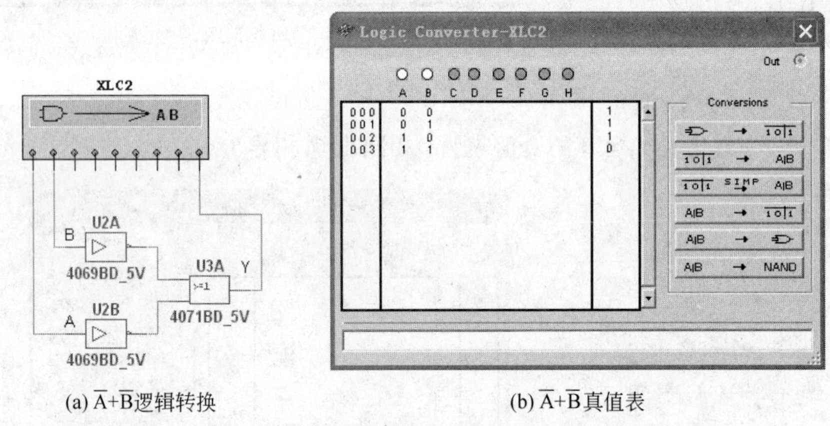

(a) $\overline{A}+\overline{B}$逻辑转换　　(b) $\overline{A}+\overline{B}$真值表

图 2-20　摩根定律 1 的证明(2)

同样的方法证明摩根定律 2 成立，如图 2-21 和图 2-22 所示。

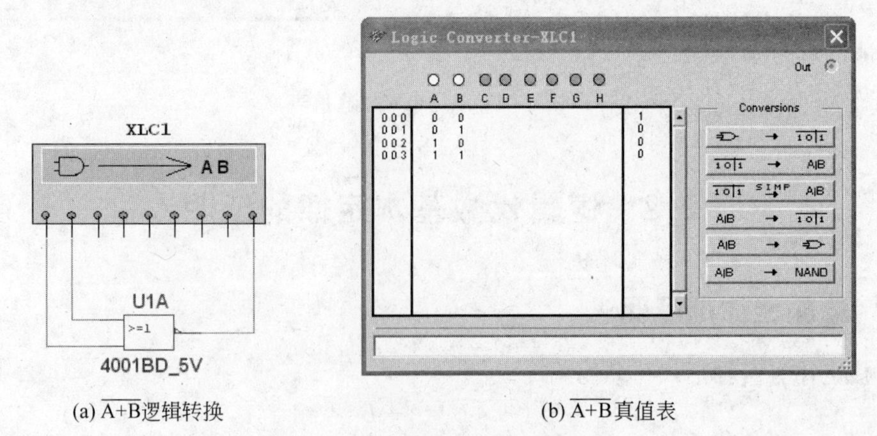

(a) $\overline{A+B}$逻辑转换　　(b) $\overline{A+B}$真值表

图 2-21　摩根定律 2 的证明(1)

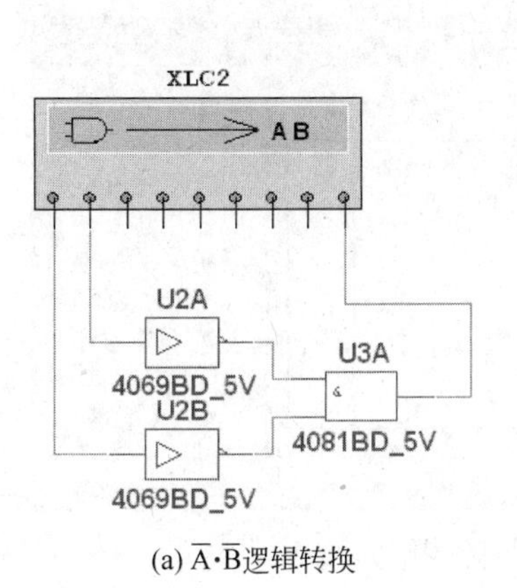

(a) $\overline{A}\cdot\overline{B}$逻辑转换

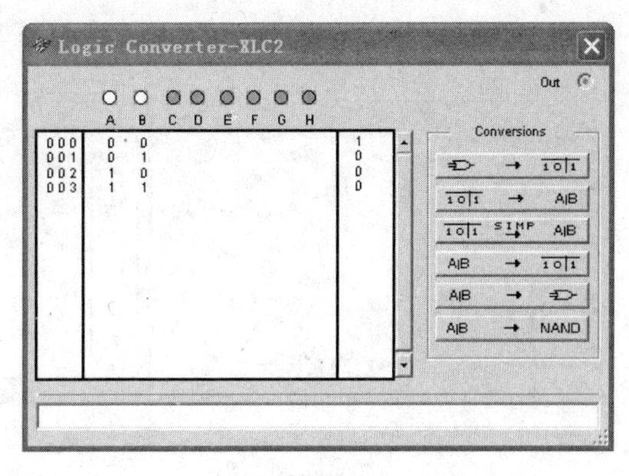

(b) $\overline{A}\cdot\overline{B}$真值表

图 2-22 摩根定律 2 的证明(2)

2.2.2 分配律的证明

$A+BC=(A+B)(A+C)$这条分配律是普通代数中所没有的，用逻辑转换仪同样可以证明。在图 2-23 中，求出的是 $Y=A+BC$ 的真值表；在图 2-24 中，求出的是 $Y=(A+B)\cdot(A+C)$的真值表，由此证明该分配律是正确的。

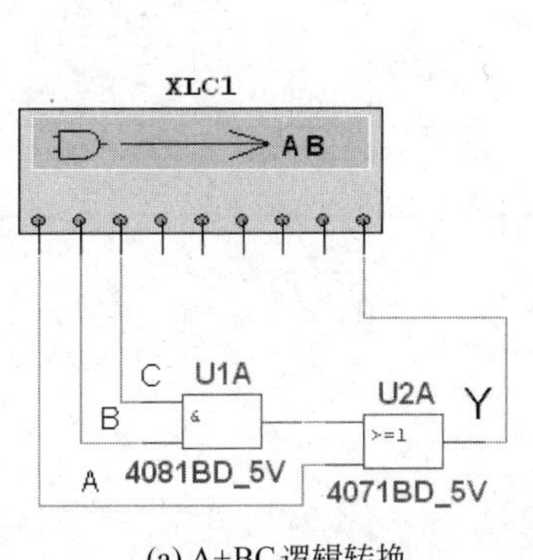

(a) A+BC 逻辑转换

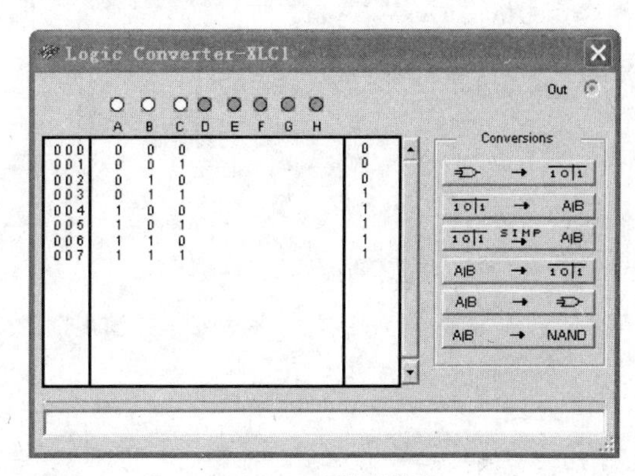

(b) A+BC的真值表

图 2-23 分配律的证明(1)

2.2.3 反演规律的证明

对于任意一个函数表达式，如果将 Y 中的所有的“·”换成“+”，“+”换成“·”，“0”换成“1”，“1”换成“0”；原变量换成反变量，反变量换成原变量，那么所得到的表达式就是 Y 的反函数，这个规则叫做反演规则。

在图 2-25 中，$Y=A\overline{B}+\overline{A}B$，即异或门，应用反演规则进行变换，得到 $Y'=(\overline{A}+B)\cdot(A+\overline{B})$。如图 2-26 所示，将两个复合门电路分别和逻辑转换仪相连接，分别求它们的真值表，结果证明 Y'和 Y 互为反函数。

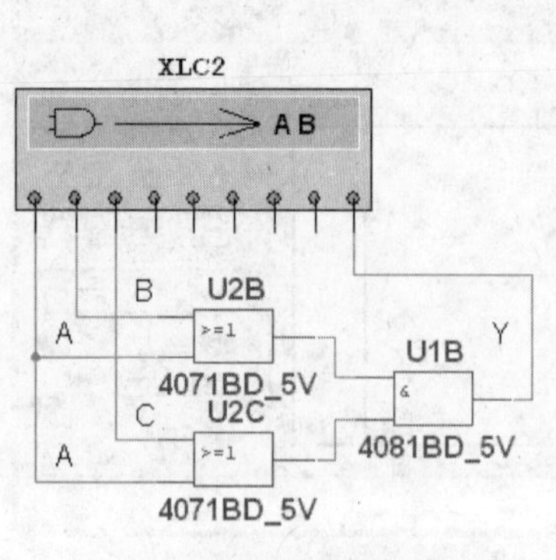

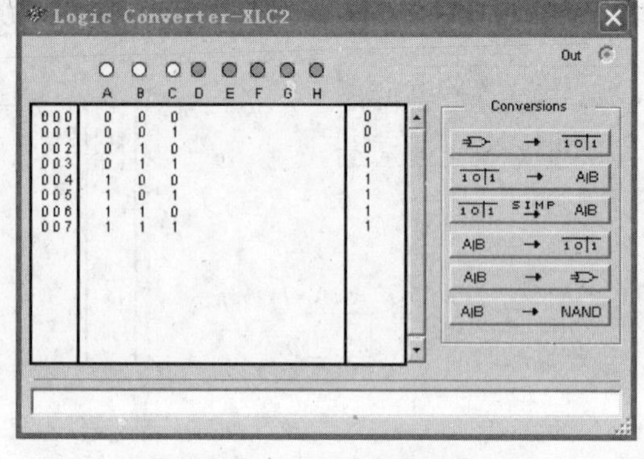

(a) (A+B)(A+C) 逻辑转换　　(b) (A+B)(A+C) 的真值表

图 2-24　分配律的证明(2)

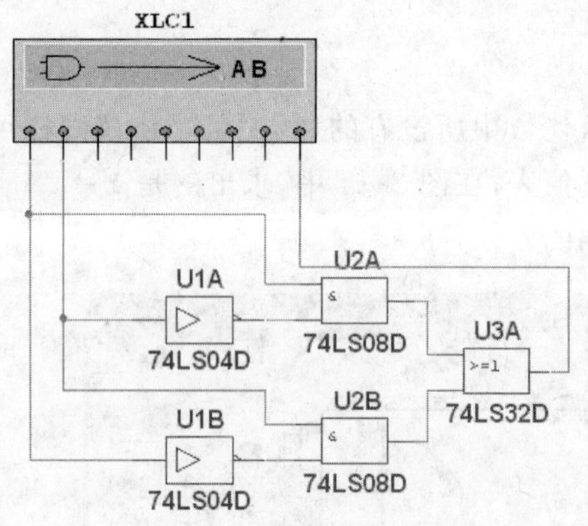

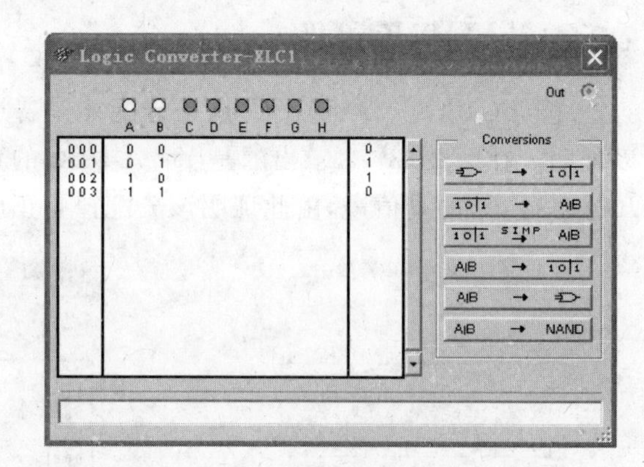

(a) $A\overline{B}+\overline{A}B$逻辑转换　　(b) $A\overline{B}+\overline{A}B$的真值表

图 2-25　反演规则的证明(1)

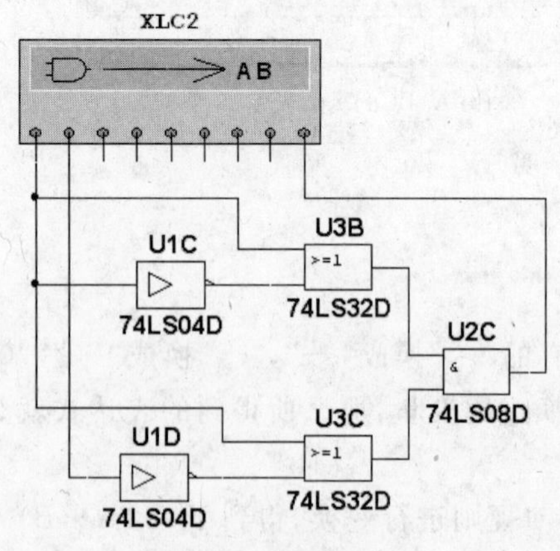

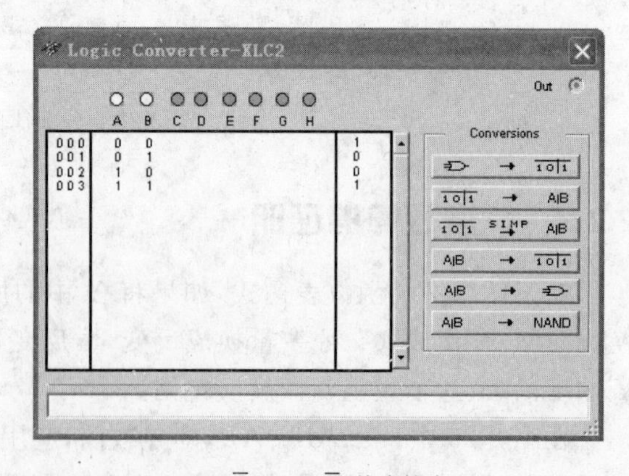

(a) $(\overline{A}+B)(A+\overline{B})$逻辑转换　　(b) $(\overline{A}+B)(A+\overline{B})$的真值表

图 2-26　反演规则的证明(2)

2.2.4 代入规则

已知等式$\overline{AB}=\overline{A}+\overline{B}$，即摩根定律的第 1 种形式，用函数 Y=AC 代替等式中的 A，等式仍然成立，即有$\overline{(AC)B}=\overline{AC}+\overline{B}=\overline{A}+\overline{B}+\overline{C}$，据此可以证明几个变量的摩根定律，从而扩大了摩根定律的应用范围。

利用逻辑转换仪，可以看出$\overline{(AC)B}$和$\overline{AC}+\overline{B}$ 的真值表完全一致。

这说明：在任何逻辑等式中，如果等式两边所有出现某一变量的地方，都代之一个函数，则等式仍然成立，这个规则称为代入规则。

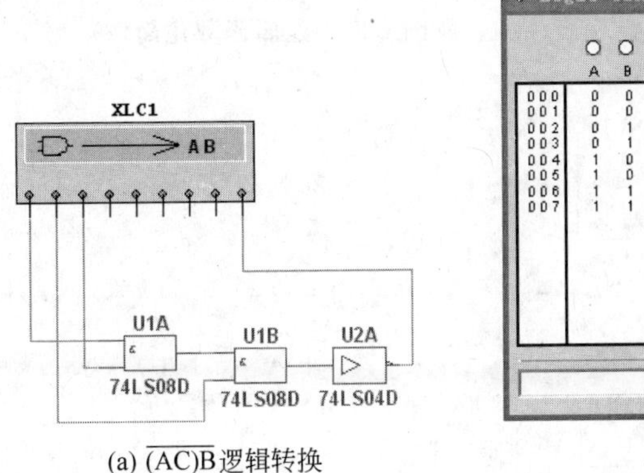

(a) $\overline{(AC)B}$逻辑转换

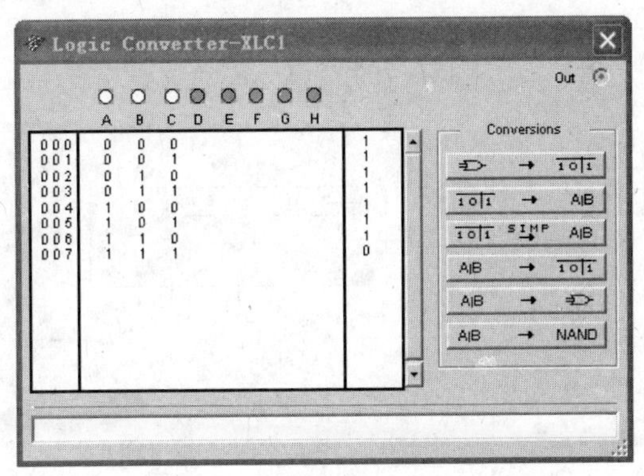

(b) $\overline{(AC)B}$的真值表

图 2-27　代入规则的证明(1)

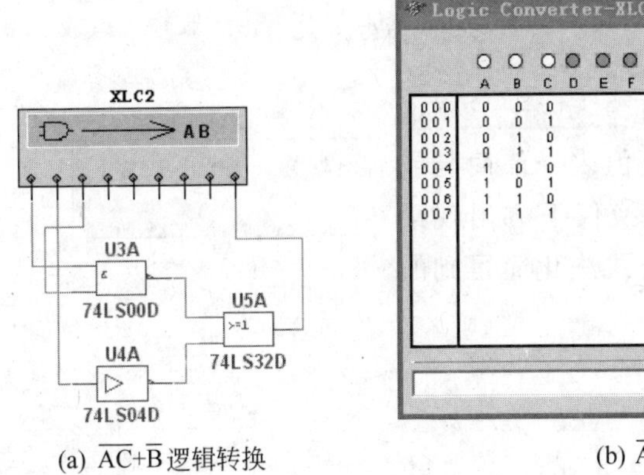

(a) $\overline{AC}+\overline{B}$ 逻辑转换

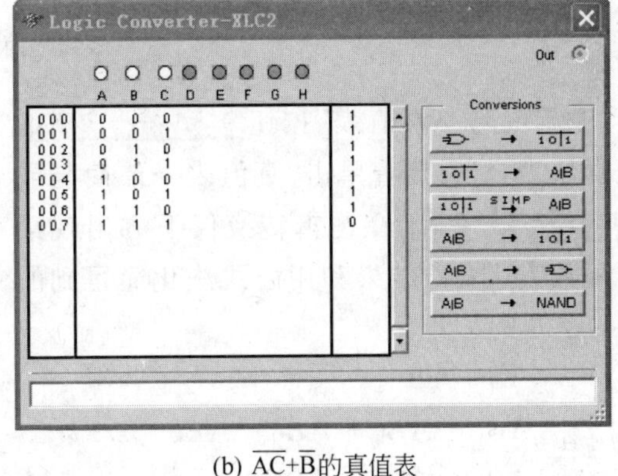

(b) $\overline{AC}+\overline{B}$的真值表

图 2-28　代入规则的证明(2)

案例 2-1：运用逻辑转换仪，列出下列逻辑电路的真值表，并求出最简“与或”表达式。如图 2-29～图 2-32 所示。

操作方法：将逻辑电路的输入、输出端分别与逻辑转换仪相连。根据输入端数，单击逻辑转换仪面板顶部代表输入端的小圆圈，选定输入信号(A～H)，这时真值表区自动出现输入信号的所有组合。

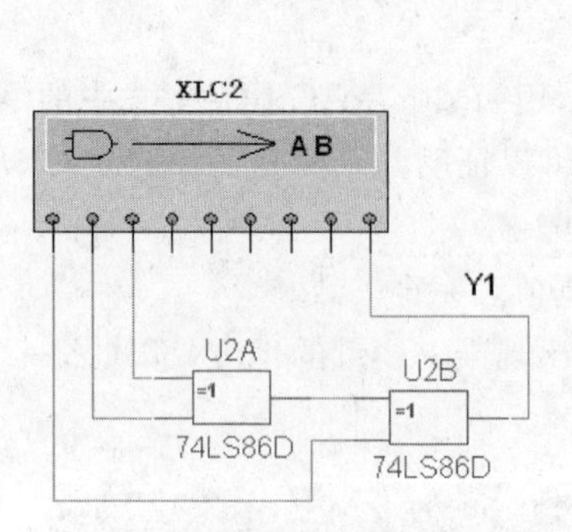

图 2-29　逻辑函数化简(1)

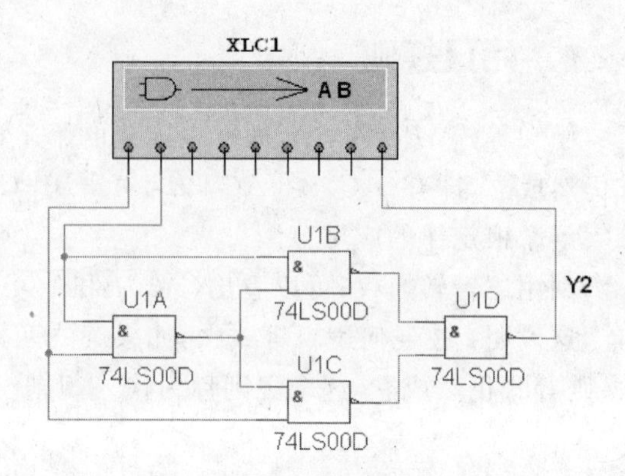

图 2-30　逻辑函数化简(2)

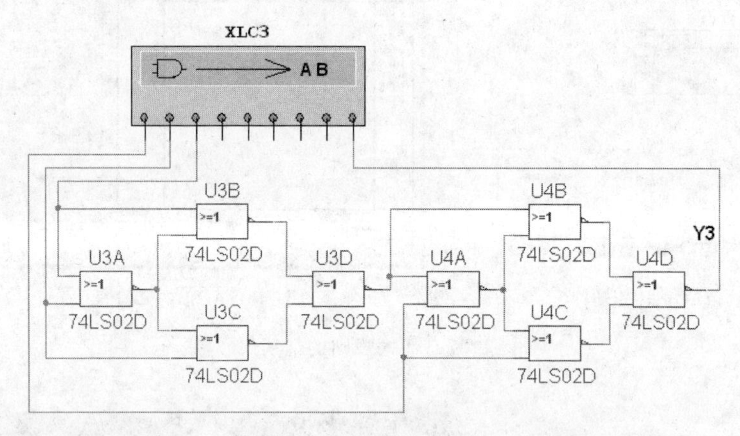

图 2-31　逻辑函数化简(3)

单击"逻辑电路→真值表"按钮，立即出现真值表，然后接着单击"真值表→最简与或式"按钮，在逻辑转换仪下方出现最简"与或"函数表达式。结果和用公式法化简得到的结果是一致。

$$Y_1 = A\bar{B} + \bar{A}B$$

$$Y_2 = \bar{A}\bar{B}C + \bar{A}B\bar{C} + A\bar{B}\bar{C} + ABC$$

$$Y_3 = \bar{A}\bar{B}C + \bar{A}B\bar{C} + A\bar{B}\bar{C} + ABC$$

$$Y_4 = \bar{A}\bar{B} + \bar{A}\bar{C} + \bar{B}\bar{C}$$

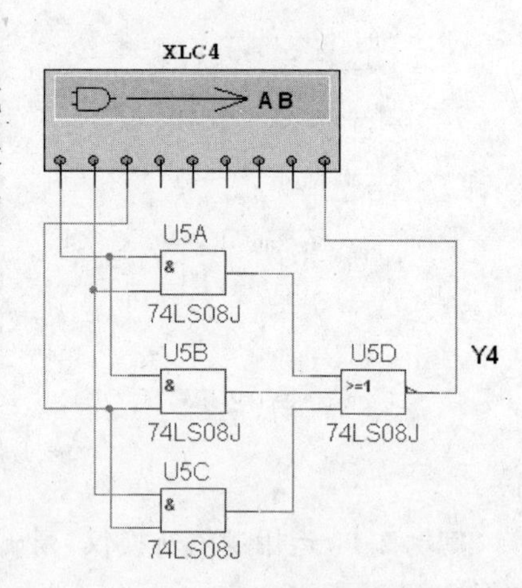

图 2-32　逻辑函数化简(4)

案例 2-2：包含无关项逻辑函数的化简。

已知逻辑函数 $Y(A、B、C、D) = \sum m_i + \sum d_j$；$i = 0,1,4,9,14$，$j = 5,7,8,11,12,15$，求最简逻辑函数表达式。

从题目中已知函数中有 4 个逻辑变量，在打开的逻辑转换仪面板顶部选择 4 个输入端 A、B、C、D，产生 16 种组合输入信号，输出列初始值全部为 0，根据已知条件对输出列

赋值，无关项为“×”，得到如图 2-27 所示的真值表。单击“真值表→最简与或式”按钮 [10|1 SIMP A|B]，即可得到最简与或函数表达式：$Y=\overline{A}\overline{C}+\overline{B}\overline{C}+AB\overline{D}$。

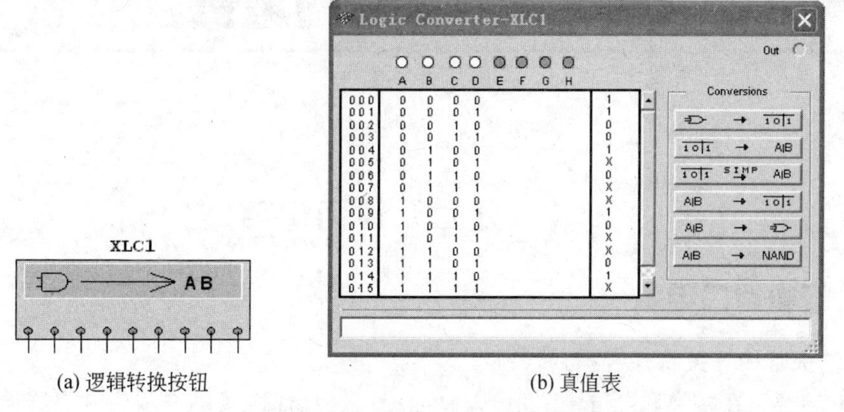

(a) 逻辑转换按钮　　(b) 真值表

图 2-33　包含无关项的逻辑函数真值表

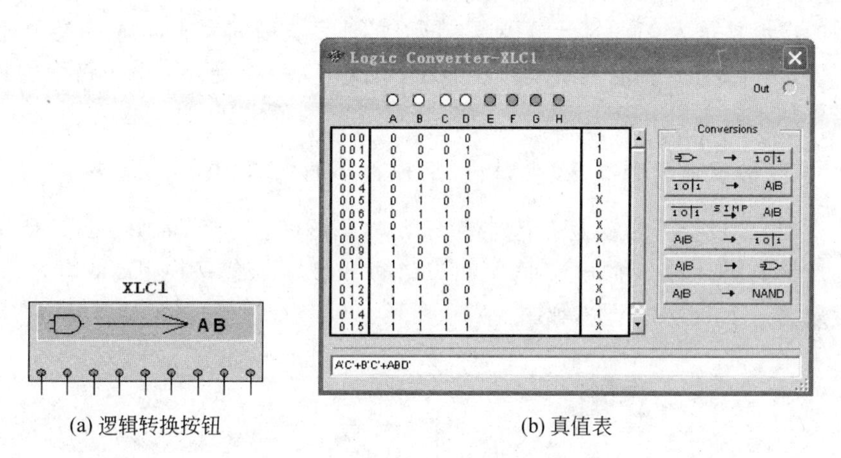

(a) 逻辑转换按钮　　(b) 真值表

图 2-34　由真值表转换为最简表达式

第 3 章 逻辑门电路

3.1 分立元件门电路

3.1.1 二极管门电路

1. 二极管的开关特性(静态特性)

理想的开关在接通和断开时具有这样的特性：接通时，接触电阻为 0，不管流过的电流多大，开关两端的电压总是为 0；断开时，电阻为无穷大，不管它两端的电压有多大，开关中流过的电流总是为 0；而且开关接通与断开的速度在瞬间完成，仍能保持上述特性。

在图 3-1 中，由于二极管具有单向导电性，可以作为一个受外加电压极性控制的开关使用。当外加正向电压大于二极管的门限电压(又称阈值电压，硅二极管为 0.5V)时，二极管导通，其正向压降约为 0.7V，二极管呈现很小的电阻，其导通电流 $I_D=\frac{5-0.7}{1000}\approx$ 4.3mA。这时，二极管可等效为一个具有 0.7V 压降的闭合开关，如图 3-1(b)所示。当输入电压为反向电压时，其反向电流很小，可以忽略不计，二极管呈现很高的电阻。这时，二极管可等效为一个断开的开关，如图 3-1(c)所示。

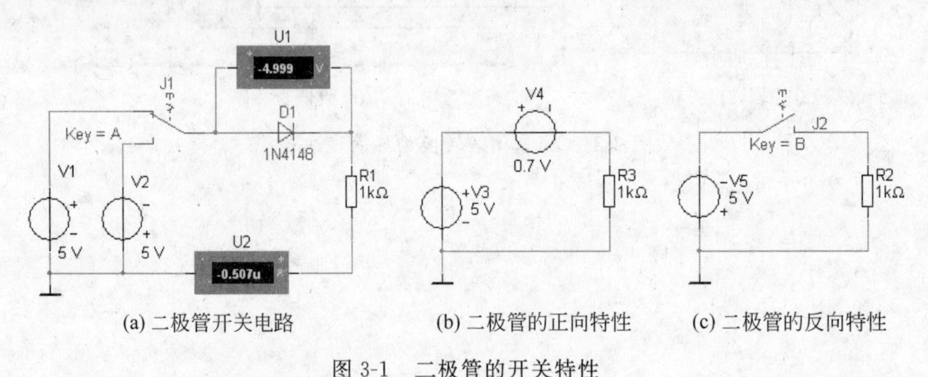

(a) 二极管开关电路　　(b) 二极管的正向特性　　(c) 二极管的反向特性

图 3-1　二极管的开关特性

3.1.2 三极管的开关特性

1. 开关作用(静态特性)

在数字电路中，三极管是作为一个开关来使用的，即工作在饱和导通状态或截止状态。在图 3-2(a)中，当输入电压为反向电压时，发射结处于反向偏置三极管集电极电流几乎为 0，三极管的管压降 U_{CE} 约等于电源电压，三极管处于截止状态，三极管的三个电极互为开路状态，如图 3-2(c)所示。

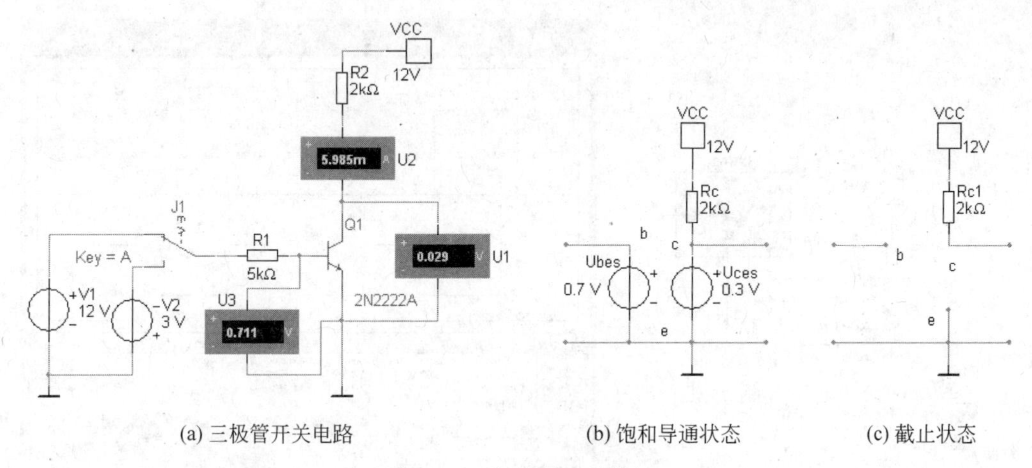

(a) 三极管开关电路　　(b) 饱和导通状态　　(c) 截止状态

图 3-2　三极管的开关特性

当输入电压为正向电压，且注入三极管基极的电流大于其临界饱和基极电流 I_{BS} 时，三极管便进入饱和状态。当三极管饱和后，基极和发射极之间的正向压降约为 0.7V，集电极和发射极之间电压(管压降)约为 0.3V(硅三极管)，集电极电流 $I_C=\frac{V_{CC}-0.3}{2000}\approx\frac{V_{CC}}{2000}=6\text{mA}$。这时集电极 C 和发射极 E 已相当于短路。

可以看出三极管相当于一个由基极电流控制的开关，三极管截止时相当于开关断开，C 极和 E 极之间电阻为无穷大。三极管饱和时，相当于开关闭合，C 极和 E 极之间电阻几乎为 0。

2. 开关时间参数(动态特性)

半导体三极管和二极管虽然可以做开关使用，但并非理想开关。因为三极管的截止与饱和两种状态的相互转换是需要一定时间的。在图 3-3 中，在共发射极开关电路中输入一个 $f=200\text{kHz}$ 的理想方波信号，示波器屏幕上自上而下依次是：输入信号、集电极电流 i_C 波形，输出电压波形。

通常把输入方波信号正跳变开始到集电极电流 i_C 上升到 $0.9i_{CS}$ 所需时间称为开通时间，用 t_{ON} 表示。把输入方波信号负跳变开始到集电极电流 i_C 下降到 $0.1i_{CS}$ 所需时间称为关断时间，用 t_{OFF} 表示。在示波器屏幕上，可以拖动活动指针对 t_{ON} 和 t_{OFF} 进行测量。一般情况下，$t_{OFF}>t_{ON}$。这里用到了 Multisim 10 中的一个虚拟仪器——电流探针(Current Probe)，它的图标是 ，它只有一个输出端，该端和示波器连接，仿真时便可显示电路中电流的波形。

3.1.3　MOS 管开关特性

1. MOS 管的开关作用(静态特性)

在图 3-4(a)所示的用增强型 NMOS 管构成的开关电路中，栅极和源极间外加输入信号电压。当输入电压大于 NMOS 管的开启电压时，漏极电流 $I_D\approx\frac{V_{DD}}{2000}=2.5\text{mA}$，漏极 D

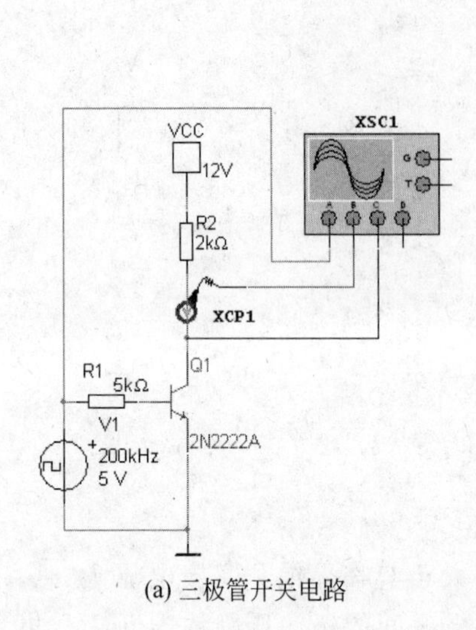

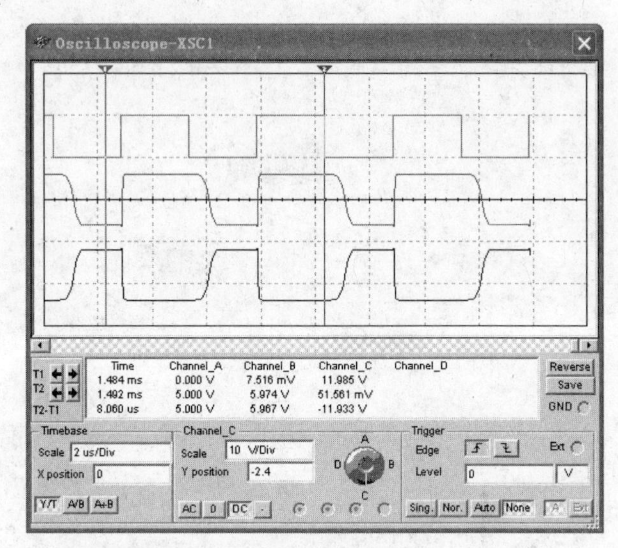

(a) 三极管开关电路　　(b) 三极管的开关时间

图 3-3　三极管的开关特性

与源极 S 间导通电阻 R_{ON} 很小，如同闭合的开关，输出电压几乎为 0，见图 3-4(c)。当输入电压小于 NMOS 管的开启电压时，漏极电流几乎为 0，漏极 D 和源极 S 间呈现高电阻，如同断开的开关，输出电压近似等于电源电压，如图 3-4(b)所示。

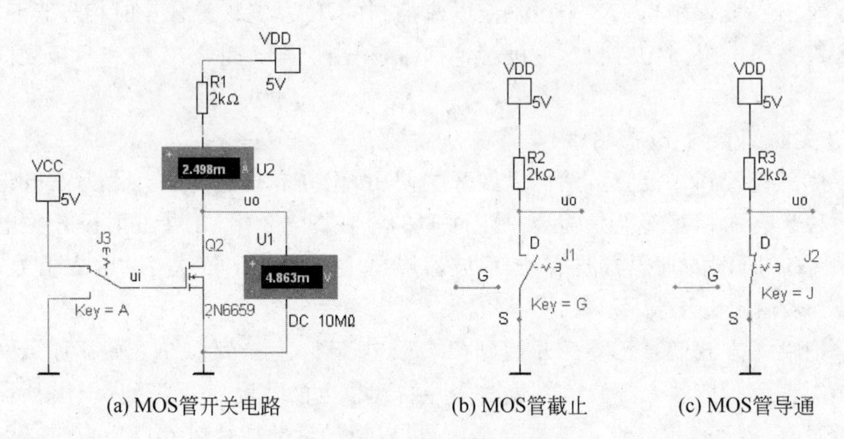

(a) MOS管开关电路　　(b) MOS管截止　　(c) MOS管导通

图 3-4　MOS 管的开关作用

2. MOS 管的开关时间参数（动态特性）

在如图 3-5 所示电路中输入矩形脉冲信号，MOS 管在“开”、“关”状态间转换。从示波器屏幕上可以看出，MOS 管从导通状态进入截止状态或截止状态进入导通状态都需要一定的时间。在同样信号频率的情况下，MOS 管的开通时间和关断时间比半导体三极管要长，即开关速度要慢，开关特性相对较差。信号频率越高，MOS 管开关特性也越差。不妨把图中时钟信号电压源的频率提高后，再仿真一下，看看示波器上的波形。

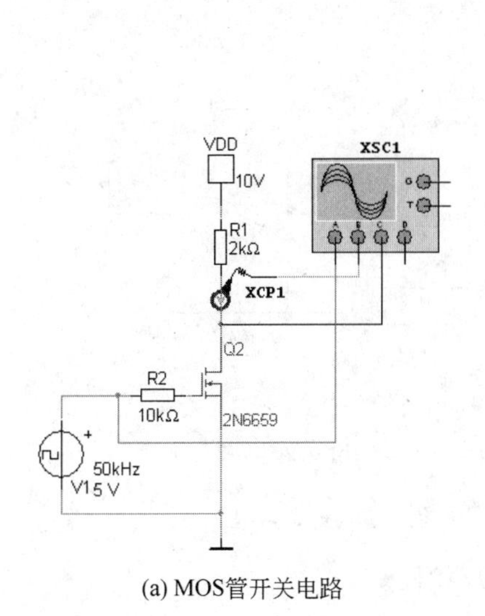

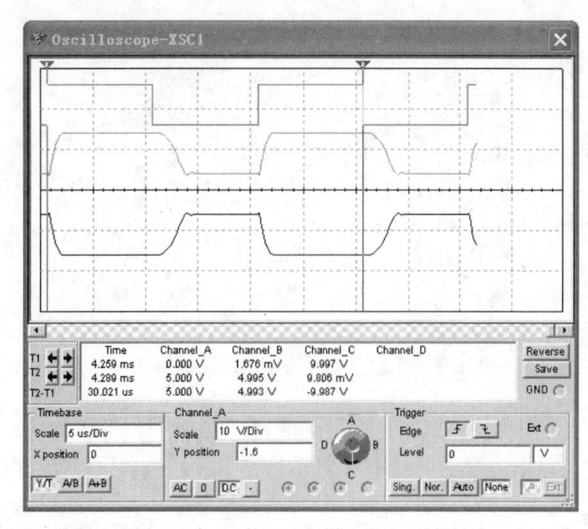

(a) MOS管开关电路　　(b) MOS管开关时间

图 3-5　MOS 管的开关特性

3.1.4 分立元件门电路

1. 二极管与门电路

图 3-6 是由开关二极管 1N4148 构成的与门电路，从 A、B 输入的数字信号有 4 种不同组合，从示波器上可以看出输入和输出符合与逻辑关系。也可以用机械开关模拟不同电平信号下，观察逻辑电平显示器的显示情况。

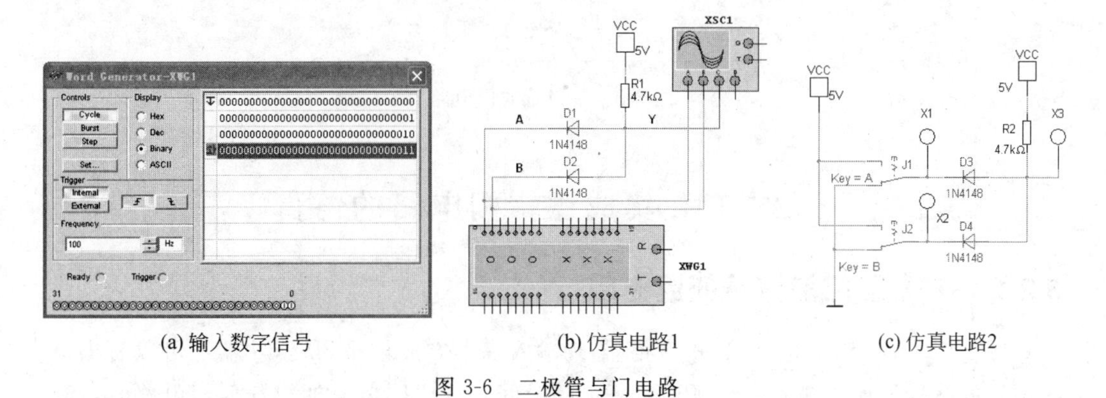

(a) 输入数字信号　　(b) 仿真电路1　　(c) 仿真电路2

图 3-6　二极管与门电路

2. 二极管或门电路

图 3-7 是由二极管构成的或门电路，从 A、B 输入的数字信号有 4 种不同的组合，从示波器和逻辑电平指示器上可以看出输出和输入符合或逻辑关系。

3. 三极管非门电路

图 3-8 是由三极管等元器件构成的非门电路。在示波器屏幕上，自上而下依次看到的波形是：输入方波信号、三极管集电极电流、输出电压信号。

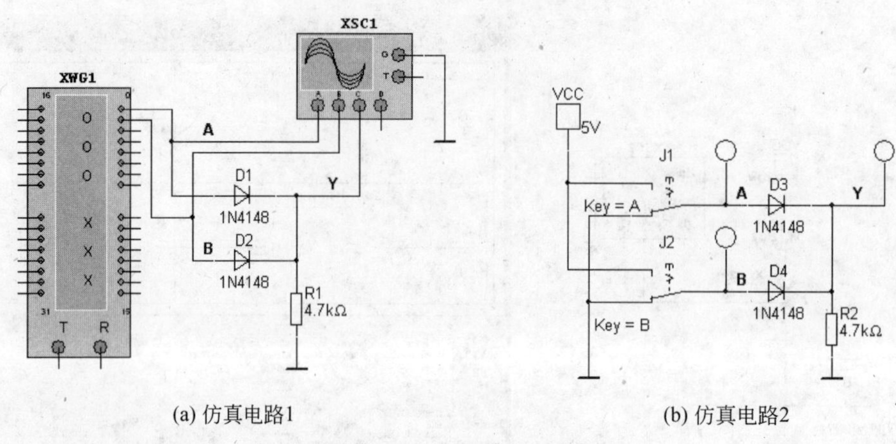

(a) 仿真电路1　　(b) 仿真电路2

图 3-7　二极管或门电路

非门的输出电压和输入电压相位相反，所以称为反相器。

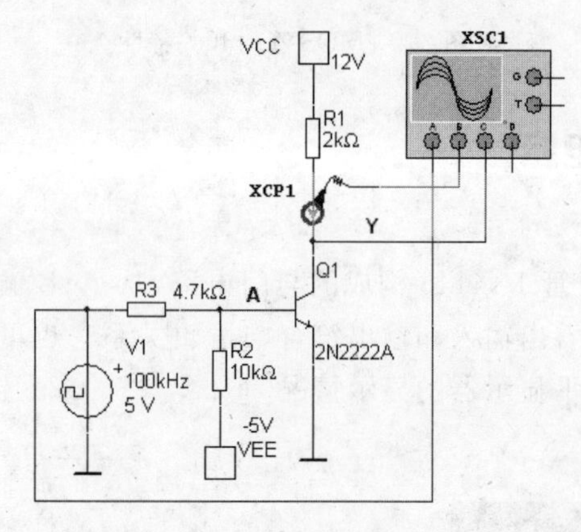

图 3-8　三极管非门电路

3.2　TTL 集成逻辑门电路的仿真

3.2.1　TTL 非门的传输延迟时间

图 3-9 中 74LS04 为 TTL 六反相器，现输入一个方波信号，从示波器上可以看出，输出电压的脉冲波形比输入波形延迟了一定的时间。这说明信号通过任何门电路时，都存在时间延迟，原因是当信号发生变化时，TTL 电路内部的二极管、三极管由异通变为截止或由截止变为异通时，都需要一定的时间。

3.2.2　集电极开路门（OC 门）

在图 3-10 中，74LS03 是集电极开路门（OC 门），它和 TTL 与非门（如 74LS00）的逻辑功能是相同的，不同点是 OC 门内部集成电路输出级的三极管集电极开路，使用时它的输出端必须外接上拉电阻 R 与电源相连，否则无法输出高电平。图中 $R1$ 为上拉电阻，当

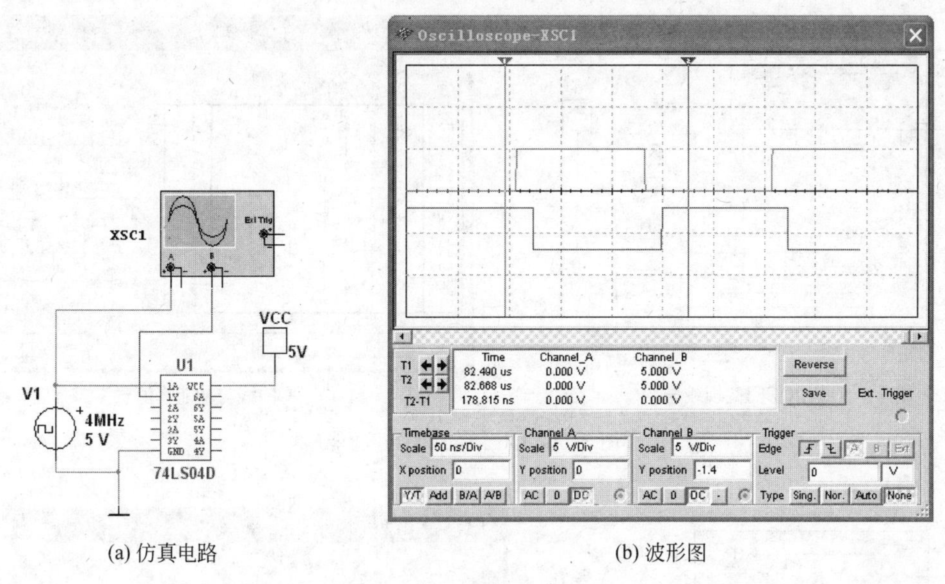

(a) 仿真电路　　　　(b) 波形图

图 3-9　TTL 非门的传输时间

开关闭合时，输出端立即有脉冲电压出现，如果将开关断开，输出端输出波形立即消失。可见 OC 门外接上拉电阻 R1 后，就是一个与非门。

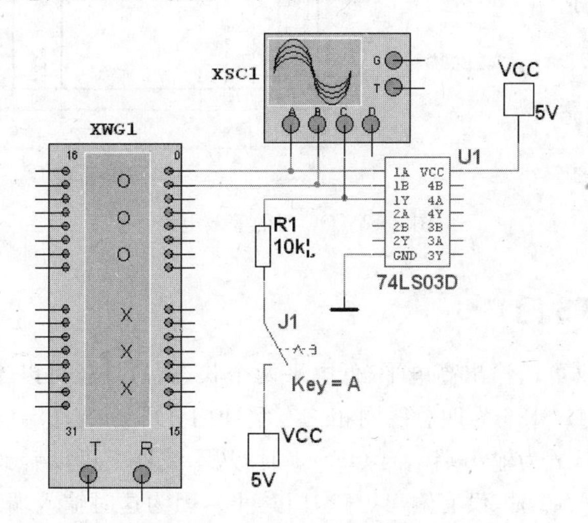

图 3-10　OC 门的“线与”功能

采用 OC 门是为了驱动较大电流、较高电压的负载。另外，多个 OC 门可以共用一个上拉电阻。

OC 门的线与功能：图 3-11 中为由两个 OC 门输出端相连后，通过同一个电阻 R 接电源 V_{CC} 的电路。将该集成电路与逻辑转换仪相连，单击按钮 [→ 1011]，可以显示出真值表，符合 $Y=\overline{AB}\cdot\overline{CD}=\overline{AB+CD}$ 的结果，由此得出：两个或多个 OC 门线与后可用来实现“与或非”逻辑功能。如果切断 R 和电源之间连线，则不能实现“线与”功能。图 3-12 中为图 3-11 的等效电路，即总的输出为两个与门单独输出的“与”。

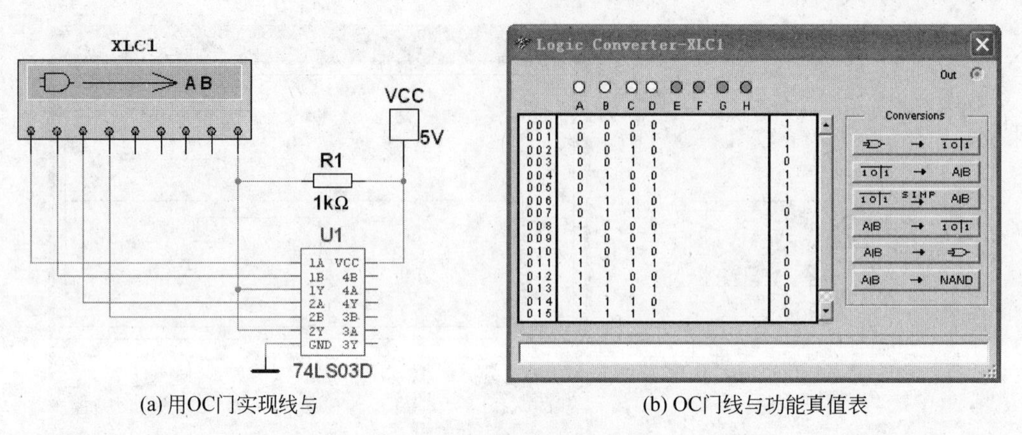

(a) 用OC门实现线与　　　　(b) OC门线与功能真值表

图 3-11　OC 门的"线与"功能

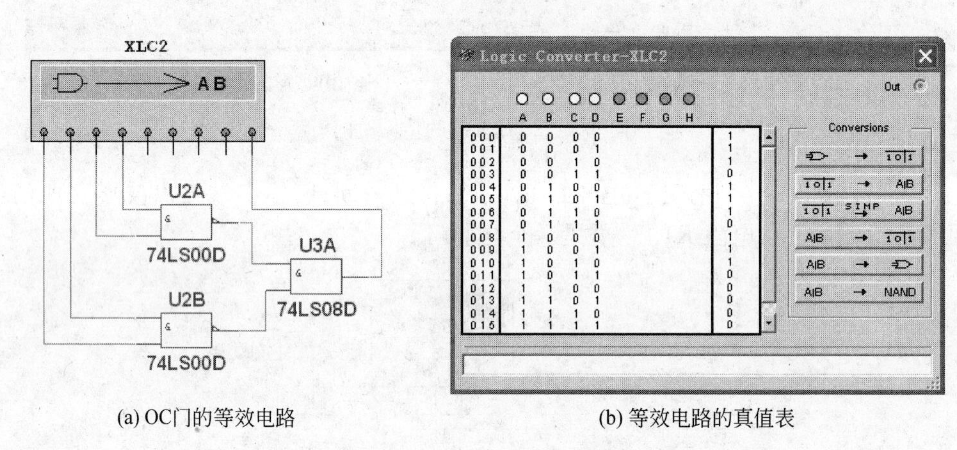

(a) OC门的等效电路　　　　(b) 等效电路的真值表

图 3-12　OC 门的等效电路

3.2.3　三态门(TS 门)

三态门是指不仅可以输出高电平、低电平两个状态,而且还可以输出高阻状态的门电路。在图 3-13 中,74LS126 为四总线同相三态缓冲门,OE 为选通端(也称为使能端)高电平有效,A 为输入端,Y 为输出端。当 OE=1 时,从示波器上可以看到输出波形和输入波形相位相同。当 OE=0 时,没有输出(三态门禁止),因为这时输入端和输出端完全隔离,呈高阻态。

常见的三态门有三态缓冲门、三态非门、三态与门、三态与非门。各种三态门又分为低电平有效的三态门和高电平有效的三态门。如 74LS125 为低电平有效的三态缓冲门。

用三态门可以构成单向(或双向)总线,在图 3-14 中,两个三态门利用一条总线来传输信息,在任何时刻,不会影响总线上传输的信息。如果令 10E、20E、30E、40E 轮流接高电平 1,那么输入到 1A、2A、3A、4A 的信号就会轮流送到总线上,从而实现用同一条总线传输多路信号。

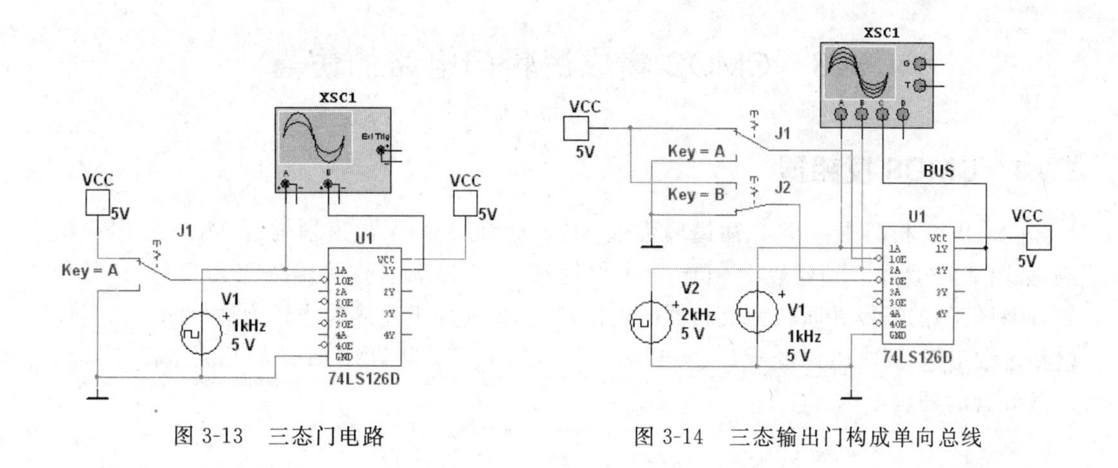

图 3-13　三态门电路　　　　图 3-14　三态输出门构成单向总线

3.2.4　TTL 电路的灌电流负载和拉电流负载

TTL 与非门输出端外接的负载通常为同类门电路。这类负载主要有两种形式：一类是灌电流负载，即与非门输出低电平时外接负载上的电流是由 V_{CC} 经负载灌入输出端的。另一类是拉电流负载，即与非门输出高电平时，负载电流是从与门输出端流向外接负载。

图 3-15 中用四 2 输入与非门 74LS00 作仿真实验，其中的一个单元电路的输出端 1Y 输出高电平（不低于 TTL 门输出高电平的下限值 2.4V），电流自 1Y 端流出后，流过红色发光二极管，红色发光二极管被点亮。另一个单元电路的输出端 4Y 输出低电平（不高于 TTL 门输出低电平的上限 0.5V），电流自外部电源 V_{CC} 输出，经过绿色发光二极管，进入 4Y 端，绿色发光二极管被点亮。

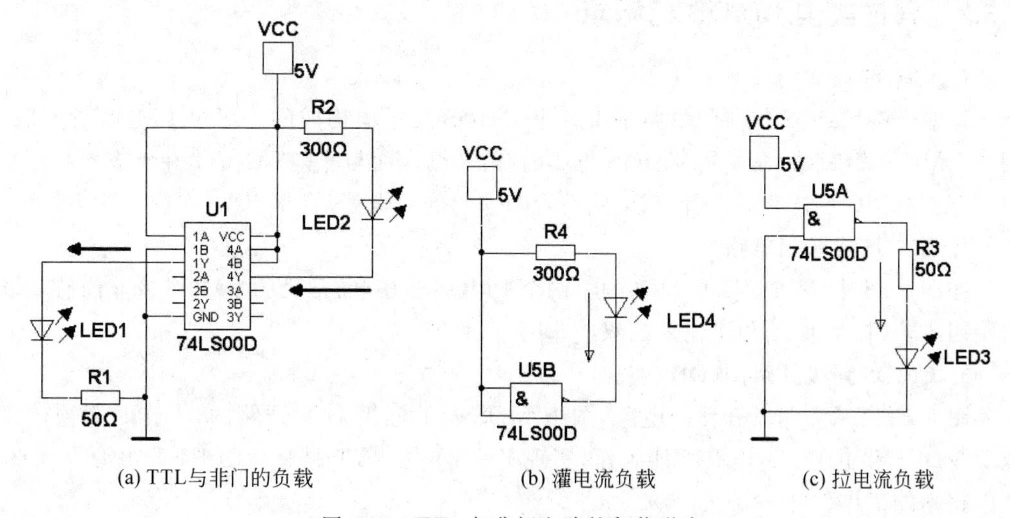

(a) TTL与非门的负载　　(b) 灌电流负载　　(c) 拉电流负载

图 3-15　TTL 与非门电路的负载形式

3.3 CMOS 集成逻辑门电路的仿真

3.3.1 CMOS 反相器

CMOS 反相器由一个 P 沟道增强性 MOS 管和一个 N 沟道增强性 MOS 管串联组成，如图 3-16 所示。通常以 PMOS 管作为负载器、NMOS 管作为输入工作管，其跨导相等，两只管子的栅极并联作为反相器的输出端，漏极和漏极连接起来作为输出端。为保证电路正常工作，要求电源电压 $U_{DD}=U_{TN}+U_{TP}$，其中 U_{TN} 为 NMOS 管的开启电压，U_{TP} 为 PMOS 管的开启电压。

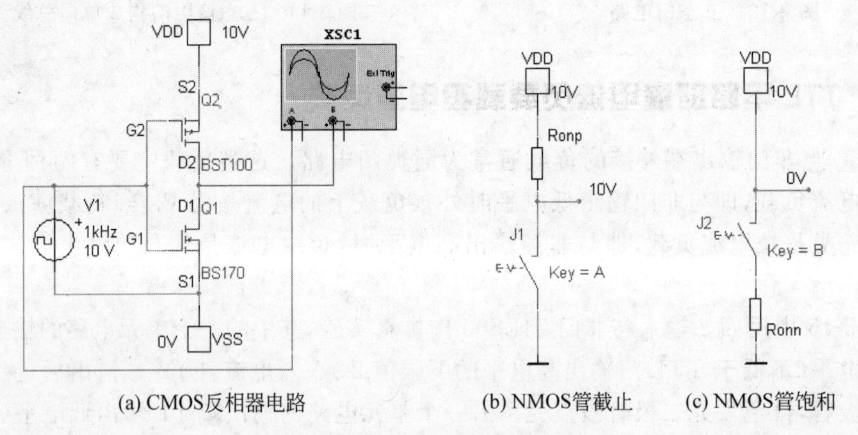

(a) CMOS反相器电路　(b) NMOS管截止　(c) NMOS管饱和

图 3-16　CMOS 反相器的开关作用

3.3.2 其他类型 CMOS 门电路

1. CMOS 与非门

两输入端 CMOS 与非门电路是由两个 CMOS 反相器构成的。两个 PMOS 管并联，两个 NMOS 管串联。常见的 CMOS 与非门有：2 输入四与非门 CC4011 和 4 输入双与非门 CC4012。从图 3-17 可以看出，电路符合与非门的逻辑关系：$Y=\overline{A \cdot B}$。

2. CMOS 或非门电路

在图 3-18 中，两个 NMOS 管并联，两个 PMOS 管串联，常见的 CMOS 或非门有 2 输入端四或非门 CC4001 和 4 输入端双或非门 CC4002。

3. CMOS 漏极开路门(OD 门)

图 3-19 所示为漏极开路门电路，图中 MOS 管的漏极 D 是开路的，工作时必须外接电源 VDD2 和电阻 R1，电路才能工作，实现 $Y=\overline{A \cdot B}$。若不外接电阻 R1 和电源 VDD2，则电路不能工作。

工作原理：当两个输入端 A、B 均输入高电平时，MOS 管导通，漏极输出低电平。当 A、B 至少有一个输入低电平时，MOS 管截止，漏极输出高电平。

OD 门有较强的带负载能力：输出高电平时，带拉电流负载，电流 I_{OH} 由外接电源

V_{DD1} 和电阻 R_D 决定；输出低电平时，带灌电流负载，电流 I_{OL} 由输出 MOS 管允许的最大漏极电流决定。

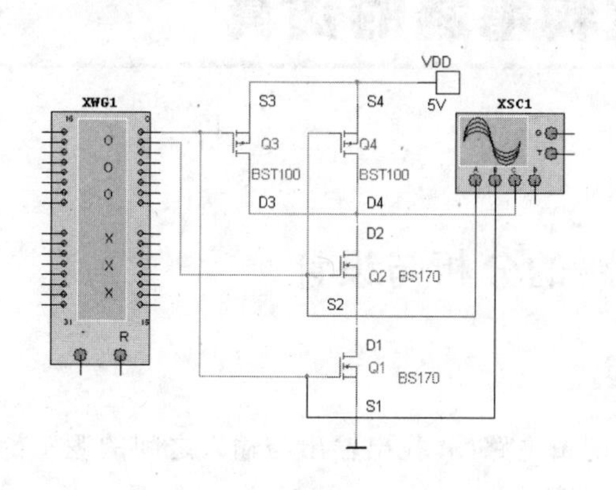

(a) 仿真电路

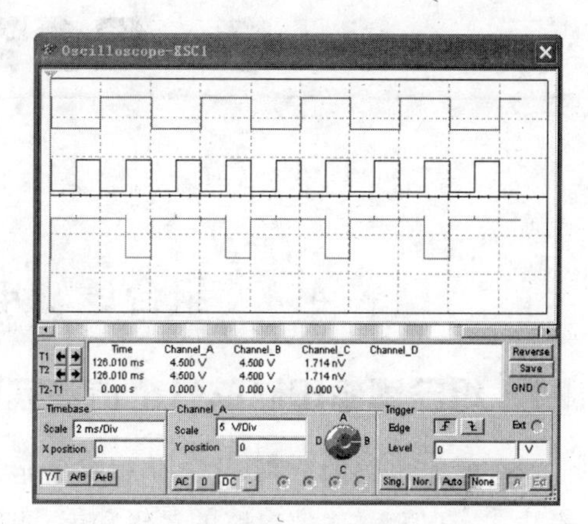

(b) 输入输出波形

图 3-17　CMOS 与非门电路及其波形

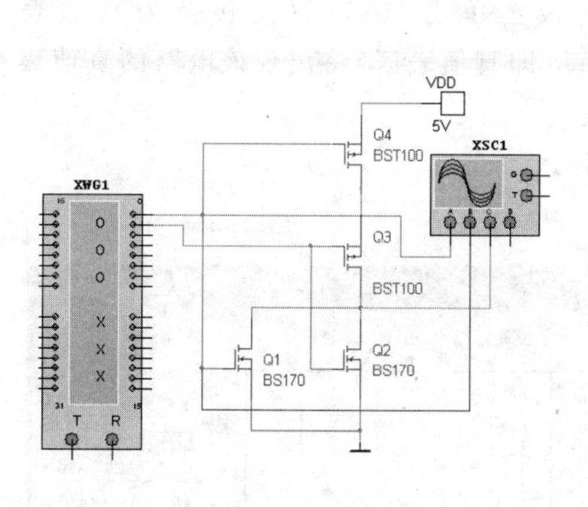

(a) 仿真电路

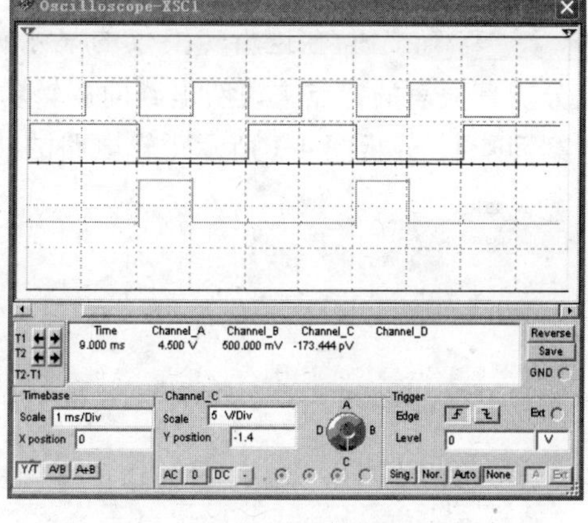

(b) 输入输出波形

图 3-18　CMOS 或非门电路及其波形

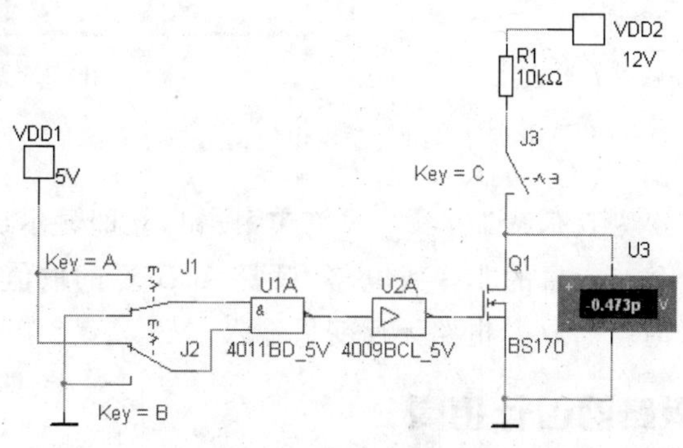

图 3-19　CMOS 漏极开路门

第4章 组合逻辑电路的仿真

4.1 组合逻辑电路的分析与设计

4.1.1 组合逻辑电路的分析仿真实验

组合逻辑电路的分析，主要是根据给定的逻辑电路图，找出输出与输入之间的逻辑函数表达式、真值表，确定电路的逻辑功能，步骤如下：

① 在仿真电路工作区搭建仿真电路，从虚拟仪器仪表库中将逻辑转换仪拖至电路工作区，将逻辑电路的输入端、输出端分别与逻辑转换仪的输入端、输出端相连接。

② 双击逻辑转换仪图标，在弹出的面板上单击“由电路图转换为真值表”按钮，在逻辑转换仪的显示窗口（即真值表区）将出现该电路的真值表。通过分析真值表的特点来说明电路的逻辑功能。

案例 4-1：分析图 4-1 所示逻辑电路的功能。

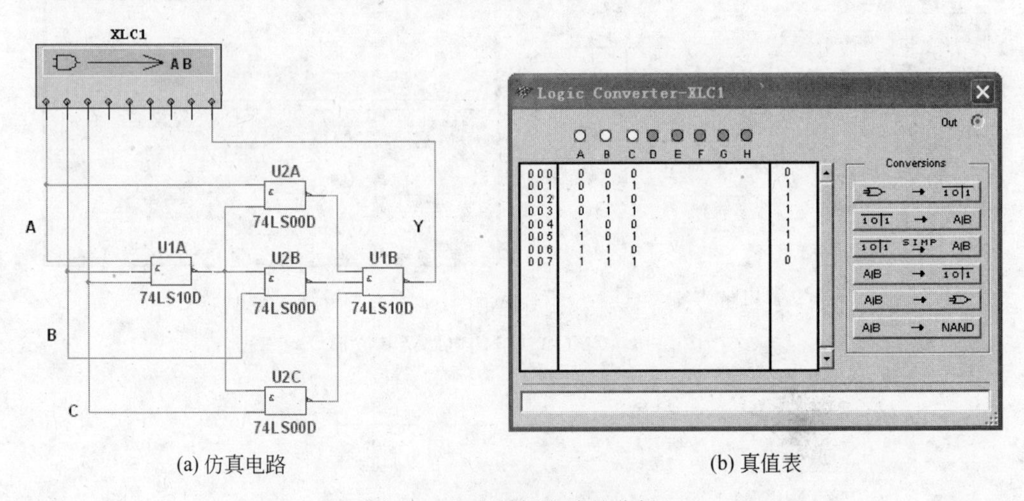

(a) 仿真电路　　(b) 真值表

图 4-1　组合逻辑电路的分析

单击“由电路图转换为真值表”按钮，立即显示出真值表。分析真值表，不难看出：这是一个三变量的非一致电路，只要 A、B、C 的取值不一样，输出 Y 就为 1，当 A、B、C 取值一样时，Y 为 0。电路无反变量输入。

4.1.2 组合逻辑电路的设计仿真

组合逻辑电路的设计过程正好与分析过程相反，它是根据给定的逻辑功能要求，找出用最少的逻辑门来实现该逻辑功能的电路。具体步骤如下：

① 列真值表。将逻辑转换仪拖到电路工作区放下，双击图标打开仪器面板，把实际问题归结为一个逻辑问题，有几个输入变量，就单击逻辑转换仪上方的几个输入按钮，这时真值表区会自动出现输入信号的所有组合，而输出列的初始值全部为"?"号，用鼠标单击"?"号，依设计要求赋值(1、0或×)。

② 单击"由真值表转换为最简逻辑函数表达式"按钮 10|1 → A|B，在逻辑转换仪下方得到函数表达式的"最简与-或"表达式。

③ 单击转换仪面板上的"由表达式转换为逻辑电路图" A|B → ⊐▷ 按钮，或者单击"由表达式转换为与非门电路图" A|B → NAND 按钮，就会得到所要设计的逻辑电路图。

案例 4-2：设计一个举重裁判表决器。设举重比赛有3个裁判，一个主裁判和两个副裁判。杠铃完全举上的裁决由每一裁判按一下自己面前的按钮来确定。只有当两个以上裁判(其中必须有主裁判)判明成功时，表示成功的灯才能亮。试设计逻辑电路。

设输入变量：主裁判为A，副裁判分别为B和C，按下按钮为1，否则为0；输出变量，表示成功与否的灯为Y，灯亮为1，不亮为0。

将逻辑转换仪拖曳到电路工作区放下，双击图标得到转换仪面，单击A、B、C三个按钮，出现8种组合信号，依据题意将函数输出列的结果逐一修改为0或1，如图4-2所示。然后单击"真值表转换为逻辑表达式" 10|1 SIMP A|B 按钮，由真值表求逻辑函数的最简"与或"表达式，如图4-3所示。接着再单击"表达式转换为逻辑电路" A|B → ⊐▷ 按钮，得到由与门和非门组成的逻辑电路，如图4-4所示。或者单击"表达式转换为与非门电路" A|B → NAND 按钮，得到由与非门组成的逻辑电路，如图4-5所示。

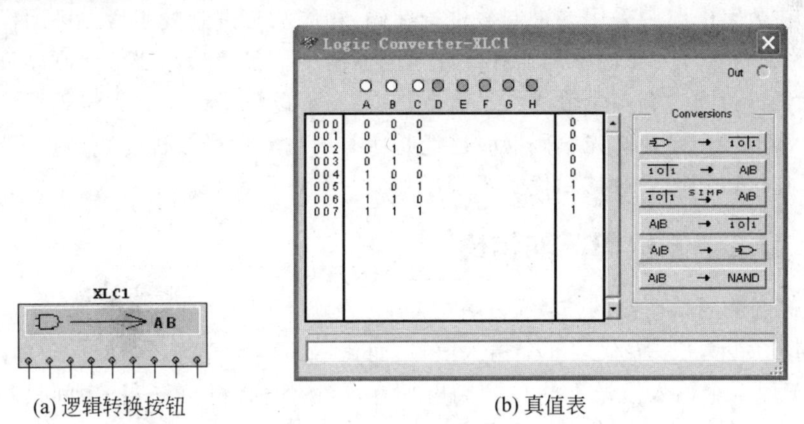

(a) 逻辑转换按钮　　　(b) 真值表

图4-2　逻辑电路的设计

组合逻辑电路的设计通常尽可能减少选用器件的数目和种类，从而设计出经济、性能稳定和工作可靠的逻辑电路。

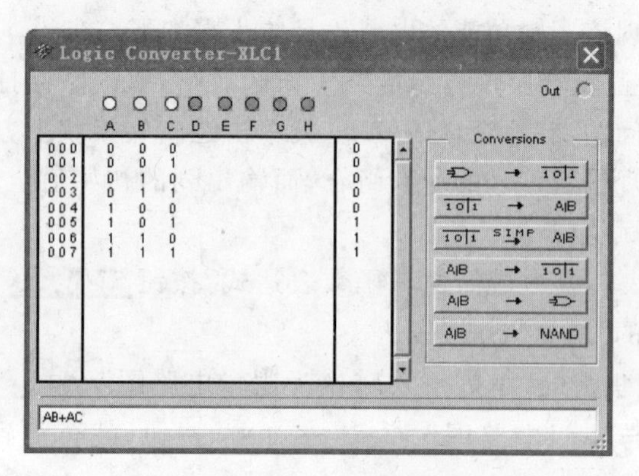

图 4-3　由真值表求逻辑函数式

图 4-4　与或逻辑电路　　　　图 4-5　与非逻辑电路

4.2　编码器的仿真实验

为了区分一系列不同的事物，要将每一事物用一个代码表示，数字电路采用的是二值逻辑，所以在数字电路中采用二进制数进行编码，相应的二进制数叫做二进制代码。

常用的编码器分为普通编码器和优先编码器两类。普通编码器任何时候只允许输入一个编码信号，若同时有多个输入信号有效，就会出现逻辑错误。优先编码器允许多个信号同时输入，不过在设计优先编码器时已经将所有的输入信号按优先顺序排了队，当几个输入信号同时出现时，只对其中优先级别最高的一个进行编码。

4.2.1　3 位二进制编码器的仿真

1. 二进制普通编码器的仿真

如图 4-6 所示，$I_0 \sim I_7$代表 8 个输入信号，而 $8=2^3$，确定 3 位二进制代码输出，输出端为 Y_2、Y_1、Y_0。8 个输入信号 $I_0 \sim I_7$ 为高电平有效，在任何时候 $I_1 \sim I_7$ 中间只能有 1 个被设置高电平，其余的 6 个必须被设置为低电平。通过仿真实验，可以得到 000、001、010、011、100、101、110、111 共 8 个 3 位二进制代码。

普通编码器优点是结构简单，缺点是若多个输入信号有效时，就会出现逻辑错误。

2. 二进制优先编码器的仿真

8 线-3 线优先编码器 74LS148 编码电路如图 4-7 所示。$I_0 \sim I_7$ 为编码信号输入端，低电平有效，E_1 为选通输入端（又称使能端），当 $E_1=1$ 时，编码器不工作，只有当 $E_1=0$ 时，允许编码器工作。8 个输入端优先级别的高低次序依次为 I_7、I_6、I_5、I_4、I_3、I_2、I_1、I_0，

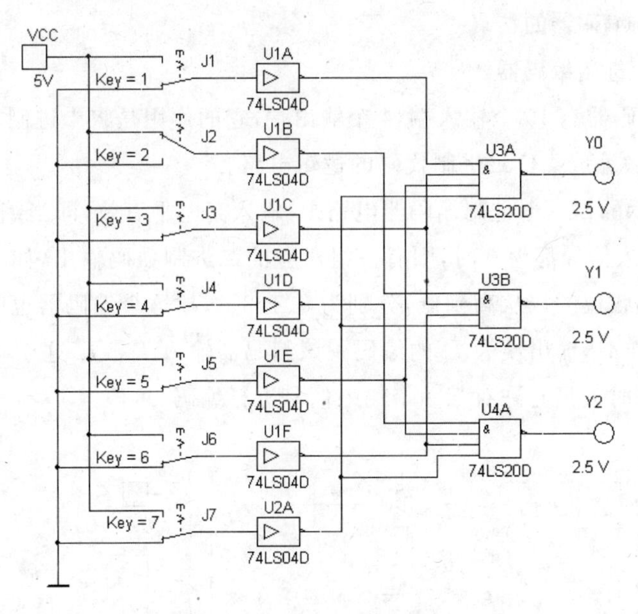

图 4-6　3 位二进制编码器

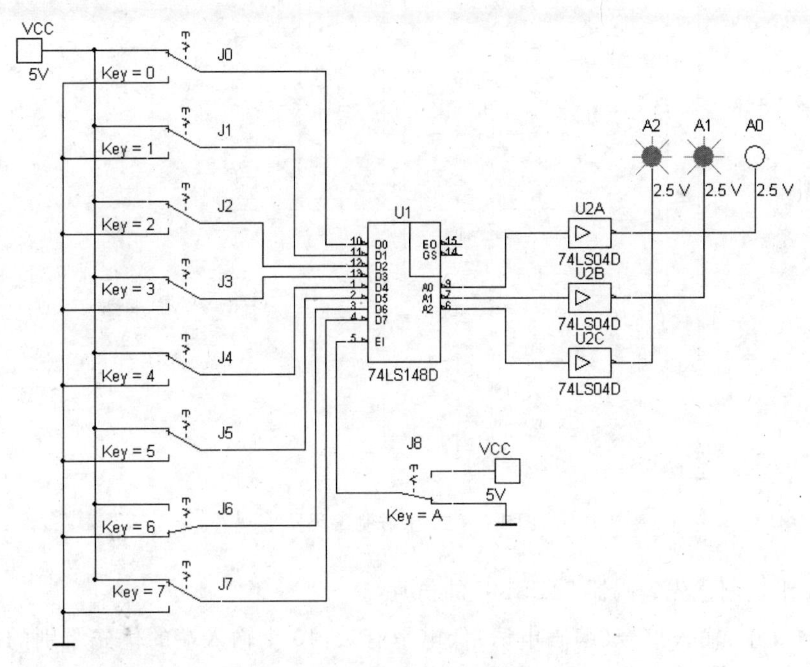

图 4-7　二进制优先编码器

下标号码越大优先级别越高。

例如：将 J_7、J_6 两个开关同时接低电平，表示 I_7、I_6 同时要求编码，因为 I_7 的优先级别高于 I_6，这时编码器只对 I_7 的输入信号编码，编码器输出为 111，只有将 I_7 置于高电平，这时才能对 I_6 的输入信号进行编码，这时编码器输出才会变为 110。

3. 二-十进制编码器的仿真

1）普通二-十进制编码器

二-十进制编码器有 10 个输入端，4 个输出端，它的作用是将十进制的十个数码 0～9（或其他十个信息）编成 4 位二进制代码的逻辑电路。

在图 4-8 所示的二一十进制编码器电路中，输入高电平有效，即当编码器某一输入信号为 1，而其他输入信号都为 0 时，则有一组对应的二进制数码输出，如 $I_9=1$ 时，输出为 1001，输出的代码各位的权从高到低，分别为 8、4、2、1，故这个编码器也叫 8421BCD 编码器。$I_1 \sim I_9$ 都为 1 时，输出便为 I_0 的编码。该编码器输入 $I_0 \sim I_9$ 这 10 编码信号也是相互排斥的，即任何时刻只允许对某一个输入信号进行编码。

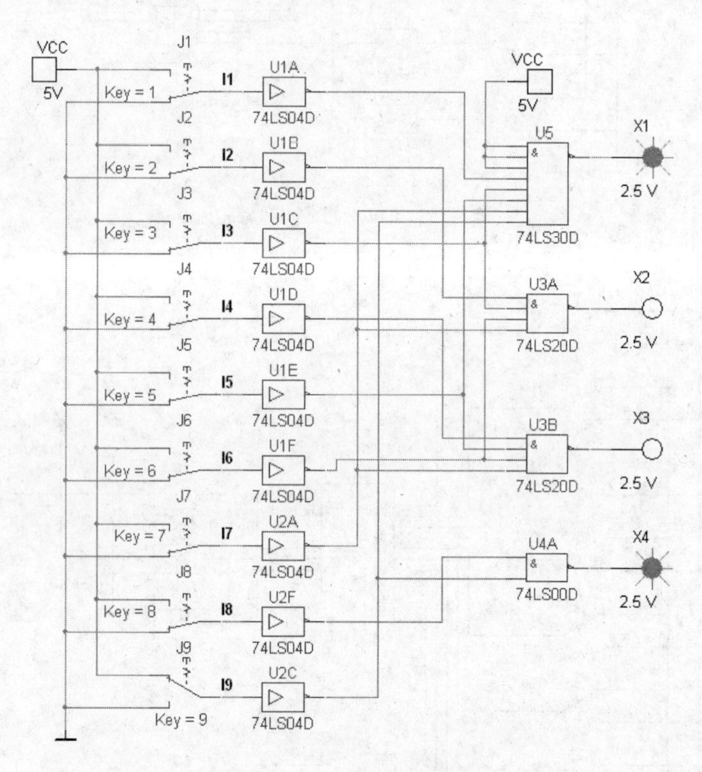

图 4-8　二-十进制编码器

2）二-十进制优先编码器 74LS147 的仿真

在图 4-9 中，输入信号（编码申请）低电平有效，10 个输入端的优先级别的高低次序依次为 I_9、I_8、I_7、I_6、I_5、I_4、I_3、I_2、I_1，当 $I_9=0$ 时，无论其他输入端是 0 或 1，只对 I_9 编码，输出为 1001。当 $I_9=1$，$I_8=0$ 时，无论其他输入端是 0 或 1，只对 I_8 编码，输出为 1000，依此类推。当 $I_9 \sim I_1$ 全部为 1 时，这时的输出才是 I_0 的编码 0000。

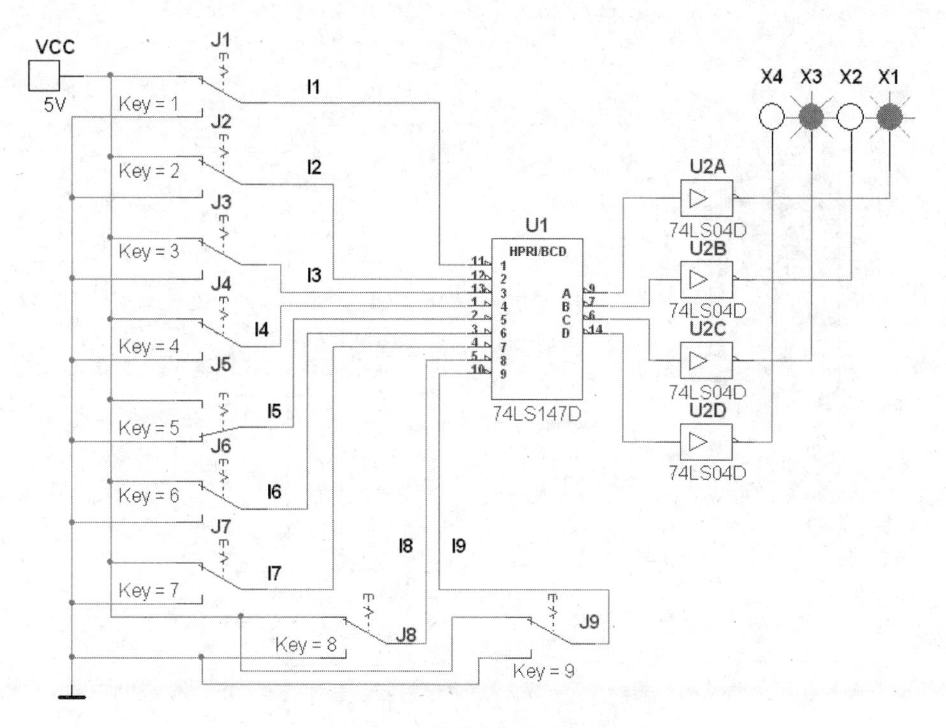

图 4-9　二-十进制优先编码器的仿真

4.3　译码器的仿真实验

译码是编码的逆过程，它将输入的一组二进制代码译成与之对应的信号输出。若译码器有几个输入信号，表示输入为几位的某种编码，输出线有 M 条，则 $M \leqslant 2^n$。当输入端出现某种编码时，经译码后，相应的一条输出线为有效电平，而其余的输出线为无效电平(与有效电平相反)。若 $M=2^n$，则称为全译码。

4.3.1　二进制译码器的仿真

1. 3 线-8 线二进制译码器

3 线-8 线二进制译码器如图 4-10 所示，输入的 3 位二进制代码是 $A_2A_1A_0$，共有 $2^3=8$ 种组合，即 $A_2A_1A_0=000 \sim 111$，由字信号发生器产生，如图 4-11 所示。该译码器输出低电平有效。

仿真时，字信号发生的信号可以采用两种方式输出：

① cycle(循环)输出，将输出频率降至 100Hz 或更低，这样方便观察。

② step(单步)输出。译码器输入为 $A_2A_1A_0$，输出端为 $X_8 \sim X_1$，低电平有效。例如，当 $A_2A_1A_0=000$ 时，$X_1=0$，而其余输出线均为高电平。

2. 集成 3 线-8 线译码器 74LS138 的仿真

在图 4-12 中，C、B、A 为二进制译码器代码输入端，$Y_0 \sim Y_7$ 为输出端，低电平有效。

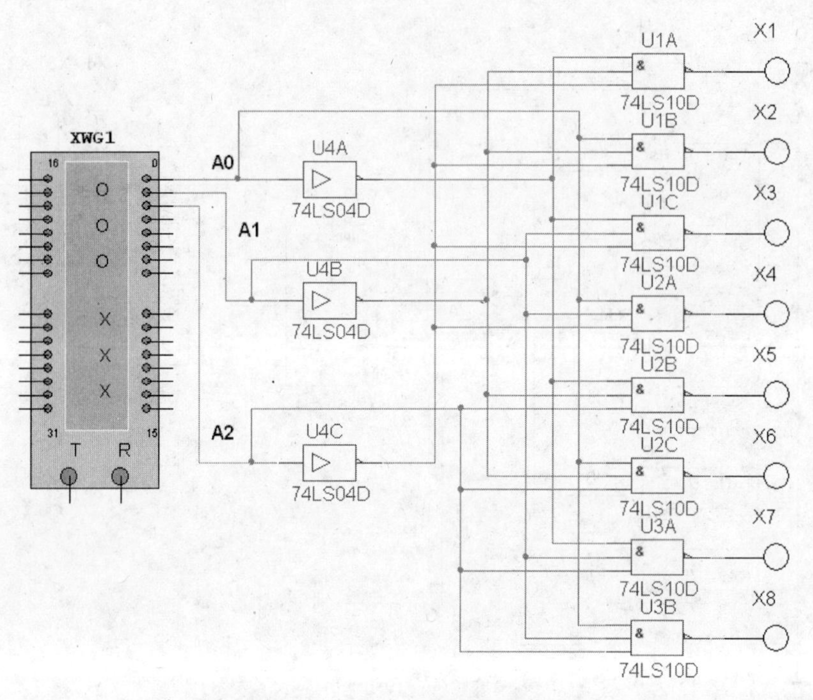

图 4-10　3 线-8 线译码器电路

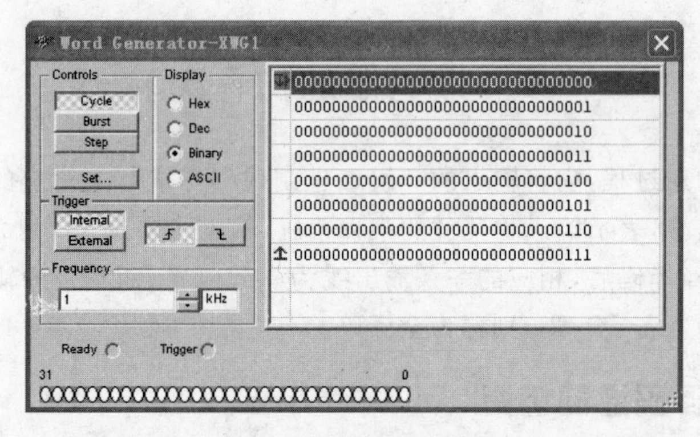

图 4-11　译码器输入信号

G1、G2A、G2B 为三个选通控制端(使能端),G1 高电平有效,G2A、G2B 低电平有效,否则禁止译码。在译码器输出端接有逻辑电平显示器和逻辑电平分析仪,可以观察出译码器工作在全译码状态下各输出端的电平变化情况。

逻辑电平分析仪使用时要进行设置:单击 CLOCK(时钟设置区)的 set 按钮,在弹出的 Clock setup 对话框中默认 Intemal(内部时钟),在 Clock Rate(时钟频率设置)下方将频率改为 1kHz,其他不变,然后单击 Accept 按钮,设置完毕。接着设置 Clock/Div,当每个水平刻度显示的时钟脉冲数由 1 增加到 14 时,即观察到图 4-13 所示的波形图。

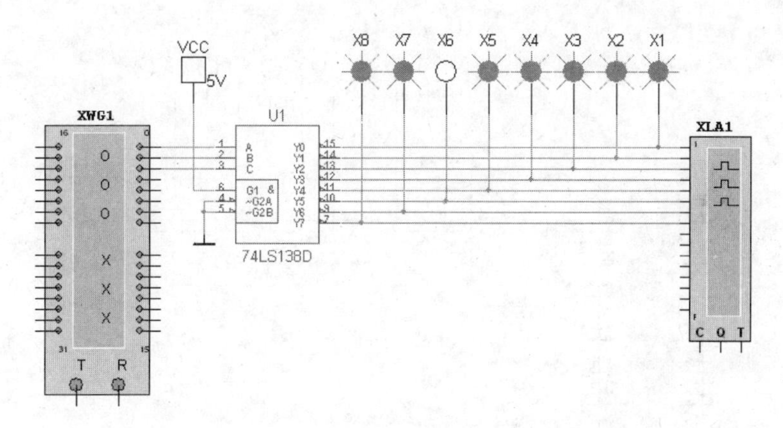

图 4-12 译码器 74LS138

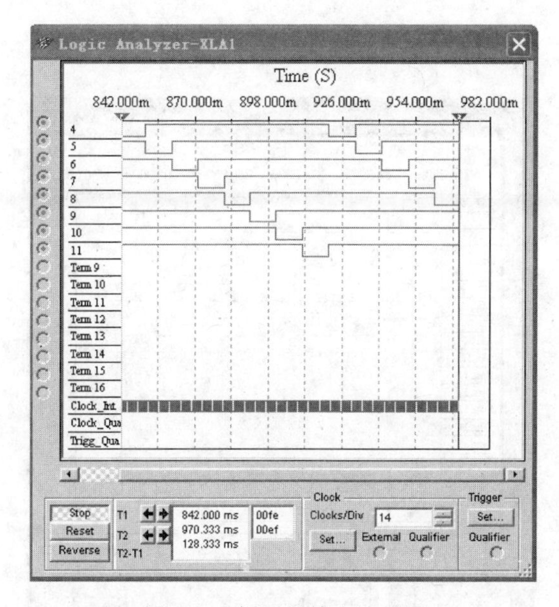

图 4-13 译码器输出波形图

4.3.2 二-十进制译码器的仿真

图 4-14 中的 74LS42 为二-十进制译码器，它有 4 个输入端，10 个输出端，能将 4 位 8421BCD 码翻译成 0～9 十个对应的输出信号，又称 4 线-10 线译码器，低电平有效。

图 4-14 中字信号发生器的输出信号设置：0000～1111，共 16 个输出信号，其中从 0000～1001 为 10 个有效码，从 1010～1111 为 6 个伪码。图 4-15 是逻辑分析仪显示的输出波形。在仿真过程中，当输入为有效码时，译码器 10 个输出端依次出低电平。而当输入出现 1010～1111 无效码时，输出恒定为 1，不会出现乱码干扰。

另外 7443/74LS43、7444/74LS44、CC4028 等也可实现 4 线-16 线译码器。

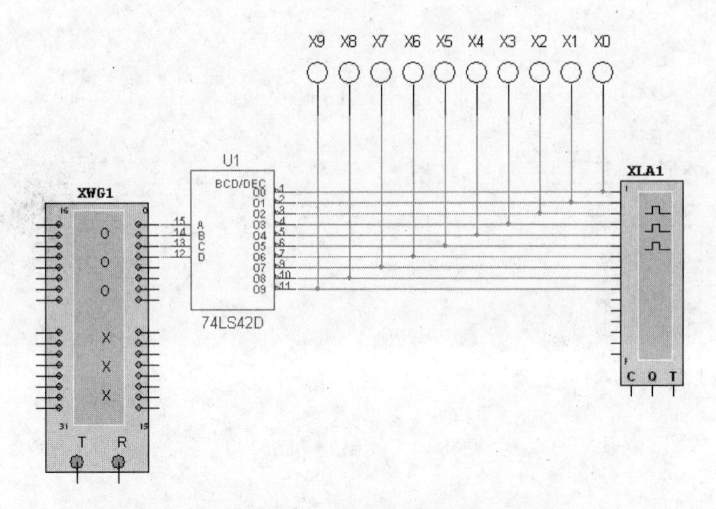

图 4-14　二-十进进译码器 74LS42

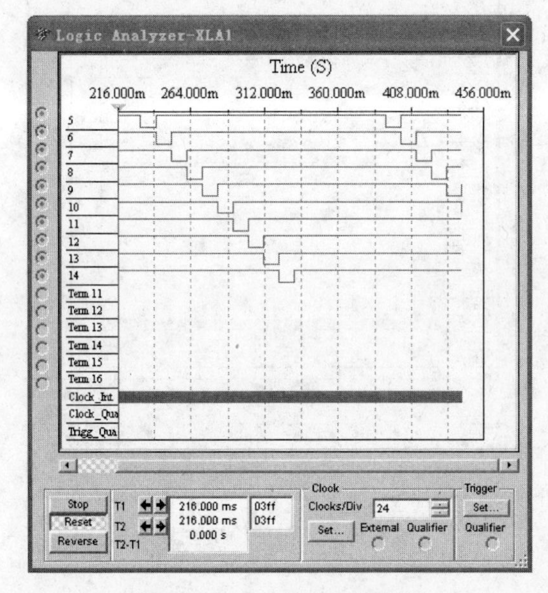

图 4-15　74LS42 输出波形图

4.3.3 显示译码器

1. 共阳极数码管的驱动

图 4-16 中的 74LS47 为集电极开路输出的译码器/驱动器，必须使用共阳极数码管，它的作用是把输入的 8421BCD 码翻译成对应于数码管的 7 个字段信号(即 7 位二进制代码)，驱动数码管显示出“0～9”10 个十进制数的符号。74LS47 有 4 个输入端 D、C、B、A，有 7 个输出端，输出低电平有效。当输出为低电平时，驱动能力较强，灌电流高达 40mA。数码管每个引脚上都串联了一个限流电阻，防止流过发光二极管的电流过大，烧毁发光二极管。字信号发生器产生 0000～1001 共 10 个代码，当循环输出时，数码管循环显示 0～

9 共 10 个符号。

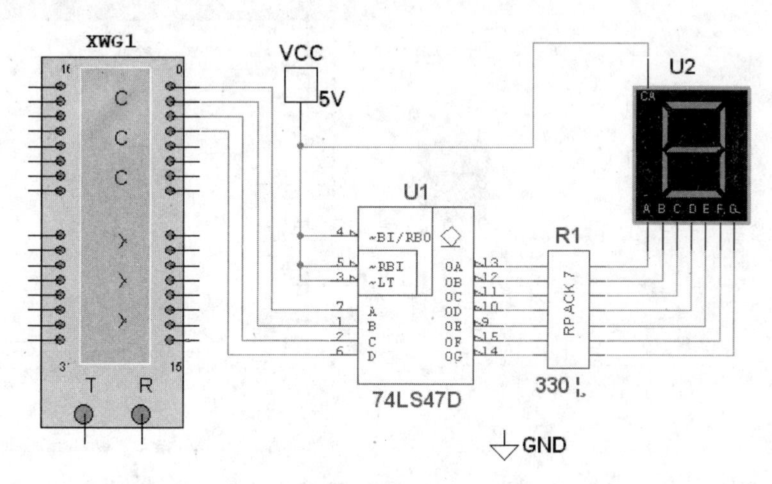

图 4-16　显示译码器与共阳数码管的连接

图 4-17 为 74LS47 的真值表测试电路，74LS47 是 OC 门输出，OC 门输出高电平时必须外接上拉电阻到 V_{CC}。逻辑分析仪使用时采用内部触发，时钟频率修改为 1kHz。逻辑分析仪测出的结果和 74LS47 的真值表是完全一致的，不妨拖动游标指针看看。

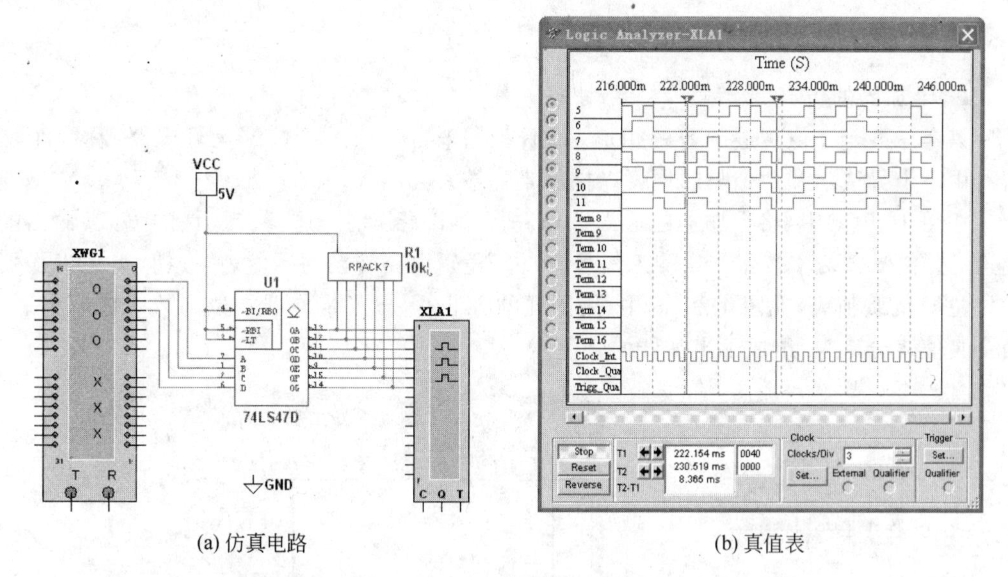

(a) 仿真电路　　　(b) 真值表

图 4-17　显示译码器的真值表

2. 共阴极数码管的驱动

图 4-18 是用 CMOS 集成电路 CC4511 作译码器/驱动器的数码显示电路，输出高电平有效，所以必须使用共阴极数码管。

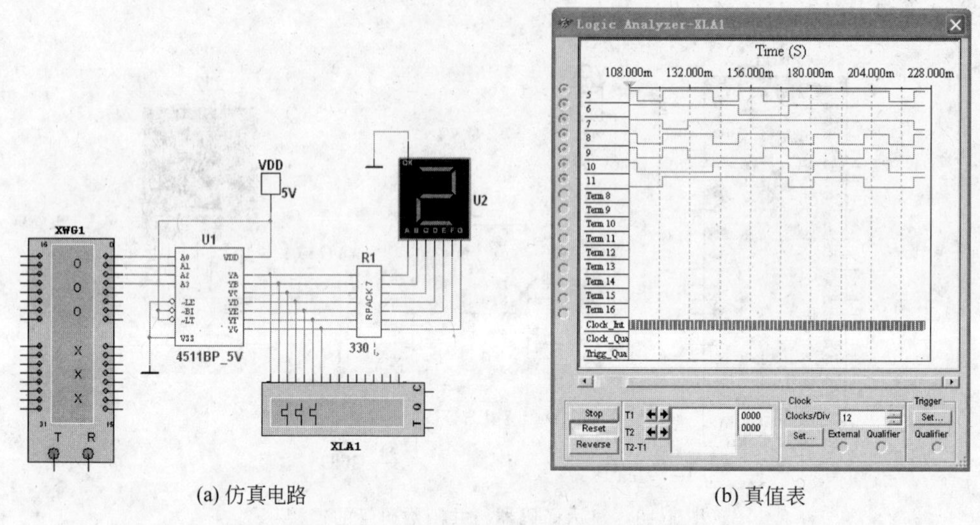

(a) 仿真电路　　　　(b) 真值表

图 4-18　显示译码器驱动共阴极数码管

4.4　加法器和数值比较器的仿真

4.4.1　一位加法器

1. 半加器的仿真

只考虑两个 1 位二进制数的相加，而不考虑来自低位进位数的运算电路，称为半加器。用一个异或门和一个与门便可以构成半加器。

在图 4-19(a)中，将半加器的输入端和进行输出端分别与逻辑转换仪的输入、输出端相连，选择 A、B 两个按钮产生输入信号，单击“逻辑电路转换为真值表”按钮，得出半加器进位位 C 的真值表，在图 4-20(a)中，用同样的方法，得出了半加器本位和数 S 的真值表。两个真值表合起来，组成了半加器的真值表。

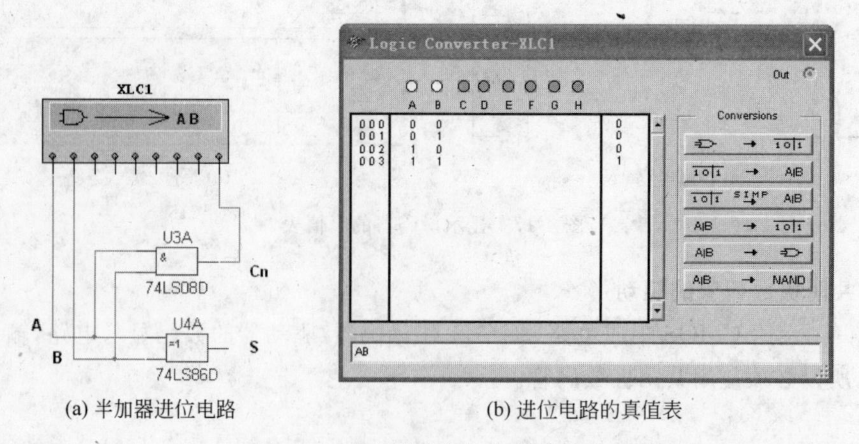

(a) 半加器进位电路　　　　(b) 进位电路的真值表

图 4-19　半加器进位位 C 的真值表

接着在图 4-19(b)中继续单击"由真值表转换为最简与→或逻辑表达式"按钮，在逻辑转换仪下方出现了半加器求本位和数 S 和向高位进位数 C 的逻辑函数式。

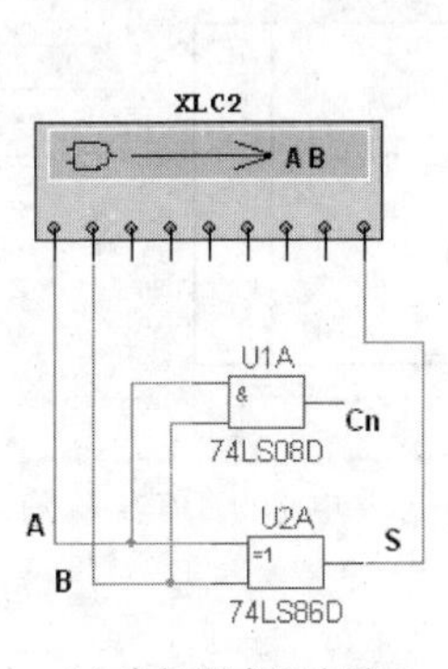

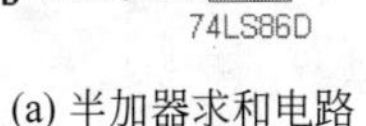
(a) 半加器求和电路

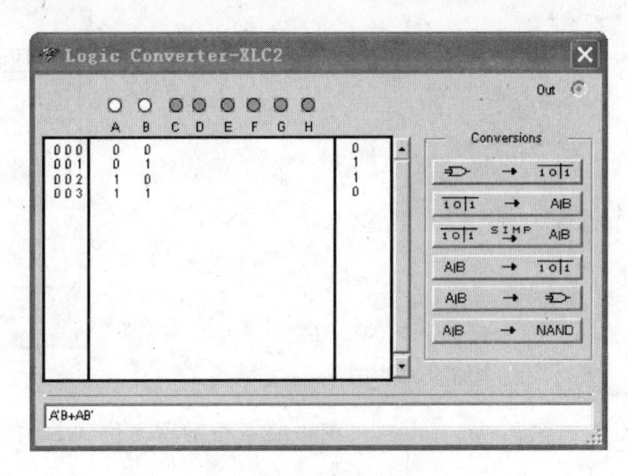

(b) 求和电路的真值表

图 4-20　半加器本位和 S 的真值表

2. 全加器的仿真

在实际使用中，将两个多位数相加时，除了两个同位的加数相加以外，每一位还要考虑来自低位的进位。这种运算称为全加器。

图 4-21 和图 4-22 中，A、B 分别为本位的被加数和加数，C 为来自低位的进位，S 为本位的和，C_n 为向高一位的进位。利用上面仿真实验的操作方法，同样可以用逻辑转换仪求出全加器的真值表和全加器输出逻辑函数为：

$$C_n = \overline{A}BC + A\overline{B}C + AB\overline{C} + ABC$$

$$S = \overline{A}\overline{B}C + \overline{A}B\overline{C} + A\overline{B}\overline{C} + ABC$$

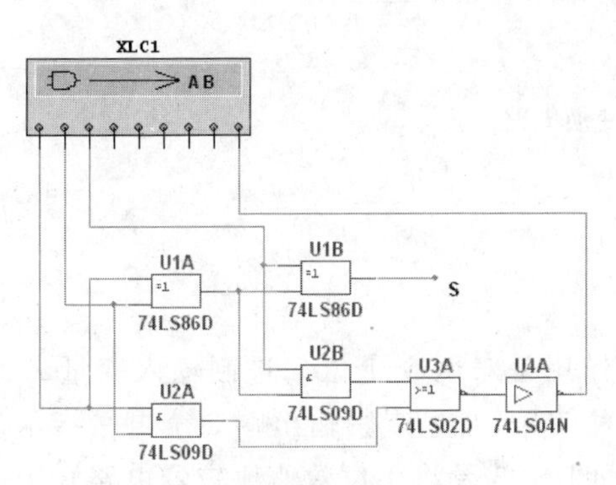

(a) 全加器进位电路

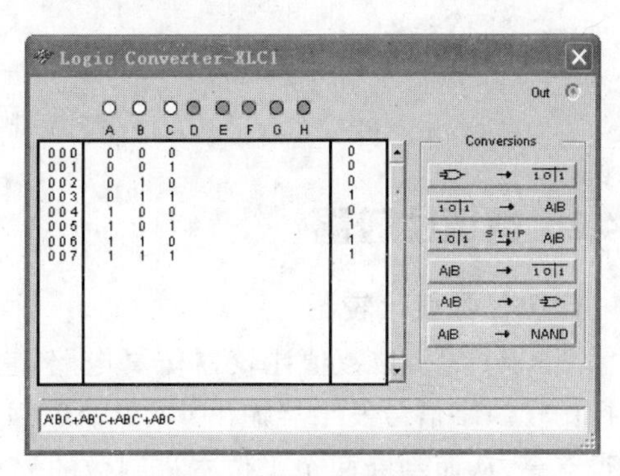

(b) 进位电路的真值表

图 4-21　全加器进位位 C_n 的真值表

案例 4-3：将 8421BCD 码变换为余 3 码。

图 4-23 是采用 4 位超前进位加法器 74LS283 将 8421BCD 码转换为余 3BCD 码。由于余 3BCD 码比 8421BCD 码多 0011(十进数 3)，故将 8421BCD 码与 0011 相加后就可输出余 3BCD 码。为此，A4A3A2A1 输入 8421BCD 码，B4B3B2B1 输入 0011，二者相加在 SUM_4、SUM_3、SUM_2、SUM_1 端便可输出余 3 码。输出端的逻辑状态由逻辑分析仪

显示出来。

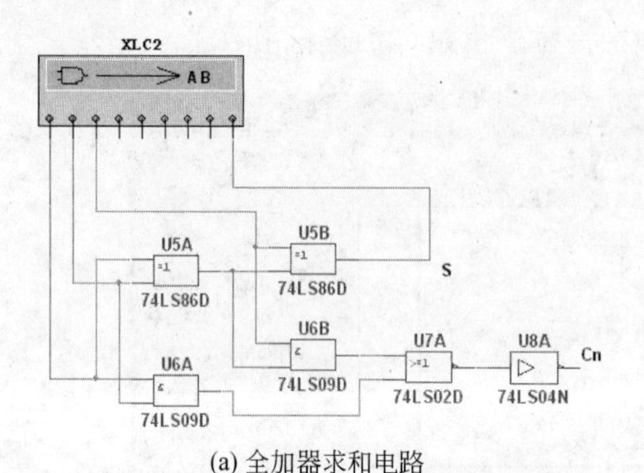

(a) 全加器求和电路

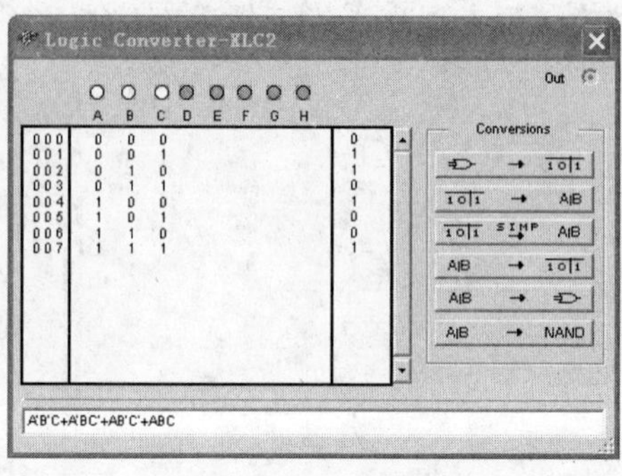

(b) 求和电路的真值表

图 4-22 全加器本位和 S 的真值表

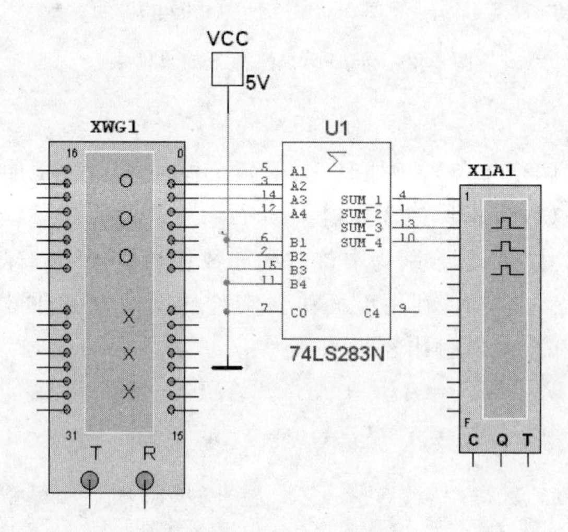

图 4-23 码制变换电路

4.4.2 数值比较器

1. 1 位数值比较器

图 4-24 为 1 位数值比较器仿真电路，它的作用是对两个 1 位二进制输入变量 A、B 进行比较。字信号发生器输出 00、01、10、11 四种信号，通过观察输出端 3 个电平指示灯是否点亮，从而判断两个 1 位二进制数的大小。图 4-25 是将 1 位数值比较器电路 3 个输出端分别与逻辑转换仪相连，逐个求出真值表，然后由真值表求出三个输出端的逻辑函数表达式，它们是：

$$Y(A>B)=A\overline{B}$$
$$Y(A<B)=\overline{A}B$$
$$Y(A=B)=\overline{A}\overline{B}+AB$$

2. 4 位数值比较器

图 4-26 是 4 位数值比较器 CC4585(也可以使用 74LS85)构成的 4 位二进制数比较

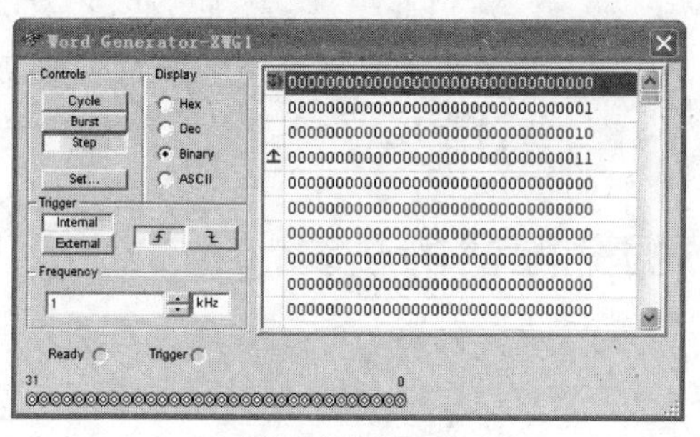

(a) 数值比较器输入信号

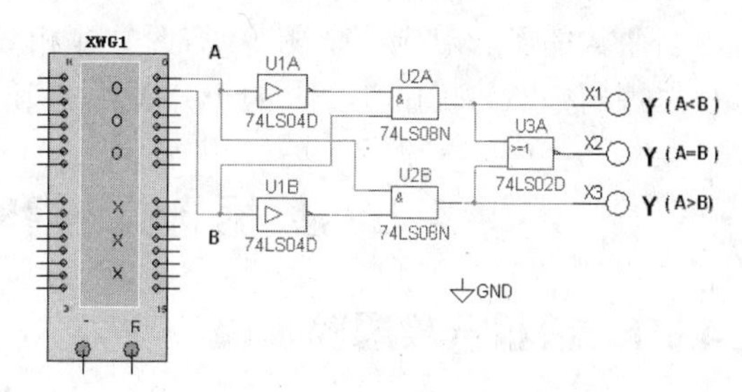

(b) 比较器仿真电路

图 4-24　一位数值比较器电路

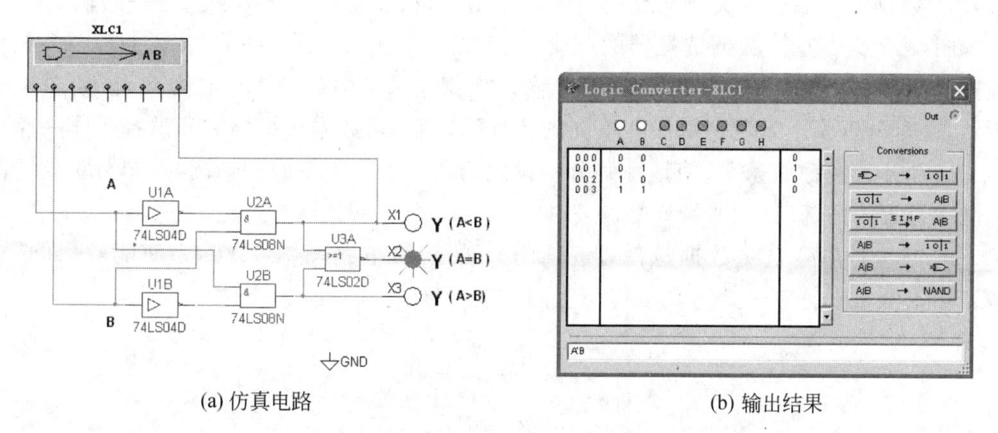

(a) 仿真电路　　　　(b) 输出结果

图 4-25　一位数值比较器的真值表

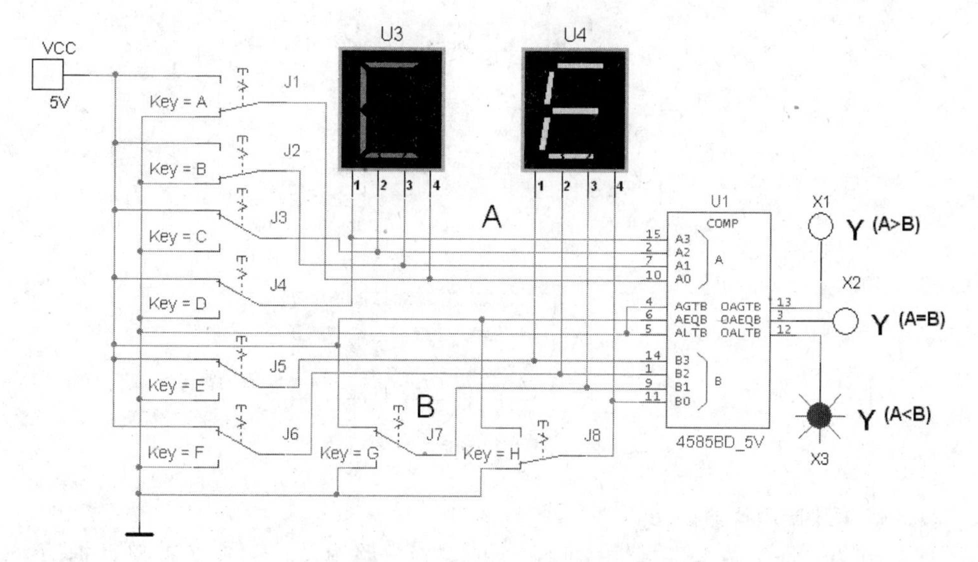

图 4-26　四位数字比较器电路

电路。当两个多位二进制数进行比较时，首先从最高位比较，最高位大的数值一定大，最高位小的数值一定小。如果最高位相等，则需要比较次高位，以此类推，直到最低位。只有当两数的所有对应位全相等时，两数才相等。图中J4、J3、J2、J1四个开关决定第一个4位二进制数A，J5、J6、J7、J8四个开关决定第二个4位二进制数B。

4.5 数据选择器和数据分配器的仿真

4.5.1 数据选择器的仿真

1. 四选一数据选择器

数据选择器由地址译码器和多路数字开关组成，它有n个地址输入端、2^n个数据输入端，1个数据输出端。每次在地址码输入的控制下，从多路输入数据中选择一路输出。

图4-27为四选一数据选择器的逻辑图，它有4个输入通道D0、D1、D2、D3，有2条地址控制信号A1、A0，Y为数据输出端。输入数据信号，由字信号发生器输出，如图4-28所示，逻辑分析仪用来观察每次在不同的地址码控制下，数据选择器究竟选择了哪一路输出。拨动开关按键A和B，使地址码分别设置为00、01、10、11四种情况，逻辑分析仪的时钟脉冲设置为内部时钟，时钟频率为1kHz。

图4-29为双4选1数据选择器74LS153的逻辑电路图，1G、2G为使能端（即选通端），输入低电平有效。其仿真过程与上图完全一样。

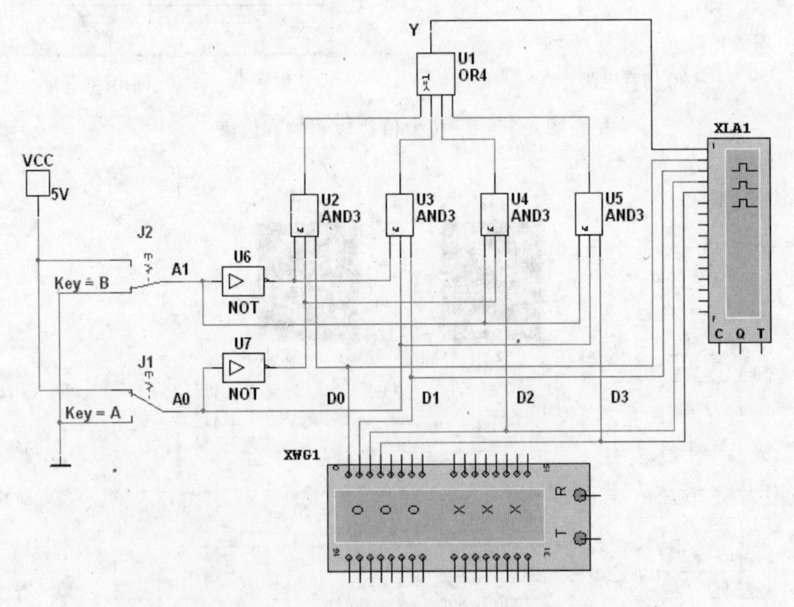

图4-27 四选一数据选择器电路

2. 8选1数据选择器的仿真

图4-30为8选1数据选择器74LS151的逻辑电路图，D0～D7为8路数据输入端，C、B、A为地址信号输入端，Y和W为互补输出端，G为使能端，低电平有效。

字信号发生器设置：选择二进制显示方式，递增计数，设置数据编辑窗内的字信号以

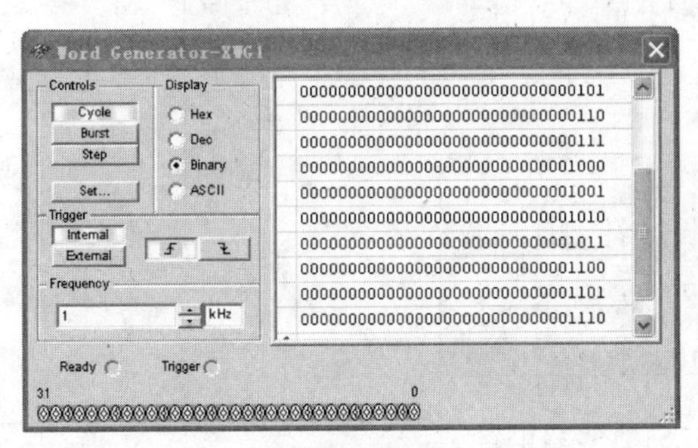

(a) 4路输入信号

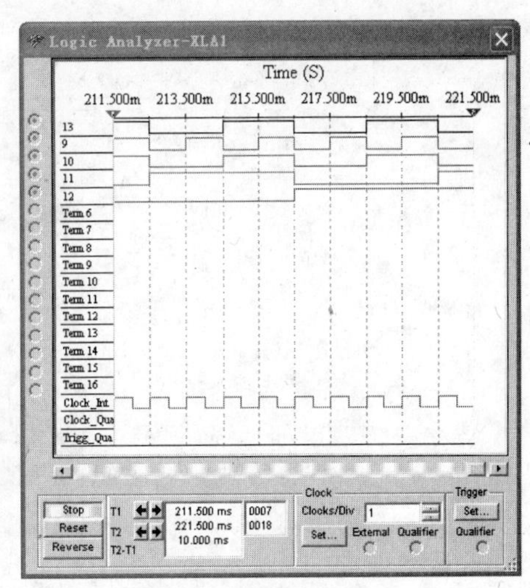

(b) 选择器的输出信号

图 4-28　四选一数据选择器输入、输出信号

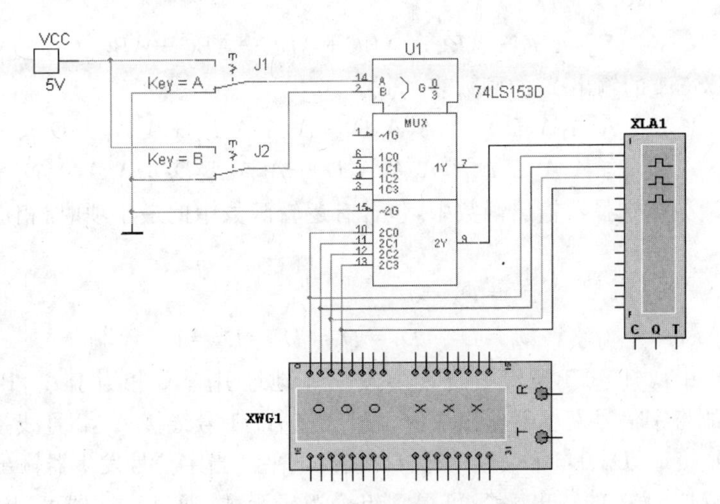

图 4-29　双 4 选 1 数据选择器电路图

“十进制(Dec)”形式显示，设置字信号段的长度(Buffer Size)为 256。逻辑分析仪的设置：在 Clock 栏，按下 Set 按钮，在 Clock Setup 对话框中，设定 Clock Rate(时钟频率)为 1kHz。

改变 3 个开关上按键 A、B、C 的状态，使地址输入信号 $A_2A_1A_0$ 分别为 000、001、010、011、100、101、110、111，在逻辑分析仪上可以看到地址码不同数据选择器的输出波形也不同。

3. 用数据选择器实现组合逻辑函数

任何组合逻辑函数都是由它的最小项构成的，都可以表示成为最小项之和的标准形式。而数据选择器的输出为地址输入变量和数据的函数，它实际上是一个逻辑函数的最小项输出器。

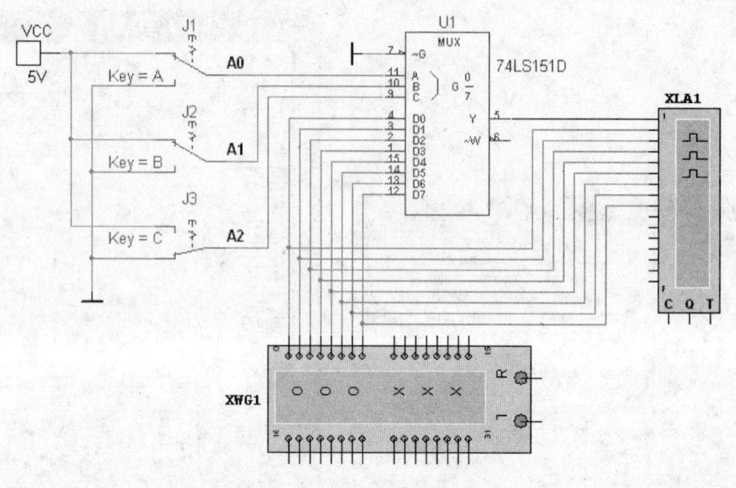

图 4-30　74LS151 逻辑电路

案例 4-1：用数据选择器实现逻辑函数 $Y=\overline{A}\overline{B}+AB+C$，写出逻辑函数 Y 的最小项表达式。

$$Y=\overline{A}\overline{B}\overline{C}+\overline{A}\overline{B}C+\overline{A}BC+A\overline{B}C+AB\overline{C}+ABC$$

写出 74LS151 的输出 Y' 的函数表达式。

$$Y'=\overline{A}_2\overline{A}_1\overline{A}_0D_0+\overline{A}_2\overline{A}_1A_0D_1+\overline{A}_2A_1\overline{A}_0D_2+\overline{A}_2A_1A_0D_3$$
$$+A_2\overline{A}_1\overline{A}_0D_4+A_2\overline{A}_2A_0D_5+A_2A_1\overline{A}_0D_6+A_2A_2A_0D_7$$

设 $Y=Y'$，数据选择器输出函数中，包含有逻辑函数中的最小项时，相应的数据取 1，否则取 0，则

$$D_2=D_4=0$$
$$D_0=D_1=D_3=D_5=D_6=D_7=1$$

在图 4-31 中，74LS151 逻辑图的 A、B、C 三个地址引脚，C 相当于 A_2，B 相当于 A_1，A 相当于 A_0。故将字信号发生器输出端的 0 号线接 A_0，1 号线接 A_1，2 号线接 A_2。另外将数据端 D_2、D_4 接地，D_0、D_1、D_3、D_5、D_6、D_7 接高电平。当字信号发生器输出 000～111 组合信号后，在 74LS151 的输出端 Y 可得到组合逻辑函数，通过示波器可以观察到组合逻辑函数的波形。

4. 数据分配器的仿真

数据分配是数据选择的逆过程。它是根据地址信号的要求，将一路输入数据分配到指定的通道上去的电路。数据分配器只有一个数据输入端，有多个输出端，但在同一时刻只能把输入的数据送到特定的输出端。而这个特定的输出端是由地址信号的不同取值组合来控制的。它的功能类似于一个单刀多掷开关，如有 3 个选择输入控制信号，则可以控制 8 路输出，称为 8 路数据分配器。

3 线-8 线译码器 74LS138 构成的 8 路数据分配器如图 4-32 所示，数据输入端可从使能端 G1、G2A、G2B 中任选择一个作为数据输入端，C、B、A 作为地址信号输入端。如选 G1 作为数据输入端，G2A、G2B 接低电平，则输出反码。如将 G1 接高电平，G2A 和 G2B 中任选一个接地，余下的一端作为数据输入端，则输出原码。

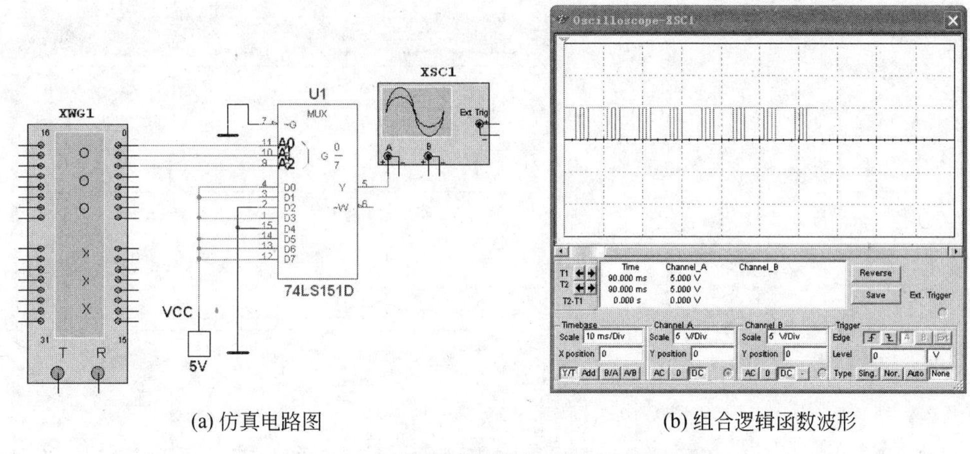

(a) 仿真电路图　　　　(b) 组合逻辑函数波形

图 4-31　用数据选择器实现组合逻辑函数

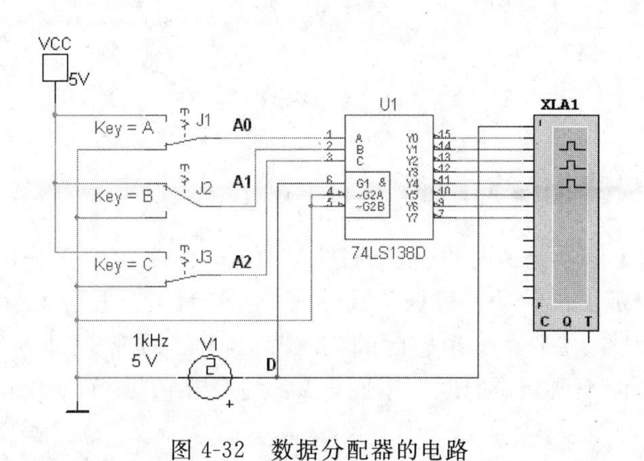

图 4-32　数据分配器的电路

4.6　组合电路中的竞争冒险的仿真

在组合逻辑电路中，信号从输入到输出存在着不同的路径，而这些路径上门电路的级数不同，或者门电路的平均延迟时间不同，使信号经过不同路径传输到输出级所需要的时间不同，这种现象称为竞争。由此使输出端出现错误信号输出（尖峰干扰脉冲）的现象，称为冒险。尖峰脉冲可能造成系统中的某些环节误动作，影响电路的正常工作，这种现象称为竞争冒险。

4.6.1　产生负尖峰脉冲冒险

在图 4-33 中，A 信号的一条路径经非门后变为 A1 到达或门电路的一个输入端，A 信号的另一路直接到达或门电路的另一个输入端，根据公式 $Y=\overline{A}+A=1$，A_1、A_2 经过或门后输出的信号 Y 应该是高电平。可是在示波器上看到的是：Y 在维持高电平的情况下出现了短暂的负脉冲。原因是：A2 的变化在前，$\overline{A}$（即 A1）的变化在后，信号就会产生“竞争”，经过或门电路后运算出现短暂时间为 0（负脉冲）的现象，即 0 冒险。

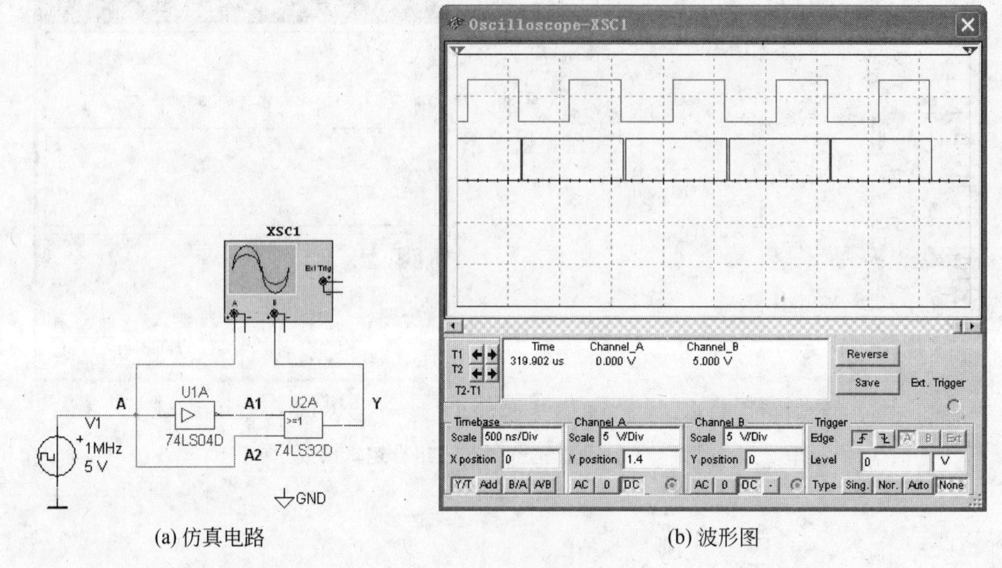

(a) 仿真电路 (b) 波形图

图 4-33 负尖峰脉冲冒险

4.6.2 产生正尖峰的脉冲冒险

在图 4-34 中，A 信号分为两条路径到达与门的输入端，经与门输出后，输出 Y 在维持低电平的情况下出现了正脉冲。根据公式 $Y=\overline{A}\cdot A=0$，经过与门后输出的信号 Y 应该是低电平。但是，结果出现了 Y 短暂时间为 1（正脉冲）的现象，即出现 1 冒险。原因是传输到与门电路的两个信号延时时间不同：A 的变化在前，$\overline{A}$ 的变化在后。

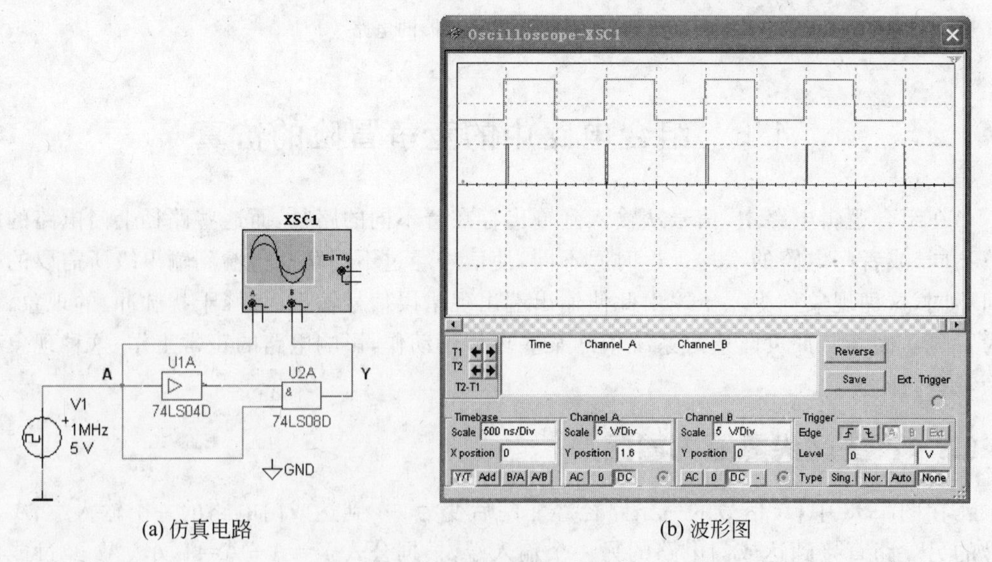

(a) 仿真电路 (b) 波形图

图 4-34 正尖峰脉冲冒险

总之，只要输出函数在一定条件下能简化成 $Y=A+\overline{A}$ 或 $Y=A\cdot\overline{A}$，就可能存在竞争冒险。有竞争未必有冒险,有冒险未必有危害,这主要决定于负载对干扰脉冲的响应速度,负载对窄脉冲的响应越灵敏,危险性也越大。

4.6.3　竞争冒险现象的消除

图 4-35(a)所示的为含有竞争冒险的组合逻辑电路,其逻辑表达式为 $Y=AB+\overline{AC}$,当 $B=C=1$ 时,$Y=A+\overline{A}$,理想情况下(当非门没有传输延迟时间),$Y=1$ 为恒定的高电平。但实际电路中,任何逻辑门电路都存在传输延迟时间 t_{pd} 的存在,当 A 从 1 变为 0 时,$\overline{A}$ 要滞后一段时间才由 0 变为 1,导致在时间 t_{pd} 内的 Y 输出为 0。

采用增加冗余项的办法,在与门前增加一个缓冲门,使 A 和 $\overline{A}$ 信号到达两个与门的时间相同,从而消除竞争冒险,如图 4-35(b)所示。

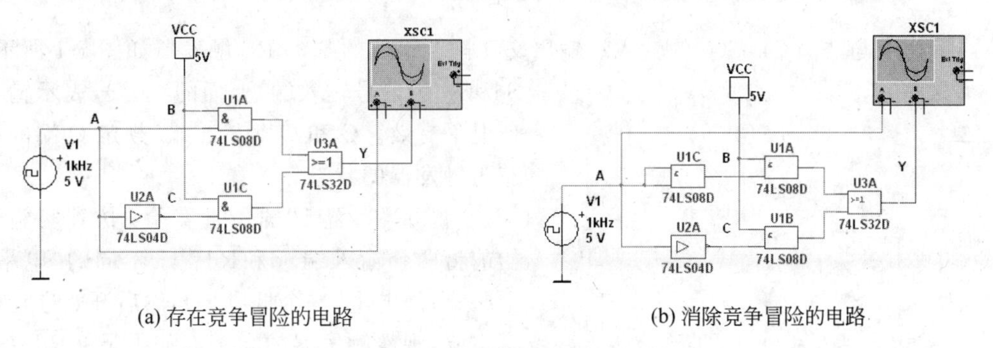

(a) 存在竞争冒险的电路　　(b) 消除竞争冒险的电路

图 4-35　竞争冒险的消除

第 5 章　集成触发器的仿真实验

5.1　基本 RS 触发器的仿真

5.1.1　由与非门组成的基本 RS 触发器

由两个与非门 74LS00 的输入和输出交叉耦合组成的基本 RS 触发器如图 5-1 所示。$\overline{\mathrm{Sd}}$和$\overline{\mathrm{Rd}}$为信号输入端，上面的“非”号表示输入低电平有效。Q 和 $\overline{\mathrm{Q}}$ 为输出端，规定 Q 端的状态为触发器的状态。

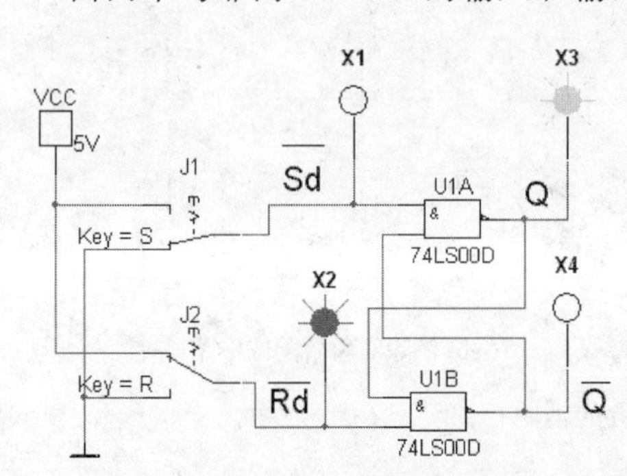

图 5-1　与非门组成的 RS 触发器

“置 0”和“置 1”的仿真实验：仿真实验开始前将两个输入端$\overline{\mathrm{Sd}}$和$\overline{\mathrm{Rd}}$置于不同的“电平”上(一个高电平，一个低电平)，然后开始进行仿真实验，观察触发器的状态。如果最初$\overline{\mathrm{Rd}}$=1，$\overline{\mathrm{Sd}}$=0，则 $Q=1$，这就是置 1，这时通过开关使$\overline{\mathrm{Sd}}$端变为 1，触发器 Q 仍然保持 1 态不变，也就是说即使撤销了$\overline{\mathrm{Sd}}$的低电平信号，触发器的 1 状态能稳定保持下去(除非切断电源)，这就是触发器的“记忆”功能。同样，最初让$\overline{\mathrm{Rd}}$=0，$\overline{\mathrm{Sd}}$=1，接通仿真开关，触发器的初状态一定是 0 状态，然后将$\overline{\mathrm{Rd}}$变为 1，触发器 Q 仍然保持 0 状态不变，即撤销了$\overline{\mathrm{Rd}}$端的低电平信号，触发器的 0 状态能稳定保持下去，这同样是触发器的“记忆”功能。

如果同时单击键盘上的 R 和 S 键，即$\overline{\mathrm{Sd}}$和$\overline{\mathrm{Rd}}$时刻相反，可以看到触发器 Q 端不停地在 1 和 0 两种状态下转换，这就是触发器翻转。有时出现$\overline{\mathrm{Sd}}$和$\overline{\mathrm{Rd}}$同为高电平，这时触发器仍停留在原状态不变，这就是“保持”功能。

在正常工作时，不允许$\overline{\mathrm{Sd}}$和$\overline{\mathrm{Rd}}$同时为低电平。

案例 5-1：TTL 集成 RS 触发器 74LS279。

图 5-2 的 74LS279 是四基本 RS 触发器，它的逻辑功能和图 5-1 中的由与非门构成的 RS 触发器完全一样，输入信号同样是低电平有效。图中字信号发生器的输出信号为 01、10、11，在示波器显示的波形中可以发现，每当输入信号 R 或 S 当中有一个出现下降沿

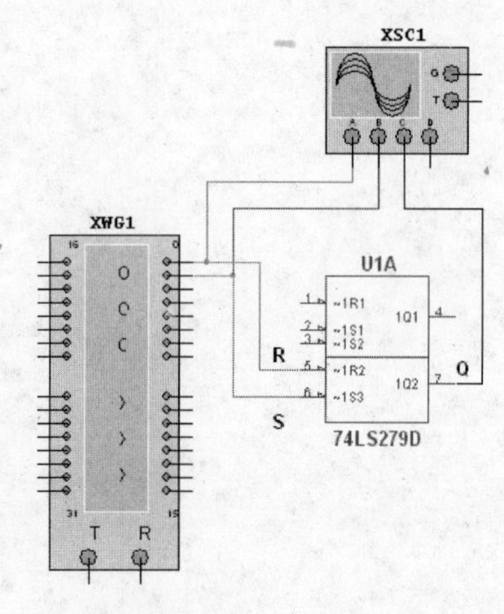

图 5-2　74LS279 仿真电路

时，Q 的形态一定会发生变化，这恰好印证了"输入信号低电平触发有效"这句话。

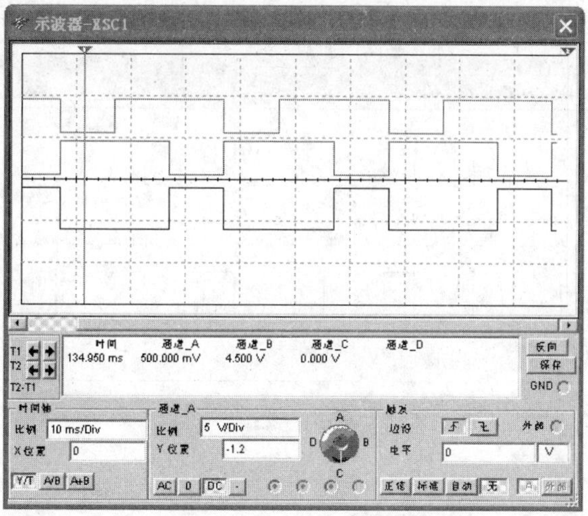

图 5-3　74LS279 输入输出波形图

5.1.2　由或非门组成的基本 RS 触发器

图 5-4 是由两个或非门的输入和输出交叉耦合组成的基本 RS 触发器，该触发器用高电平作为输入信号，也称高电平有效。

"置 0"和"置 1"的仿真实验：仿真实验时将 R 和 S 两个输入端设置在不同的电平上，如最初 $R=1,S=1$，触发器置 0；当 $R=0,S=1$，触发器置 1。同时单击键盘上的 R 和 S 键，触发器不停地在 0 状态和 1 状态之间翻转，该触发器同样具有记忆功能。同样，R 和 S 两上输入端不能同时为 1 状态。

图 5-5 中的 CC4043 内部是由或非门和传输门组成的四基本 RS 触发器，输入信号 R 和

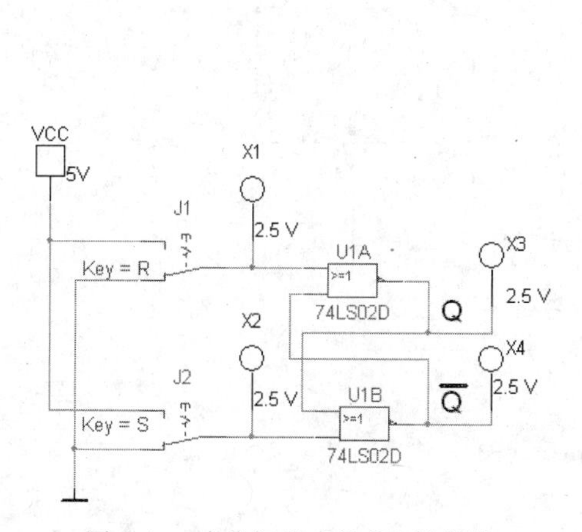

图 5-4　或非门组成的 RS 触发器

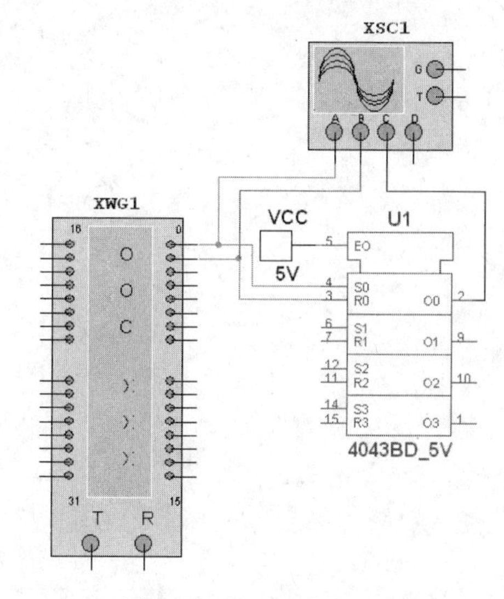

图 5-5　CC4043 仿真电路

S,高电平有效。图中字信号发生器的输出信号为 00、01、10 三种,在示波器显示的波形中,同样可以看出每当 R 和 S 有 1 个出现上升沿时,Q 的状态一定会发生改变。

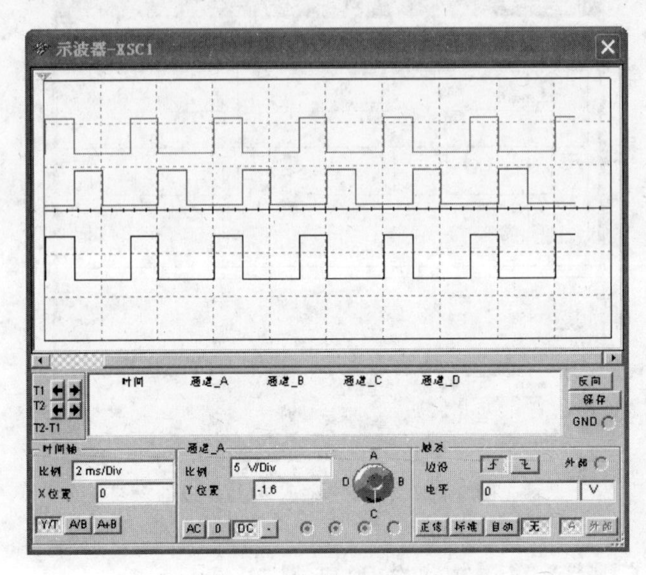

图 5-6 CC4043 输入输出波形图

案例 5-2:机械开关防抖动电路。

一般的机械开关在拨动或按动时,瞬间会在断开和闭合之间来回振动,即产生多个脉冲后才能稳定下来。如果将机械开关输出的信号传送给计数器,计数器会错误地多计数。为了对开关按动产生的脉冲正确计数,必须使用无抖动(或叫去抖动)开关。

图 5-7 所示为硬件去抖动开关电路,这种开关多了一个基本 RS 触发器,单刀双掷开关使触发器工作于置 0 或置 1 状态,使输出端产生一次性的阶跃电压(即每按动一次开关,只产生 1 个脉冲信号)。

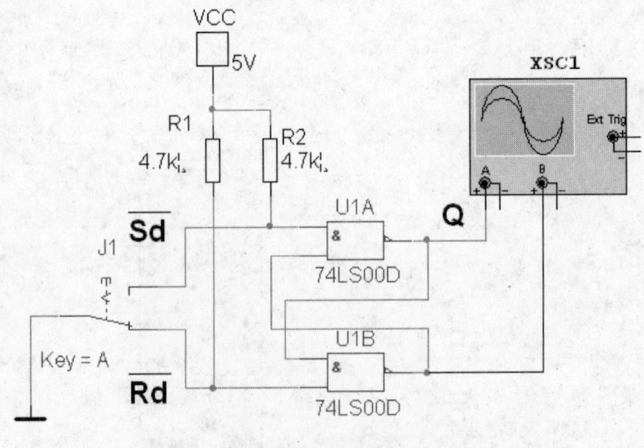

图 5-7 无抖动开关

5.2　同步触发器的仿真

基本RS触发器具有置0和置1的功能，这种功能是由触发信号决定的，什么时刻输入$\overline{\mathrm{Sd}}$和$\overline{\mathrm{Rd}}$信号就什么时刻置“0”或置“1”。也就是说，只有在$\overline{\mathrm{Sd}}$和$\overline{\mathrm{Rd}}$存在期间，其电平直接控制基本RS触发器的状态，这不仅使电路的抗干扰能力下降，而且也不便于多个触发器同步工作。为此，在基本RS触发器的输入端增设一级同步信号控制的触发导引电路，使触发器的状态只有在同步信号到达时才会翻转，至于翻转成何种状态，则由触发器的数据输入端决定。

此同步信号称为时钟脉冲信号，用CP表示。这类受时钟信号控制的触发器称为时钟触发器，也称为同步触发器。时钟触发器有4种触发方式(所谓触发方式，是指在时钟脉冲CP的什么时刻触发器的状态可能发生变化)：

① CP=1期间均可触发，称为高电平触发；

② CP=0期间均可触发，称为低电平触发；

③ CP由0变1时刻触发，称为上升沿触发；

④ CP由1变0时刻触发，称为下升沿触发。

① 和②统称为“电平触发”，③和④统称为“边沿触发”。

5.2.1　同步触发器的空翻转现象

1. 同步RS触发器的空翻

给时序逻辑电路加时钟脉冲的目的是统一电路的节拍。对触发器而言，在一个时钟脉冲作用下，要求触发器的状态只能翻转一次。而同步RS触发器在一个时钟脉冲作用下，触发器可能发生两次或两次以上的翻转，这种现象叫空翻。

图5-8是同步RS触发器发生空翻的仿真电路，电路中字信号发生器的输出频率为3.3kHz，时钟信号的频率为500Hz.仿真实验时发现，在CP=1期间，输入端的信号R和S发生了变化，所以输出端Q翻转了两次，即产生了空翻。要想不发生空翻，要求在CP=1期间，不允许R和S发生变化。

由以上仿真实验可以看出：在同步RS触发器中，R、S端的输入信号决定了电路翻转到什么状态，而时钟脉冲CP则决定了电路状态翻转的时刻，这样便实现了对电路状态翻转的时刻的控制。但是R、S之间仍然有约束条件(在CP等于1期间，不能允许出现R和S同时为1或同时为0的情况，否则会使触发器处于不确定的状态)存在，另外同步RS触发器又出现了“空翻”现象。

2. 同步D触发器的空翻现象

为了解决同步RS触发器输入端存在的约束问题，可对同步RS触发器进行改进：即将S换成D，R通过一个非门电路与D端连接，这样就只有一个输入信号控制端D，叫做同步D触发器。在图5-9所示的同步D触发器中，将时钟脉冲信号频率设置为1kHz，输入信号D的频率为700Hz，在示波器屏幕上自上而下依次是时钟脉冲信号CP、输入信号D、触发器Q的波形。从中可以得出：在CP=1的全部时间里，输入信号D的变化都能

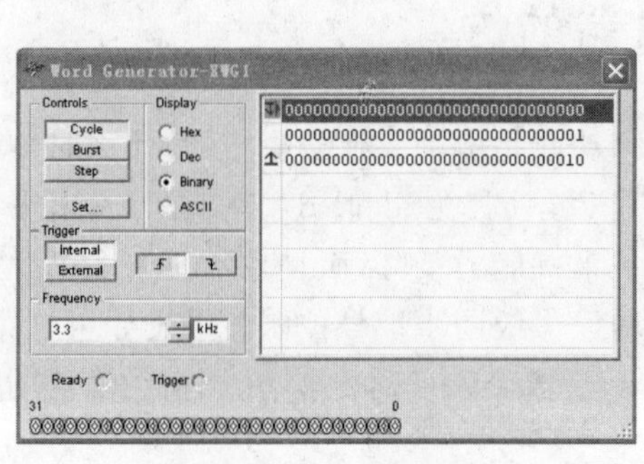

(a) 同步触发器输入信号R、S

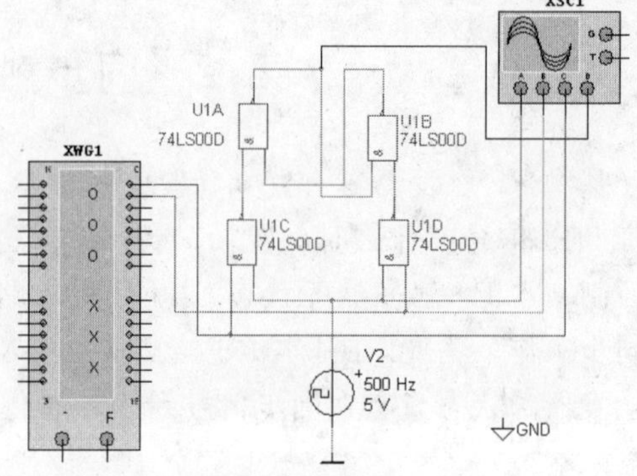

(b) 同步RS触发器电路

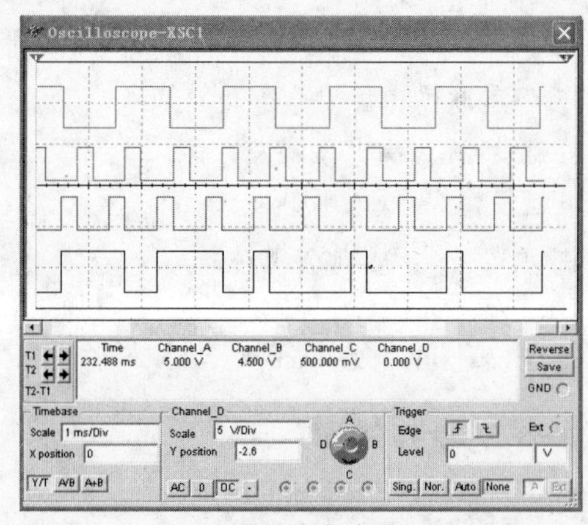

(c) 空翻现象波形

图 5-8　同步 RS 触发器的空翻现象

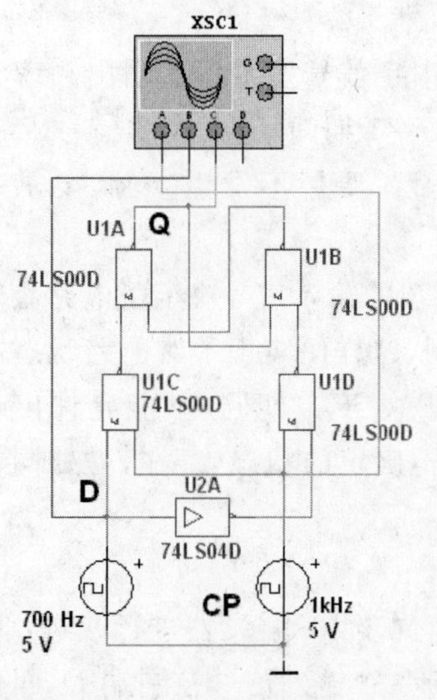

(a) 同步D触发器电路

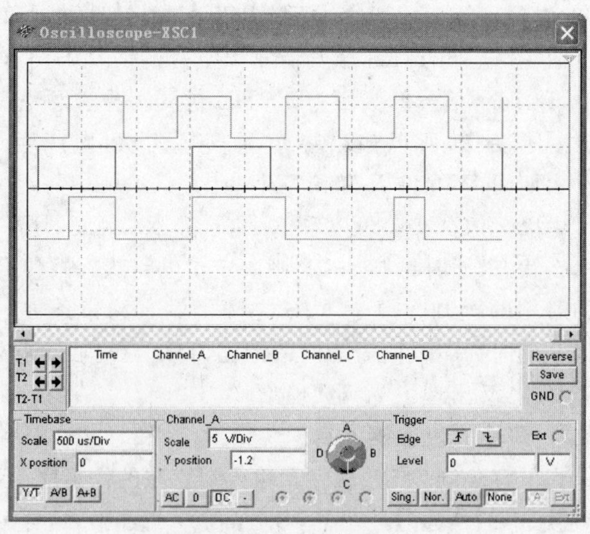

(b) 输入/输出波形

图 5-9　同步 D 触发器

引起触发器状态的改变，CP＝0期间，触发器保持原状态不变，即每输入一个时钟脉冲，触发器的状态变化了一次。

如图5-9所示，仅将输入信号D的频率改为3250Hz，其他都保持不变，发现在CP＝1期间，触发器状态的改变多于1次，即产生了“空翻”。

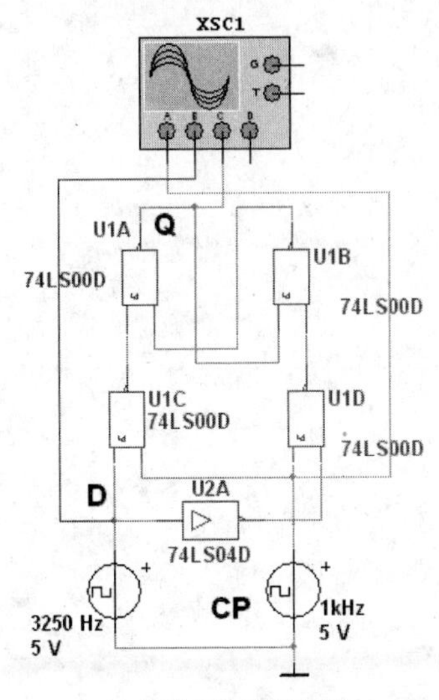

(a) 同步D触发器电路

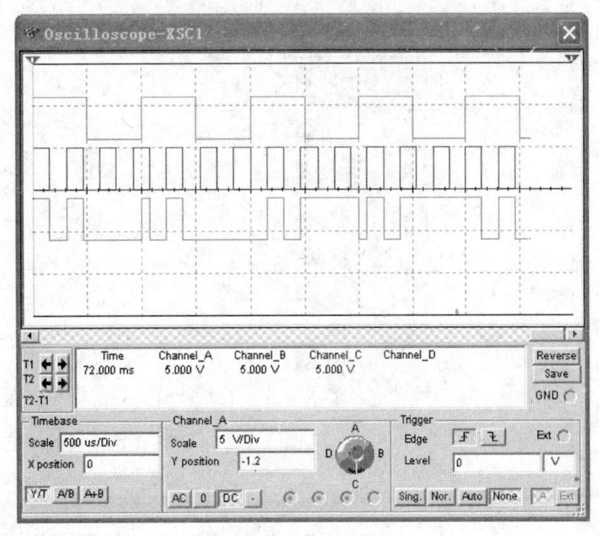

(b) 输出产生空翻现象

图5-10 同步D触发器的空翻现象

同步D触发器虽然解决了同步RS触发器输入端存在的约束问题，但缺点是存在着空翻现象。所以，它只能用于数据锁存，不能用作计数器、移位寄存器和存储器。

案例5-3：D锁存器。

锁存器是能够存储二进制数0和1的逻辑电路。D锁存器与D触发器的特性不同：D触发器输出端的状态变化，是在CP脉冲上升沿时刻被触发而变化(见后面的边沿D触发器)，其余时间保持不变。D锁存器则是在CP有效期间，输出端Q状态跟随输入信号D变化而变化，可多次变化，即存在“空翻”现象。锁存器是电平控制的，而D触发器是边沿控制的。

一位D触发器只能传送或存储一位数据，而在实际中往往希望一次传送或存储多位数据。为此，可把多个D触发器的时钟输入端口CP并联起来，用一个公共的控制信号来控制，而各个数据端口仍然是各自独立地接收数据。锁存器也称为透明锁存器，当它的锁存信号不起作用时，输出信号随输入信号变化，就像信号通过一个缓冲器一样，一旦锁存信号起作用，则数据被锁住，输入信号不再起作用。

图5-11为4D锁存器74LS75组成的数据锁存器电路，它有4个数据输入端和4个数据输出端，1LE和2LE并联起来作为锁存选通信号，可以并行存取四位二进制数据，输入数据信号由字信号发生器产生并输出：0000，0001，…，1111。当锁存选通端为“1”时，锁存器的输出端跟随输入信号的变化而变化，一旦锁存选通信号为0，锁存器立即关闭，并锁存关闭之前一时刻输入的数据。同样，集成电路74LS373是8D锁存器(三态)，可并行存取8位二进制数。

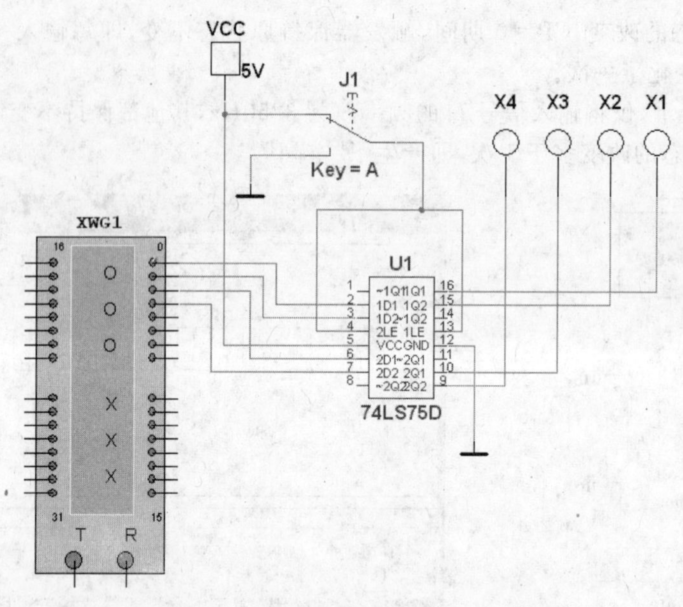

图 5-11　4D 锁存器 74LS75 仿真电路

5.3　边沿触发器的仿真

边沿触发器只有在时钟脉冲 CP 上升沿或下降沿到来时刻接收输入信号，这时电路才会根据输入信号改变状态，而在其他时间，电路的状态不会发生变化，从而提高了触发器的工作可靠性和抗干扰能力，它没有空翻现象，边沿触发器主要有 TTL 维持阻塞 D 触发器、边沿 JK 触发器和 CMOS 边沿触发器。

5.3.1　维持阻塞 D 触发器

维持阻塞 D 触发器 74LS74 功能测试如图 5-12 所示，～PR 和～CLR 分别是直接置

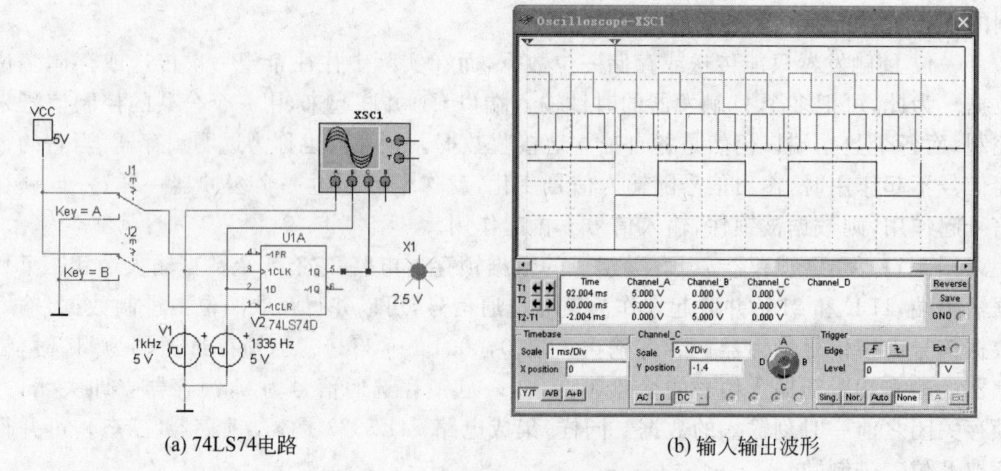

(a) 74LS74电路　(b) 输入输出波形

图 5-12　维持阻塞 D 触发器电路

1 端和直接置 0 端，且低电平有效。在触发器工作时，PR 和 CLR 均为高电平，CLK 端外接时钟脉冲信号，D 端接输入信号。从示波器上可以看出，它的逻辑功能为 $Q^{n+1}=D$，维持阻塞 D 触发器是在 CP 的上升沿触发的，而在 CP 为其他值时，不管 D 端输入为 0 还是为 1，触发器状态不会变。在一个时钟脉冲 CP 作用时间内，只有一个上升沿，电路状态只能改变一次，因此它没有空翻现象。

案例 5-4：4D 触发器 74LS175。

74LS175 内部包含 4 个 D 边沿触发器，共同受同一个时钟信号的控制，1D～4D 为它的 4 个数据输入端，1Q～4Q 为输出端，D 触发器为上升沿触发，第 9 脚又称锁存控制端，第 1 脚是清除端，当清除端为高电平时，4 位数字信号并行传送到输出端并锁存起来。当清除端为低电平时，4D 触发器的输入数据无法传送到输出端。

图 5-13 中利用 4 位组合开关产生输入数据，改变开关位置的方法是这样的：将鼠标指向其中一个开关，光标立即变成手指形状，用食指指向开关，单击鼠标即可，两次单击开关的位置是不同的。

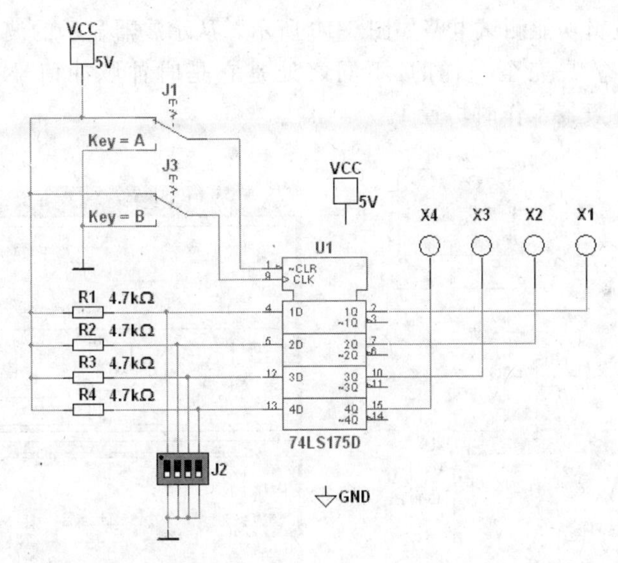

图 5-13　4D 触发器仿真电路

5.3.2　边沿 JK 触发器

1. 上升沿触发的 JK 触发器 CC4027

CC4027 是上升沿触发的 JK 触发器，Sd 和 Cd 分别是直接置 1 端和直接置 0 端，低电平有效且有优先权。在触发器开始工作前，SD 和 CD 必须同为低电平。从示波器上可以看出，JK 触发器具有保持、置 0、置 1 和计数功能，CC4027 是用时钟脉冲的上升沿触发的，而在 CP 为其他值时，不管 J、K 为何值，触发器的状态都不会变。在一个时钟脉冲 CP 作用时间内，只有一个上升沿，电路只能改变一次状态，如图 5-14 所示。

CC4027 作计数时的电路如图 5-15 所示。

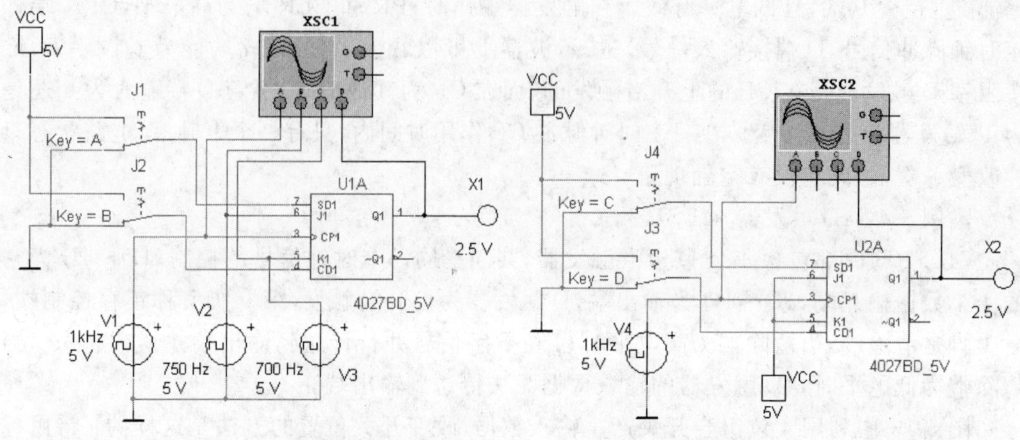

图 5-14　边沿 JK 触发器 CC4027　　　　图 5-15　CC4027 作计数器使用电路

2. 下降沿触发的 JK 触发器 74LS112

74LS112 的逻辑功能测试电路如图 5-16 所示。从示波器显示的波形可以看出,它的逻辑功能和 CC4027 是完全一样的,不同之处是它是时钟脉冲信号 CP 下降沿有效,PR 和 CLR 端在触发器工作时均置 1。

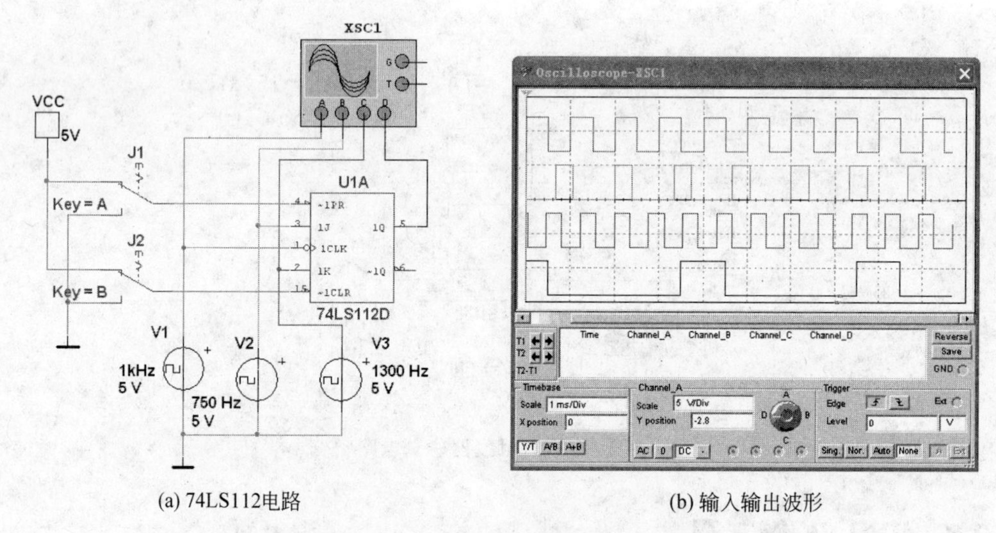

(a) 74LS112电路　　　　(b) 输入输出波形

图 5-16　边沿 JK 触发器 74LS112 电路

5.3.3　主从 JK 触发器

图 5-17 所示为主从 JK 触发器,主从 JK 触发器中的主触发器和从触发器是工作在 CP 的不同时间区内。因此,输入 J、K 的状态的变化不会直接影响 JK 触发器的输出状态,也是用 CP 负脉冲触发的。主从触发器无空翻,但因由主、从两个触发器构成,在 CP 为 1 期间,输入信号发生变化时,主触发器可能误动作,所以抗干扰能力较弱,使用时,时钟脉冲宽要窄(即脉宽持续时间要短),并要求输入信号不得在主触发器存储信号阶段变化。

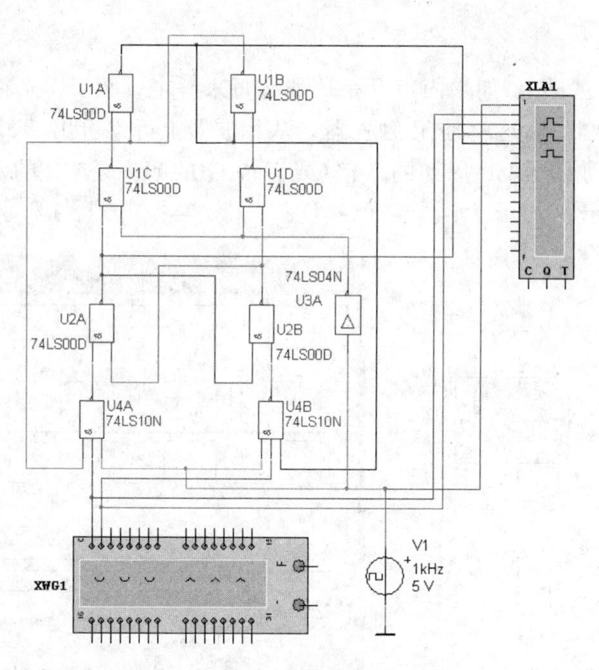

图 5-17　主从 JK 触发器仿真电路

5.3.4　T 触发器和 T′触发器

1. T 触发器的逻辑功能

在 CP 作用下，根据输入信号 T 的不同(0 或 1)，凡具有保持和翻转功能的触发器电路都称为 T 触发器。

图 5-18 是将边沿 JK 触发器 74LS112 的两个输入端 J 和 K 并联作为 T 端，即 $J=K=T$，构成了 T 触发器。从示波器显示的波形图可以看出，$T=0$，触发器保持初状态不变；$T=1$ 时，触发器将在 CP 下降沿到来时刻发生翻转，具有计数功能。

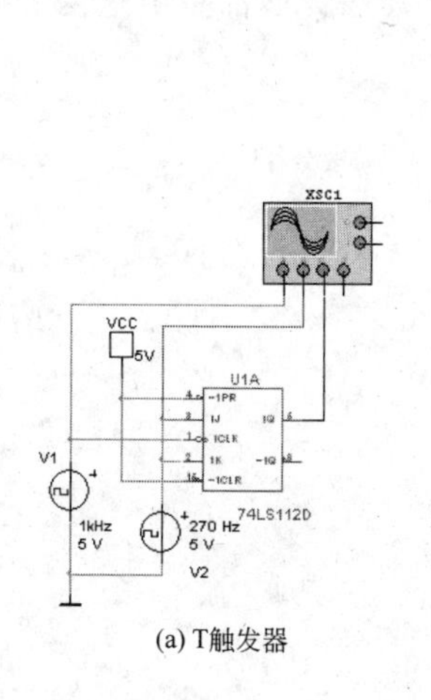

(a) T触发器

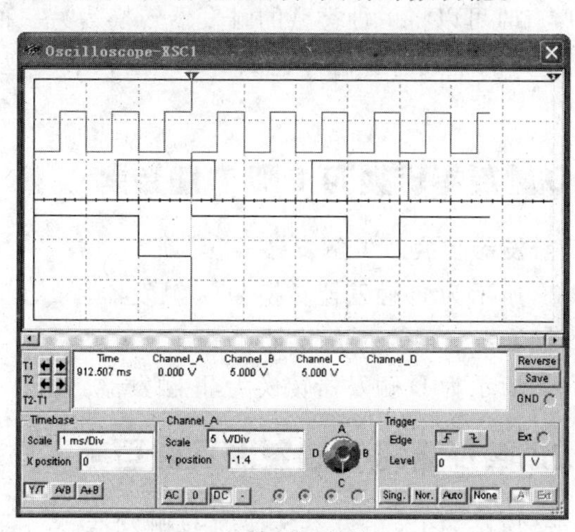

(b) 输入输出波形

图 5-18　T 触发器电路

2. T′触发器

在T触发器的基础上，如果固定 $T=1$，那么每来一个计数CP脉冲，触发器状态都将翻转一次，构成计数状态，这就是T′触发器。从示波器上可以看出，T′触发器输出端Q输出方波的周期是计数信号CP周期的2倍(或者说Q的频率是CP的二分之一)，称为二分频，如图5-19所示。

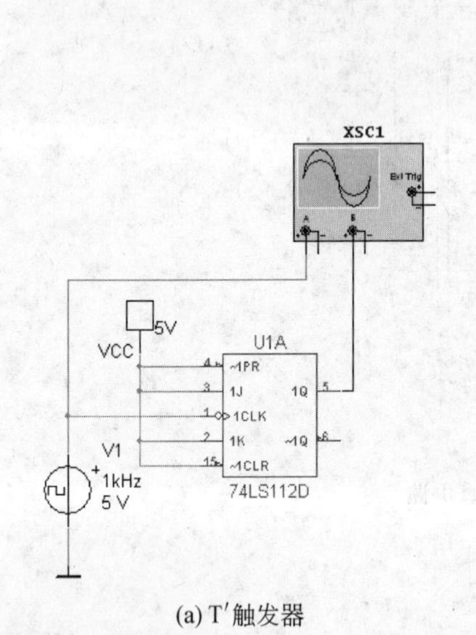

(a) T′触发器

(b) 输入输出波形

图 5-19　T′触发器电路

5.4　触发器之间的转换仿真

触发器按逻辑功能可分为RS、JK、D、T、T′触发器，分别对应各自的特性方程。在实际应用中，有时可以将一种类型的触发器转换为另一种类型的触发器。

实际生产的集成时钟触发器只有JK型和D型两种，其他类型都是由这两种触发器转化而成。

5.4.1　D触发器转换为T和T′触发器

1. D触发器转换为T触发器

图5-20所示为D触发器转换为T触发器。

2. D触发器转换为T′触发器

图5-21所示为D触发器转换为T′触发器。

5.4.2　JK触发器和D触发器之间互换

图5-22所示为JK触发器转换为D触发器。

图5-23所示为D触发器转换为JK触发器电路。

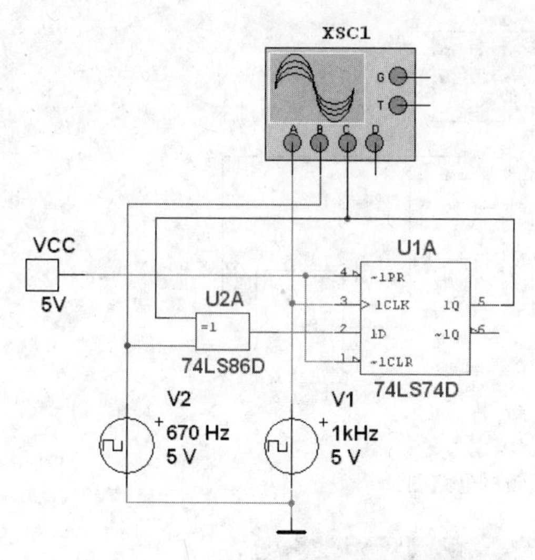

图 5-20 D 触发器转换为 T 触发器

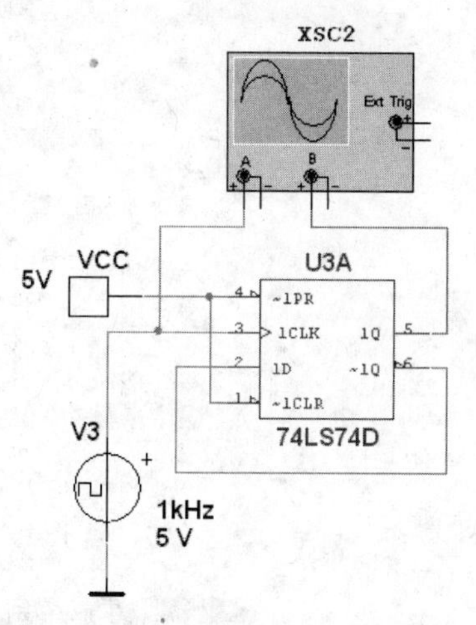

图 5-21 D 触发器转换为 T′触发器

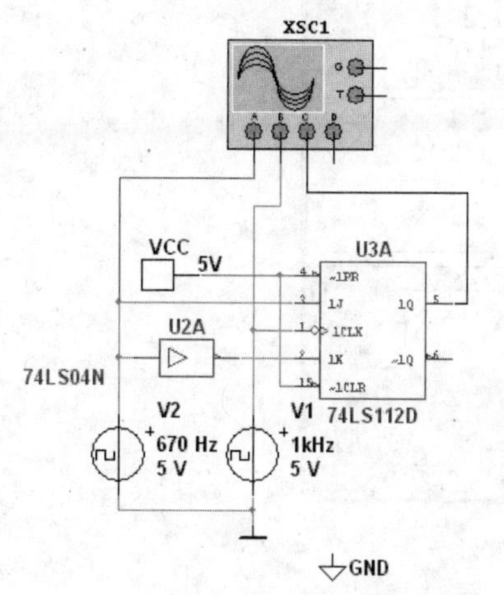

图 5-22 JK 触发器转换为 D 触发器

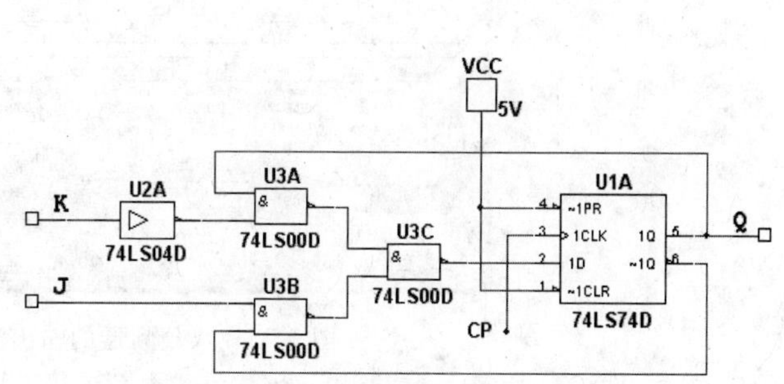

图 5-23 D 触发器转换为 JK 触发器

案例 5-5：分频器电路。

图 5-24 所示的分频电路由 3 个 D 触发器构成的 T′触发器组合而成，计数脉冲 CP 从左边触发器时钟端输入，设频率为 f_0，那么从 Q_0、Q_1、Q_2 输出的方波频率依次为$\frac{1}{2}f_0$、$\frac{1}{4}f_0$ 和$\frac{1}{8}f_0$，每经过一级 T'触发器，输出方波频率就被二分频一次（频率降低一半），所以对于 f_0 来说，Q_0、Q_1、Q_2 输出依次为 f_0 的二分频、四分频和八分频，所以说该分频器是一个 8 分频器。由图 5-25 可以看出 3 个 T'触发器分频情况。

案例 5-6：异地控制同一盏灯。

在 3 地控制同一盏电灯亮灭的电路如图 5-26 所示，S_1、S_2、S_3 为安装在不同地点的按钮开关（内有一对常开触点）。假设触发器的初状态为 0，灯熄灭。当按下按钮开关

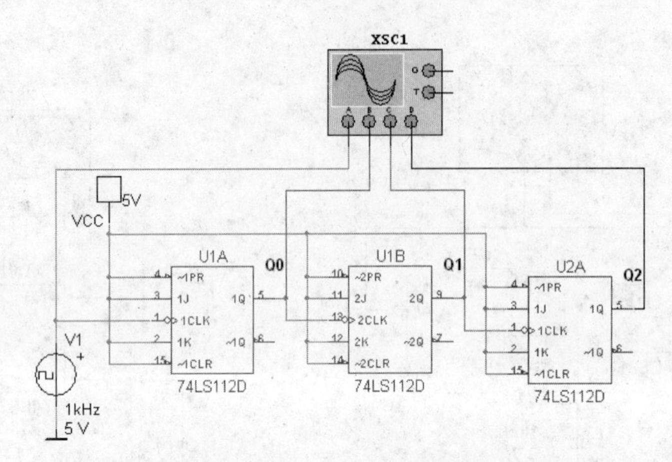

图 5-24　八分频器电路图

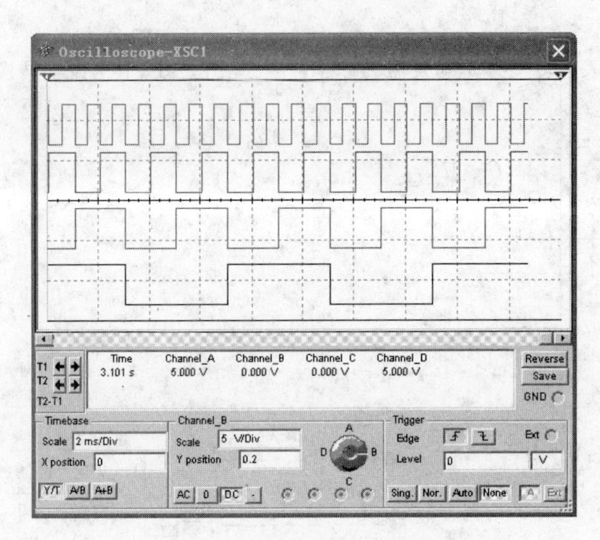

图 5-25　八分频器的输出波形

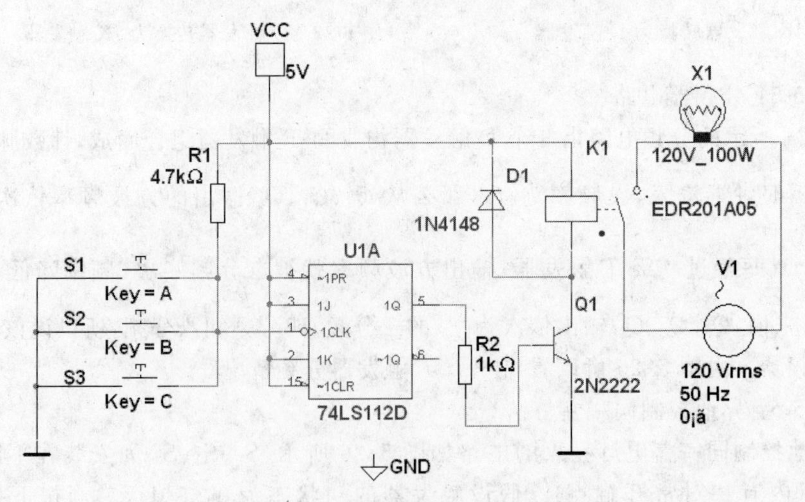

图 5-26　异地控制同一盏电灯

S_1 时，产生一个负脉冲，触发器由 0 状态翻转到 1 状态，三极管饱和导通，继电器通电，常开触点闭合，电灯点亮。如果接着按下 S_2，触发器又从 1 状态翻转到 0 态，三极管截止，继电器断开，触点断开，电灯熄灭。

案例 5-7：4 路抢答器电路。

4 个 JK 触发器组成的第一信号鉴别电路如图 5-27 所示，用以判别 S_2～S_5 送入的 4 个信号中，哪一个信号最先到达。其工作过程如下：

开始工作前，先按复位开关 S_1，4 个触发器都被置 0，$J=K=1$，发光二极管不发光，4 个触发器处于接受信号的状态，在 S_2～S_5 的 4 个开关中，如 S_2 被按下，则触发器由 U1A 首先由 0 状态翻转到 1 状态，一方面是发光二极管 LED1 发光，同时使其余的 3 个触发器都执行保持功能，因此，在 S_2 被按下后其他 3 个开关 S_3～S_5 任何一个在按下时，触发器的状态不会改变，仍为 0 状态，发光二极管 LED2～LED4 不发光，所以根据二极管的发光可以判断是 S_2 被按下。

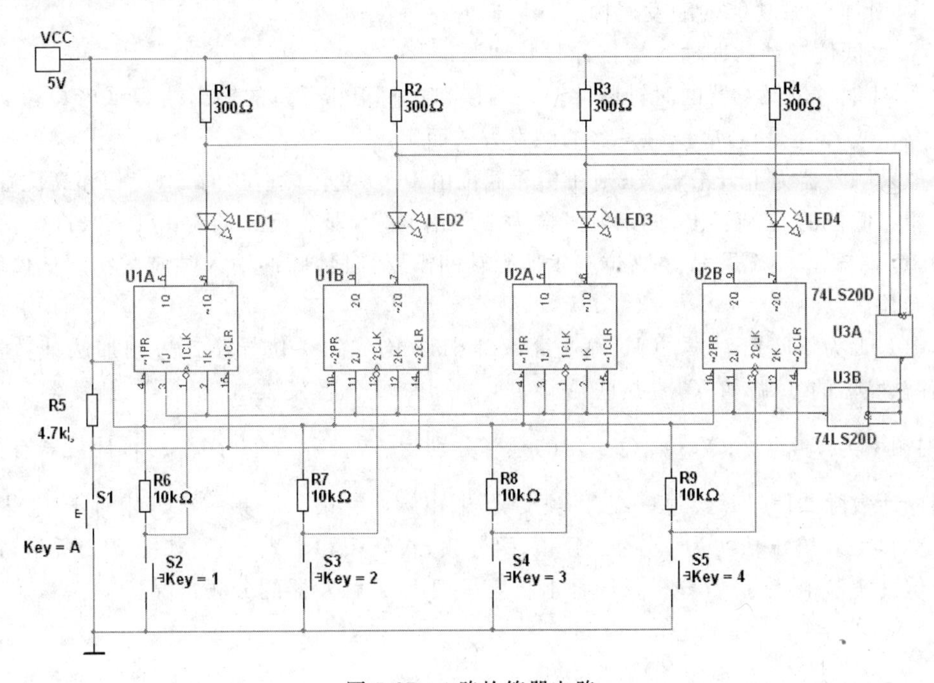

图 5-27　4 路抢答器电路

如果重复进行抢答器，则在每次进行判别前应先按复位开关 S_1，使 4 个触发器处于接受状态。

第6章 时序逻辑电路的仿真实验

6.1 异步计数器的仿真实验

6.1.1 异步二进制加法计数器

要构成异步二进制加法计数器，各触发器间的连接规律如下：

① 用具有 T′功能的触发器构成计数器的每一位；

② 最低位时钟脉冲输入端接计数脉冲源；

③ 其他各位触发器的时钟脉冲输入端接到它们相邻低位的输出端 Q 或者 $\overline{Q}$。

究竟接 Q 还是 $\overline{Q}$，应视触发器的触发方式而定。

如果触发器为上升沿触发，则在相邻低位由 1→0 变化(进位)时，迫使相邻高位翻转，可由相邻低位的 $\overline{Q}$ 端引出；如果触发器为下降沿触发，则在相邻低位由 1→0(进位)变化时，其 Q 端输出下降沿，满足高位触发器翻转的需要，时钟脉冲输入端应按相邻低位触发器的 Q 端。

图 6-1 为下降沿触发的 JK 触发器 74LS112 构成的 4 位异步二进制加法计数器电路，各触发器的 J 端和 K 端并联后接高电平，即每个触发器相当于 T′触发器。如果 CP 的频率为 f_0，那么 Q_0、Q_1、Q_2、Q_3 的频率分别为$\frac{1}{2}f_0$、$\frac{1}{4}f_0$、$\frac{1}{8}f_0$、$\frac{1}{16}f_0$，计数器有分频作用。计数脉冲信号每经过一级 T′触发器，输出脉冲就被二分频一次。相对于 f_0 来说，Q_0、Q_1、Q_2、Q_3 输出依次为 f_0 的二分频、四分频、八分频和十六分频，如图 6-2 所示，在进行的仿真实验中，在逻辑分析仪屏幕上将会呈现出 T′触发器的分频情况。

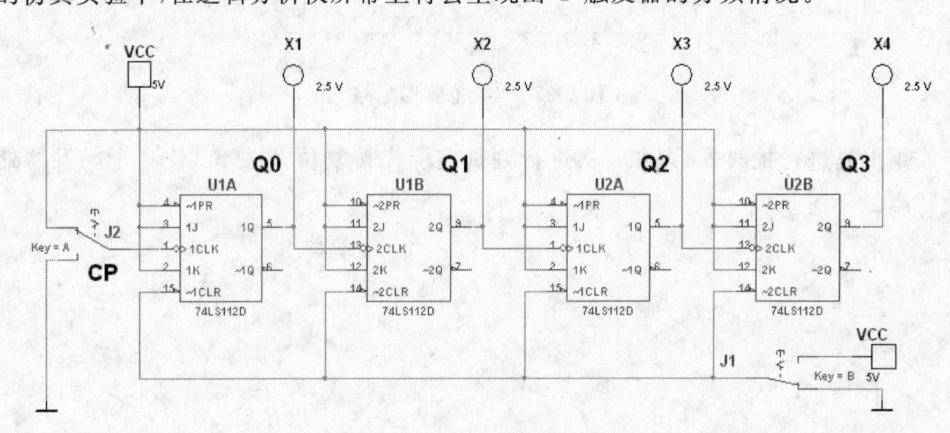

图 6-1 异步二进制加法计数器

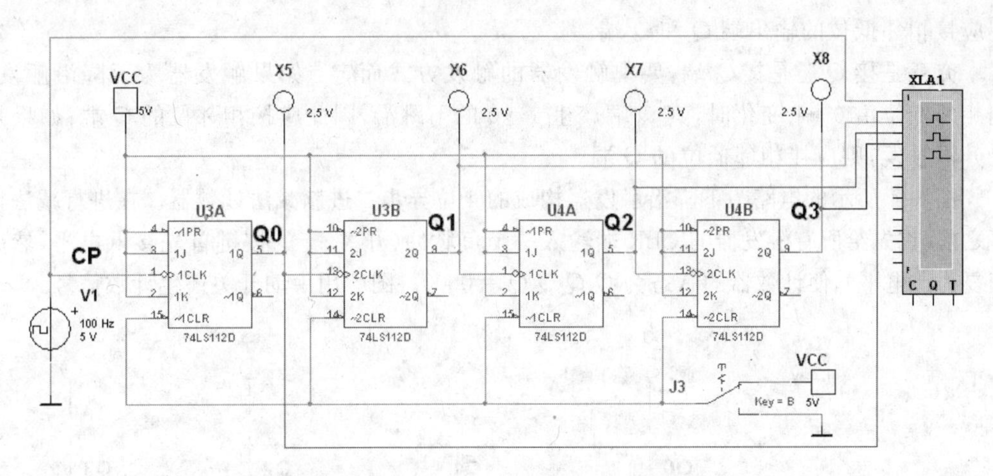

图 6-2 异步二进制加法计数器分频情况

在图 6-1 中，计数前首先将开关 J1 接地，然后恢复为高电平，目的是让计数器清 0，即将 4 位二进制计数器的初状态设置 0000，然后按动开关 J2 的按键 A，每按一次(由 1→0→1)输出一个负脉冲，送往最低位触发器 Q_0 的时钟端，可以看见计数器的状态由“0000→0001→0010→…→1111”，产生了 16 个状态。

人们通常把一个具体的计数器能够记忆输入脉冲的数目称为计数器的计数容量、计数长度或模，n 位二进制计数器的模为 2^n。

图 6-3 所示为上升沿触发的 D 触发器 74LS74 构成的异步 4 位二进制加法计数器电路，图中将各 D 触发器的 $\bar{Q}$ 端反馈至 D 端，即可将 D 触发器转换为 T′触发器。同时，低位触发器的输出 Q 端作为相邻高位触发器时钟脉冲 CP。

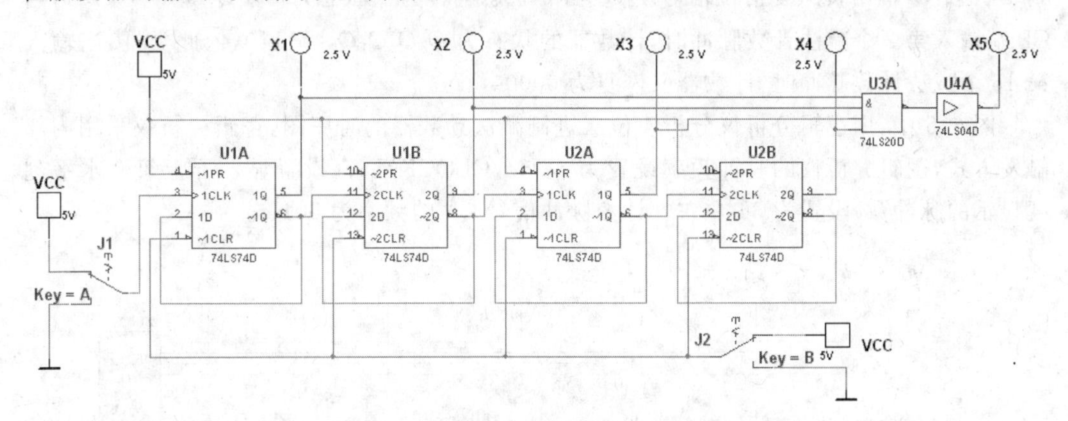

图 6-3 由 D 触发器组成的异步二进制加法计数器

6.1.2 异步二进制减法计数器

构成异步二进制减法计数器，各触发器的连接规律如下：

① 各触发器应具有 T′功能；

② 最低位时触发器时钟脉冲输入端接脉冲源 CP，其他各位触发器的时钟脉冲输入

端应接相邻低位的输出端 Q 和 $\overline{Q}$ 端。

究竟是接 Q 还是接 $\overline{Q}$ 端，要视触发器的触发方式而定：如果触发器为下降沿触发，则相邻低位由 0→1 变化时，其 $\overline{Q}$ 端产生 1→0 的下跳沿，因此应接相邻位的 $\overline{Q}$ 端；如果是上升沿触发，则应接相邻低位的 Q 端。

图 6-4 所示的电路为下降沿触发器构成的 4 位异步二进制减法计数器。在进行减法计算之前，首先给所有触发器的 CLR 端输入一个负脉冲（开关 J1 的按键首先接低电平，然后恢复为高电平），使计数器的状态为 $Q_3Q_2Q_1Q_0=0000$。图中用手动开关产生计数信号。

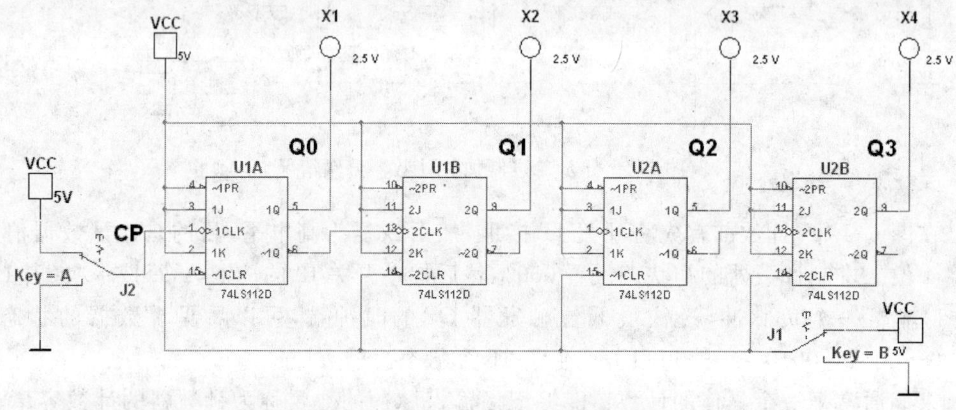

图 6-4　四位异步二进制减法计数器

当 CP 端输入第 1 个减法计数脉冲时，Q_0 由 0 整翻转到 1 状态，$\overline{Q_0}$ 输出一个负跃变的借位信号，使 Q_1 由 0 状态翻转为 1 状态，$\overline{Q_1}$ 输出负跃变的借应信号，使 Q_2 由 1 状态翻转到 1 状态，$\overline{Q_2}$ 输出负跃变借位信号使 Q_3 由 0 状态翻转为 1 状态，即 $Q_3Q_2Q_1Q_0=1111$，当 CP 端输入第 2 个减法计数脉冲时，计数器的状态为 $Q_3Q_2Q_1Q_0=1110$，依此类推，当输入第 16 个减法计数脉冲时，计数器又恢复为 0000。

图 6-5 中，用逻辑分析仪分析 4 位二进制减法计数器的时序图，逻辑分析仪采用内部触发方式，逻辑分析仪的时钟频率设置为 1kHz，CLOCK/Div（设置显示屏上每个水平刻度显示的脉冲数）设置为 36 左右。计数脉冲信号 CP 的频率为 50Hz。

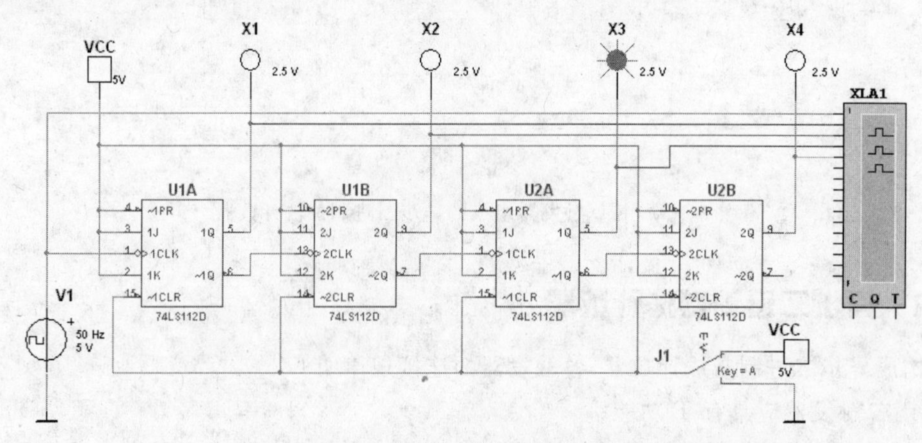

图 6-5　分析 4 位二进制减法计数器的时序图

图 6-6 所示为上升沿触发的 D 触发器构成的 4 位异步二进制减法器的仿真电路。

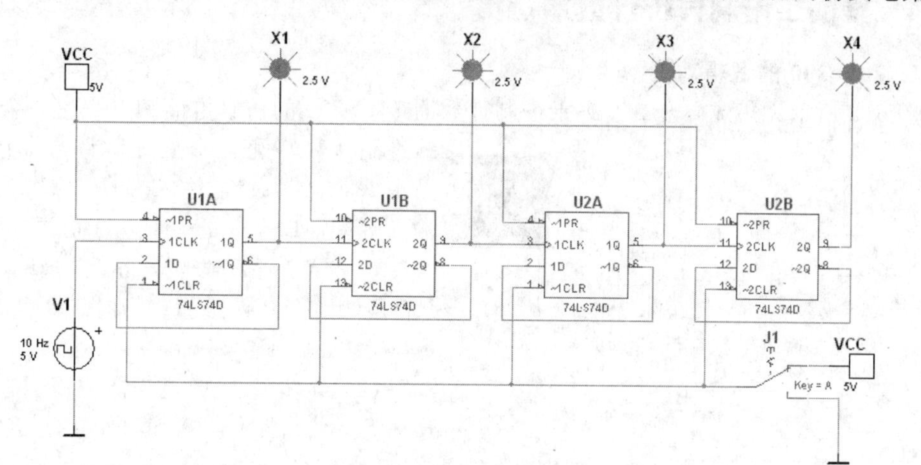

图 6-6　由 D 触发器构成的四位异步二进制减法器

6.1.3　异步十进制加法计数器的仿真

图 6-7 所示为上升沿触发的 4 个 JK 触发器 74LS76 组成的 8421BCD 码异步十进制加法计数器的仿真电路，它是在异步二进制加法计数器的基础上修改而成的。

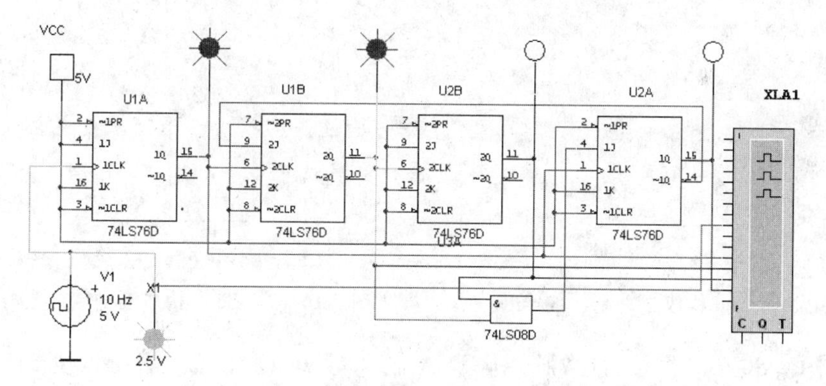

图 6-7　异步十进制加法计数器

计数工作过程如下：计数前，在计数器置 0 端加上负脉冲，使计数器处于 $Q_3Q_2Q_1Q_0=0000$ 状态。图中前 3 个触发器均为 T′触发器，而最后一个触发器的 $J=Q_2Q_1$，$k=1$，它只有在 Q_1Q_0 都为 1 状态时才具备翻转条件。当第 7 个计数脉冲输入时，计数器的状态为 $Q_3Q_2Q_1Q_0=0111$，和普通二进制加法计数器相同。当第 8 个计数脉冲输入后，Q_0 由 1→0，Q_0 输出的负跳变一方面使 Q_3 由 0 状态翻转为 1 状态；与此同时，Q_0 输出的负跳变使 Q_1、Q_2 都由 1 状态翻转为 0 状态，这时计数器状态为 $Q_3Q_2Q_1Q_0=1000$。由于 $Q_3=1$，所以$\overline{Q_3}=0$，$\overline{Q_3}$反馈至第 2 个 JK 触发器的 J 端，这样 Q_1 只能保持在 0 状态，不可能再次翻转。所以，输入第 9 个计数脉冲时，计数器的状态为 $Q_3Q_2Q_1Q_0=1001$，这时 Q_3 具备翻转到0 状态的条件。

当输入第 10 个计数脉冲时，计数器从 1001 状态返回到 0000 状态，电路跳过了 1010～1111 共 6 个状态，实现了十进制计数，同时向高位计数器输出 1 个进位信号。

6.1.4 集成二进制异步计数器仿真

1. 74LS290 的逻辑功能

图 6-8 所示为集成异步二-五-十进制计数器 74LS290 的仿真电路图。它由一个 1 位二进制计数器和一个五进制计数器组成。图中 R_{01}、R_{02} 为置 0 输入端，R_{91}、R_{92} 为置 9 输入端。74LS290 的主要功能仿真如下：

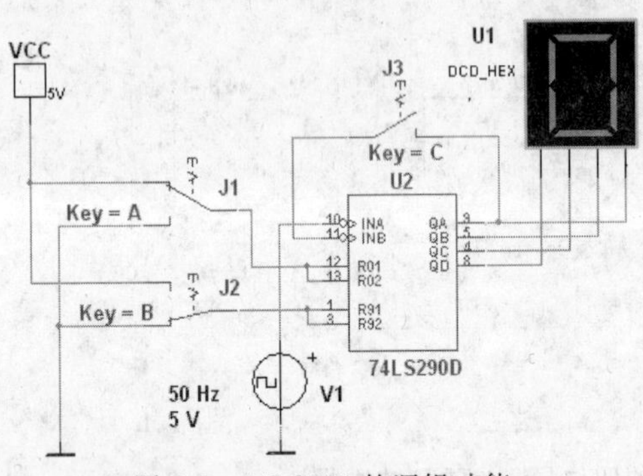

图 6-8 74LS290 的逻辑功能

(1) 异步置 0 功能：将 $R_{01} \cdot R_{02} = 1$，$R_{91} \cdot R_{92} = 0$，计数器置 0，即 $Q_D Q_C Q_B Q_A = 0000$。

(2) 异步置 9 功能：将 $R_{01} \cdot R_{02} = 0$，$R_{91} \cdot R_{92} = 1$，计数器置 9，即 $Q_D Q_C Q_B Q_A = 1001$。

(3) 计数功能：当满足 $R_{01} \cdot R_{02} = 0$，$R_{91} \cdot R_{92} = 0$ 的条件，74LS290 处于计数工作状态，有下面 4 种情况：

① 计数脉冲由 INA 输入，从 Q_A 输出，构成 1 位二进制计数器，如图 6-9 所示。

② 计数脉冲信号由 INB 输入，从 $Q_D Q_C Q_B$ 输出，构成五进制计数器，如图 6-10 所示。

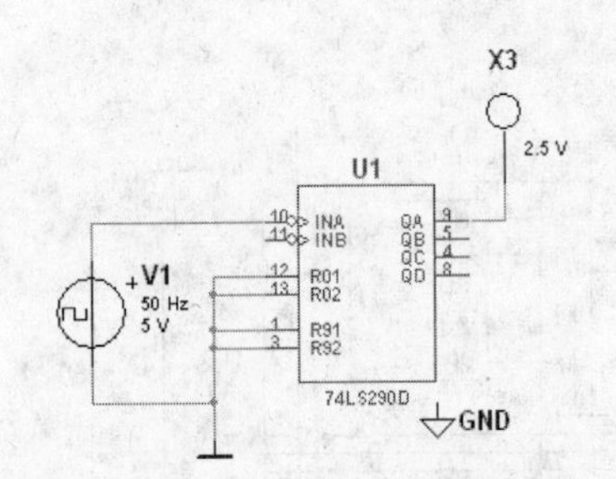

图 6-9 74LS290 构成二进制计数器

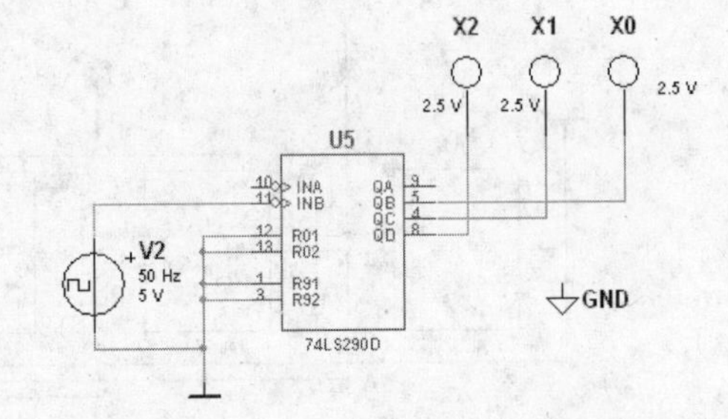

图 6-10 74LS290 构成五进制计数器

③ 将 Q_A 和 INB 短接，计数脉冲从 INA 输入，从 $Q_D Q_C Q_B Q_A$ 输出，构成 8421BCD 码异步十进制计数器，如图 6-11 所示。

④ 将 Q_D 和 INA 短接，计数脉冲从 INB 输入，从高位到低位的输出为 $Q_A Q_D Q_C Q_B$ 时，构成 5421BCD 码异步十进制加法计数器，如图 6-12 所示。

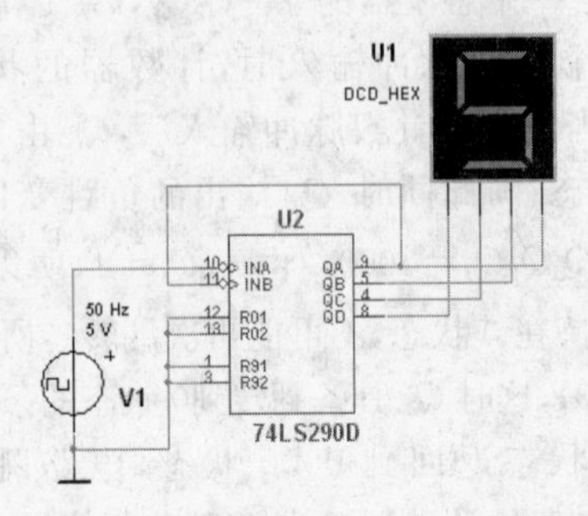

图 6-11 74LS290 构成 8421 码十进制计数器

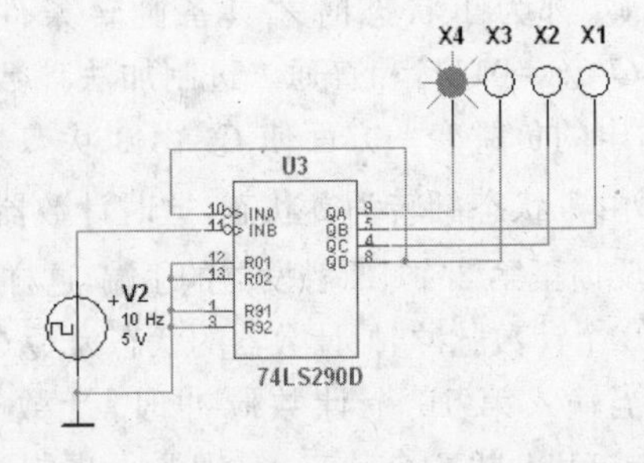

图 6-12 74LS290 构成 5421 码十进制计数器

2. 利用“异步置0”功能获得 *N* 进制计数器的仿真

案例 6-1：试用 74LS290 构成七进制计数器。

在二-五-十进制计数器的基础上，利用其辅助控制端子，通过不同的连接（即反馈复位法），用 74LS290 集成计数器可构成任意进制计数器。

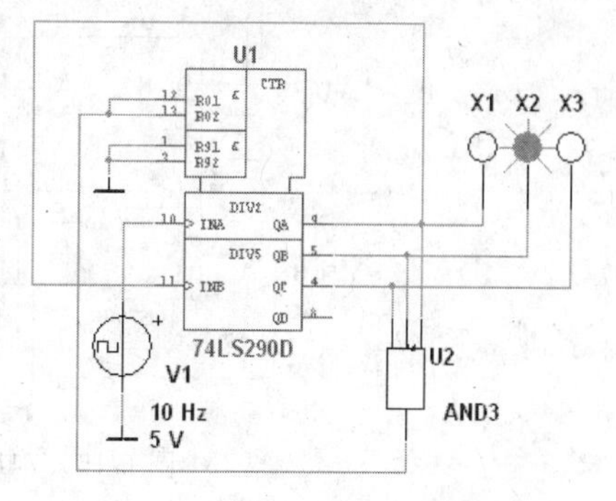

图 6-13　74LS290 构成七进制计数器

图 6-13 所示为 74LS290 构成的七进制计数器电路。首先写出 7 的二进制代码：$S_7=0111$，再写出反馈归零函数：由于 74LS290 的异步置0 信号为高电平 1，即只有 R_{01} 和 R_{02} 同时为高电平 1，计数器才能被置 0，故反馈归零函数 $R_0=R_{01}\cdot R_{02}=Q_CQ_BQ_A$。可见要实现七进制计数，应将 R_{01} 和 R_{02} 并联后通过与门电路和 $Q_CQ_BQ_A$ 相连，同时将 R_{91} 和 R_{92} 接 0。由于计数容量为 7，大于 5，还应将 Q_A 和 INB 相连。经过这样连接后，得到了用 74LS290 构成的七进制计数器。

3. 利用计数器的级连方法获得大容量 *N* 进制计数器

所谓级连方法，就是将多个计数器串接起来，从而获得所需要的大容量的 *N* 进制计数器。例如，将一个 N_1 进制计数器和一个 N_2 进制计数器串接起来，便可以构成 $N=N_1\times N_2$ 进制计数器。

在图 6-14 所示的两片 74LS290 级连起来的一百进制（两位十进制）计数器，从前述 74LS290 的计数功能中不难知道，两级都是 8421BCD 码十进制计数器，构成 $N=10\times10$ 进制计数器。

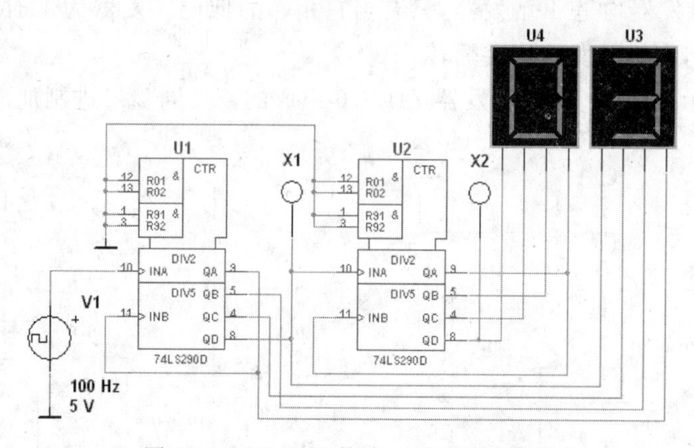

图 6-14　74LS290 构成一百进制计数器

图 6-15 所示为两片 74LS290 级连起来的六十进制计数器，它是由十进制（个位）和六进制（十位）构成的六十（6×10＝60）进制计数器。

异步计数器电路比较简单，但由于它的进位（或借位）是逐级传递的，因而使计数速度受到限制，工作频率不能太高。而同步计数器中各个触发器的翻转与时钟脉冲同步，所以工作速度比较快，工作频率较高。

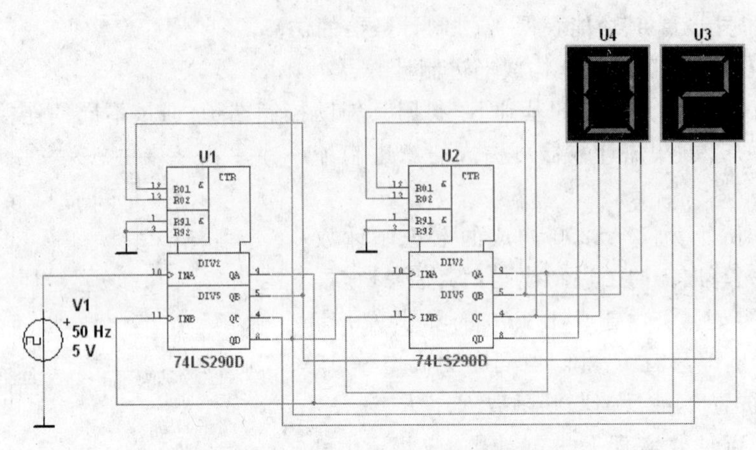

图 6-15　74LS290 构成六十进制计数器

6.2　同步二进制计数器的仿真实验

6.2.1　同步二进制加法计数器的仿真

同步计数器中各个触发器均由同一时钟脉冲输入。因此，各触发器的翻转就由其输入信号的状态决定，即触发器应翻转时，要满足计数状态的条件，不应翻转时，要满足状态不变的条件。在统一的时钟脉冲作用下，各触发器状态改变的规律是：

① 最低位是 T′触发器，每来一个脉冲就翻转一次；

② 其他位触发器均是 T 触发器，只有当它相邻的低位触发器为 1 时，这时再输入一个计数脉冲信号，本级触发器才会翻转。

图 6-16 所示是由 4 个 JK 触发器 74LS76 组成的 4 位同步二进制加法计数器。

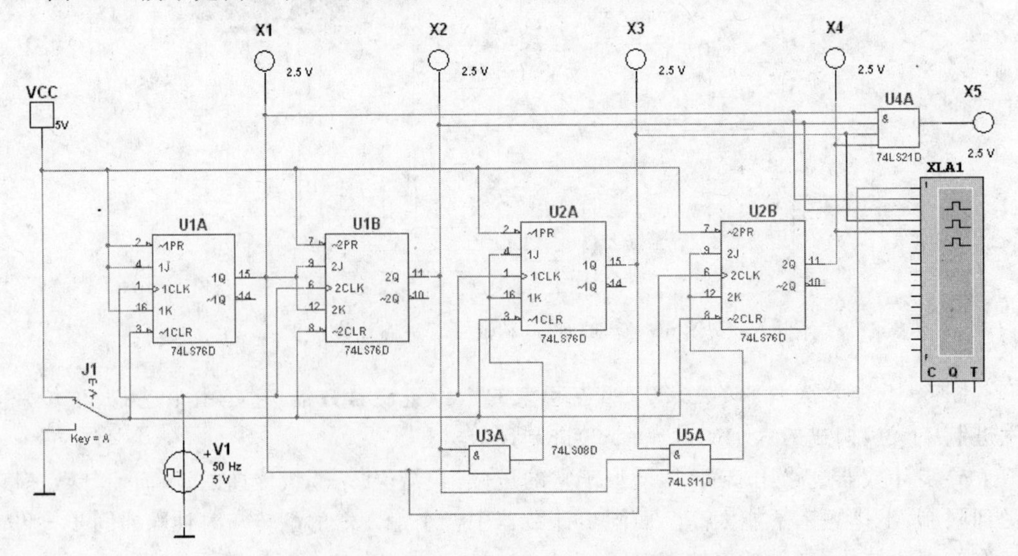

图 6-16　同步二进制加法计数器的仿真

作仿真实验时，首先将计数器清0，然后观察在计数脉冲的作用下，计数器的状态在0000～1111共16种状态中周而复始地变换，在逻辑分析仪显示屏上能够看到计数器的时序图（逻辑分析仪时钟频率设置为1kHz）。因为每输入16个计数脉冲，计数器显示状态循环一次，并在计数器最高位产生一个进位输出信号，故该电路是十六进制计数器。

也可以将仿真电路图中的时钟信号源更换为手动单刀双掷开关，用手动方法产生计数脉冲信号。

6.2.2 同步二进制减法计数器的仿真

图6-17所示为4位二进制同步减法计数器电路，CP是输入到减法计数器的计数脉冲，每输入一个CP脉冲，计数器就自动减1，当不够减时就向高位借位。图中最低位触发器为T′触发器，即每来一个计数脉冲翻转一次，其他触发器的翻转条件是所有低位触发器Q端全为0，应有$1T=1K=\overline{Q_0}$，$2T=2K=\overline{Q_1Q_2}$，$3T=3K=\overline{Q_2Q_1Q_0}$，仿真开始时，首先将计数器清0，然后用手动开关J2输入计数脉冲CP，输入第1个脉冲后$Q_3Q_2Q_1Q_0=1111$，输入第2个计数脉冲后$Q_3Q_2Q_1Q_0=1110$，以此类推，输入第16个脉冲$Q_3Q_2Q_1Q_0=0000$，循环一次。

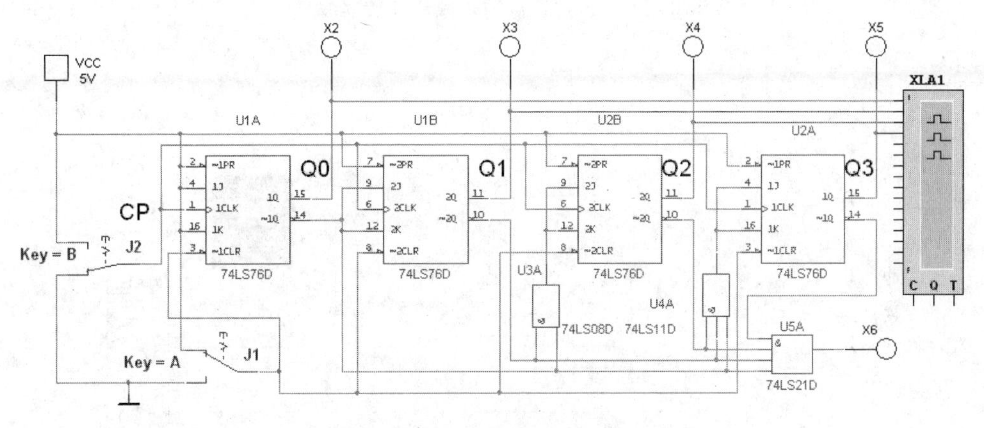

图6-17　同步二进制减法计数器的电路

图6-18是将图6-17中的手动开关去掉，用时钟信号源作计数脉冲，用逻辑分析仪观察出的4位二进制同步减法计数器的波形图。

6.2.3 集成同步二进制计数器74LS161和74LS163

1. 74LS161的逻辑功能

图6-19所示为集成4位同步二进制加法计数器74LS161的逻辑功能仿真电路，LOAD为同步置数控制端，CLR为异步置0控制端，ENT和ENP为两个计数器工作状态控制端，A、B、C、D是并行数据输入端，Q_D、Q_C、Q_B、Q_A为输出端，RCO为进位输出端。在这个电路中可以进行如下仿真实验：

(1) 异步置0：将CLR切换到低电平，数码管显示为0，即不论有无计数脉冲CP和其他信号输入，$Q_DQ_CQ_BQ_A=0000$。

(2) 同步并行置数功能：当LOAD=0，CLR=1时，在输入时钟脉冲上升沿的作用

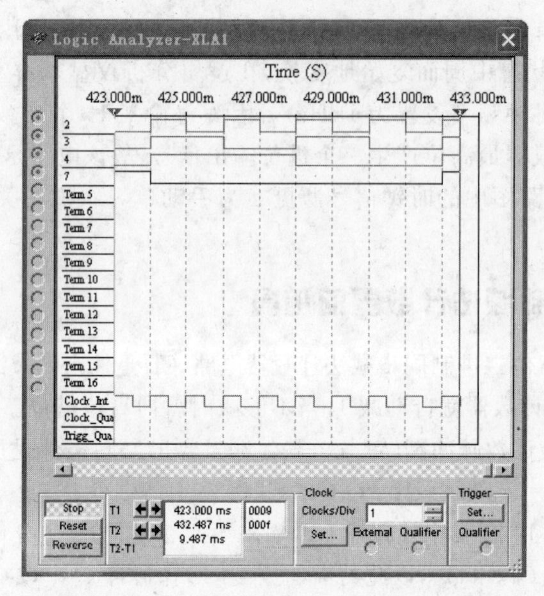

图 6-18　4 位二进制同步减法计数器波形图

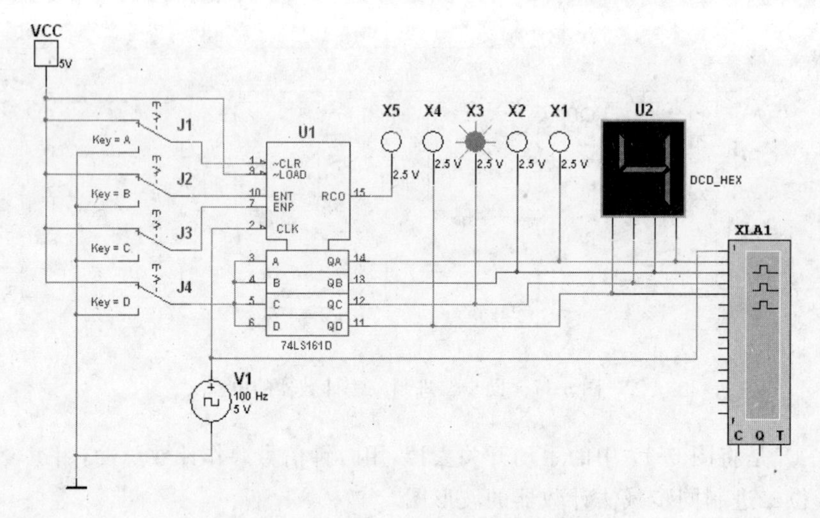

图 6-19　74LS161 逻辑功能仿真电路

下，并行数据 $DCBA$ 被置入计数器，即 $Q_DQ_CQ_BQ_A=DCBA$。本图中并行数据仅有 0000 和 1111 两种。

（3）计数功能：在 LOAD＝CLR＝ENT＝ENP＝1，CLK 端输入计数脉冲信号，计数器进行二进制加法计数，在 0000～1111 这 16 种状态下循环。

（4）保持功能：在 LOAD＝CLR＝1，且 ENP 和 ENT 中有 0 时，则计数器保持原来的状态不变。

2. 74LS161 功能扩展

（1）反馈复位法（利用异步置 0 功能）

与 74LS290 集成计数器一样，74LS161 也有异步清 0 功能，因此可以采用“反馈复位法”，使复位输入端CLR为0，迫使正在计数的计数器跳过无效状态，立即复位至0000状态，实现所需进制的计数器。

图6-20所示是根据“反馈复位法”利用74LS161构成的十进制计数器电路，当计数器从$Q_DQ_CQ_BQ_A=0000$状态开始计数，一直计到1001，这期间计数器正常工作。当第10个计数脉冲上升沿到来时计数器出现1010状态(因时间短暂，看不见这个状态)，与非门74LS00立即输出0，迫使计数器复位至0000状态，完成一个十进制计数循环。

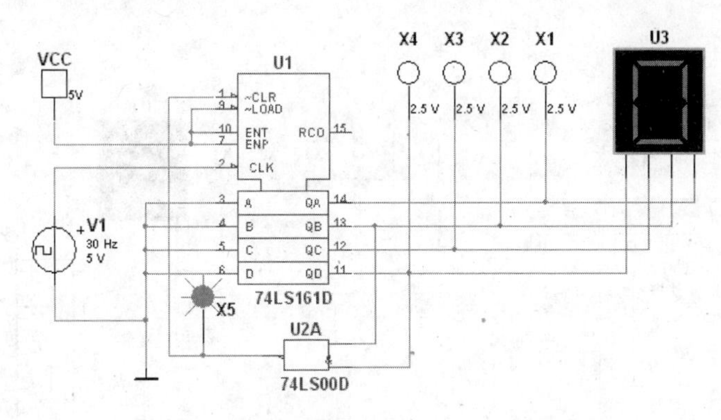

图6-20 用“反馈复位”法构成十进制计数器

(2) 用同步置数功能获得N进制计数器

利用74LS161具有的同步预置功能，通过反馈使计数器返回到预置的初态，也能构成任意进制的计数器。方法是：在计数器的并行数据输入端D、C、B、A输入计数起始数据，并置入计数器。这样，在输入第$N-1$个计数脉冲CP时，通过控制电路，使同步置数控制端(LOAD)获得一个置数信号，这时计数器并不能将D、C、B、A端的数据置入计数器，但它为置数创造了条件。所以，在输入第N个计数脉冲CP时，输入到D、C、B、A端的数据被置入计数器，使电路返回到初始预置状态，从而实现N进制计数。

图6-21所示为按自然排序状态变化的十进制计数器电路，图中$DCBA=0000$，CLR=1，当计数器从0000开始计数后，计到第9个CP脉冲时，$Q_DQ_CQ_BQ_A=1001$，此时与非门

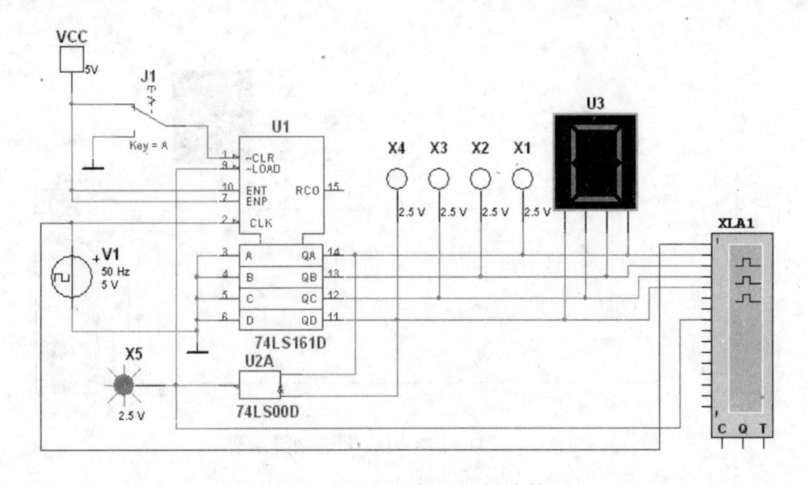

图6-21 自然排序十进制计数器

输出“0”，使 LOAD＝0，为 74LS161 同步预置做好了准备，当第 10 个 CP 脉冲下降沿到达时，完成同步预置使 $Q_DQ_CQ_BQ_A=DCBA=0000$，计数器按自然排序完成 0～9 的十进制计数。通过逻辑分析仪可以清楚地观察出波形的时序图。

、图 6-22 所示为按非自然排序变化的十进制计数器，它利用 74LS161 的进位输出端 RCO 输出的负脉冲，将计数器的初始状态预置为 $Q_DQ_CQ_BQ_A=0110$ 状态，计数器在 0110～1111 的后 10 个状态间循环计数。

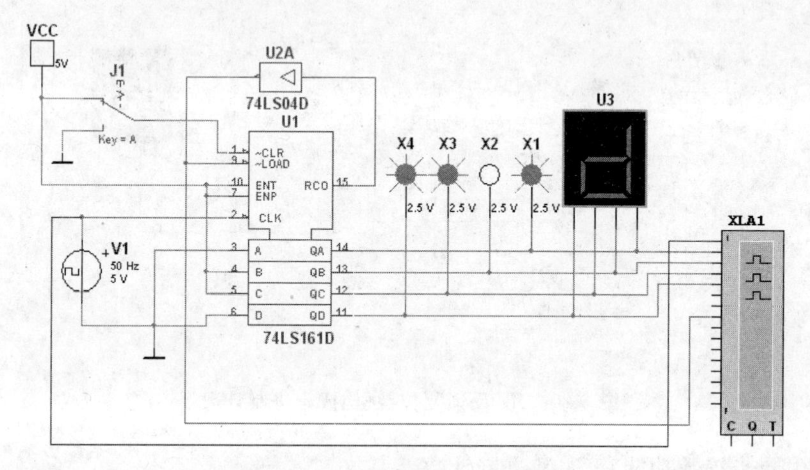

图 6-22　非自然排序十进制计数器

3. 利用“同步置 0”功能获得 N 进制计数器

集成计数器 74LS163 也是同步二进制计数器，它和 74LS161 的逻辑功能完全相同，但 74LS163 为“同步置 0”，即在同步置 0 控制端 CLR 为低电平 0 时，计数器并不能被置 0，还需要再输入一个计数脉冲 CP 才能被置 0。而 74LS161 则为异步置 0，只要 CLR＝0，计数器立即清 0，其他输入信号均不起作用。74LS163 利用“同步置 0”功能构成的十进制计数器电路，如图 6-23 所示。

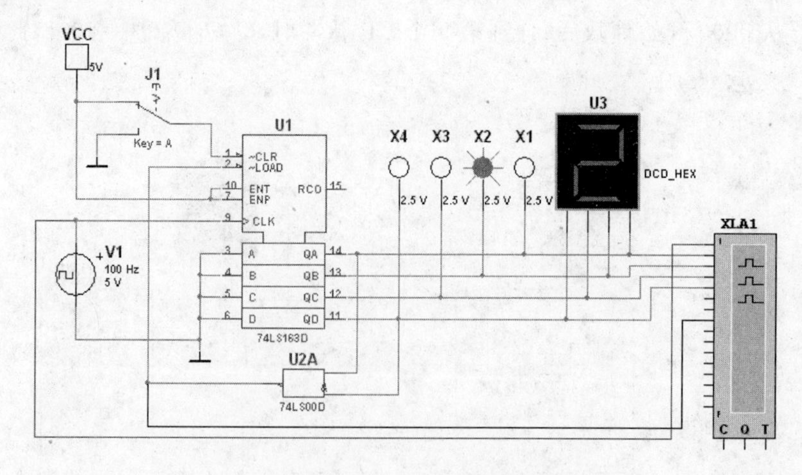

图 6-23　74LS163 构成十进制计数器

6.3　同步十进制计数器的仿真实验

6.3.1　8421BCD 码同步十进制加法计数器

图 6-24 所示为由 4 个 JK 触发器组成的 8421BCD 码同步十进制加法计数器电路，仿真开始，首先用清 0 开关将计数器设置为 0000 状态，然后在计数脉冲信号 CP 的作用下，计数器的状态按 8421BCD 码数的规律依次递增，当计数器的状态变为 1001 时，再输入一个计数脉冲，这时计数器返回到初始的 0000 状态，同时向高位输出一个高电平的进位信号。

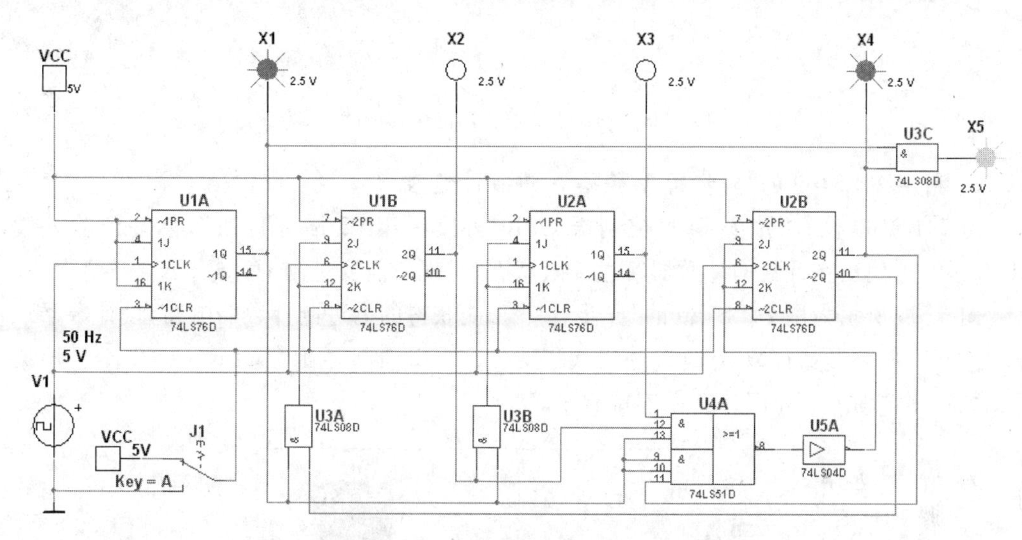

图 6-24　8421BCD 码同步十进制加法计数器

6.3.2　集成同步十进制加法计数器 74LS160 和 74LS162

1. 74LS160 的逻辑功能仿真

图 6-25 所示为 74LS160 的逻辑功能仿真电路，图中 LOAD 为同步置数控制端，CLR 为异步置 0 控制端，ENT 和 ENP 为计数控制端，D、C、B、A 为并行数据输入端，Q_D、Q_C、Q_B、Q_A 为输出端，RCO 为进位输出端。

(1) 异步置 0 功能：当 CLR 端为低电平时，不论有无时钟脉冲 CP 和其他信号输入，计数器置 0，即 $Q_DQ_CQ_BQ_A=0000$。

(2) 同步并行置数功能：当 CLR＝1，LOAD＝0 时，在输入计数脉冲 CP 的作用下，并行数据 $DCBA$ 被置入计数器，即 $Q_DQ_CQ_BQ_A=DCBA$，本仿真电路中并行置数仅为 0000 和 1111 两种。

(3) 计数功能：当 LOAD＝CLR＝ENT＝ENP＝1，CLK 端输入计数脉冲 CP 时，计数器按 8421BCD 的规律进行十进制加法计数。

(4) 保持功能：当 LOAD＝CLR＝1，且 ENT 和 ENP 中有 0 时，则计数器保持原来的状态不变。

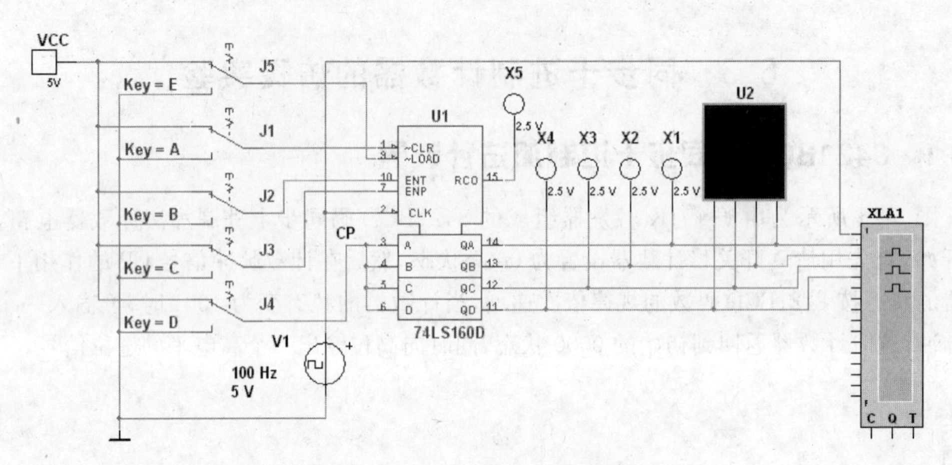

图 6-25 74LS160 逻辑功能仿真电路

2. 利用 74LS160 的"异步置 0"获得 *N* 进制计数器

由 74LS160 设有"异步置 0"控制端 CLR,可以采用"反馈复位法",使复位输入端 CLR 为 0,迫使正在计数的计数器跳过无效状态,实现所需要进制的计数器。

图 6-26 所示为用 74LS160 的"异步置 0"功能获得的七进制计数器电路,设计数器从 $Q_DQ_CQ_BQ_A$ 状态开始计数,7 的二进制代码为 0111,反馈归零函数$\overline{\mathrm{CLR}}=\overline{Q_CQ_BQ_A}$,根据该函数式用 3 输入与非门将它们连接起来。

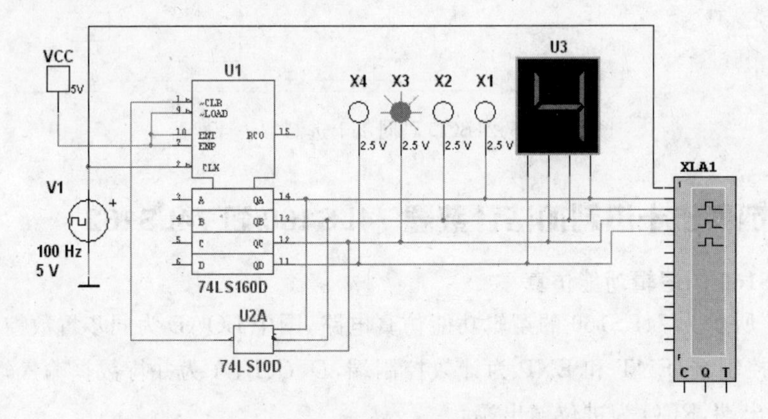

图 6-26 74LS160 利用"异步置 0"构成七进制计数器

3. 利用 74LS160 的"同步置数"功能获得七进制计数器

74LS160 设置有"同步置数"控制端,利用它也可以实现七进制计数,设计数从 $Q_DQ_CQ_BQ_A=0000$ 状态开始,由于采用反馈置数法获得七进制计数器,因此应取同步输入端 $DBCA=0000$,7 的二进制代码为 $S_{7-1}=S_6=0110$,故反馈置数函数为$\overline{\mathrm{LOAD}}=\overline{Q_CQ_B}$,用 2 输入与非门把 Q_C、Q_B 和 LOAD 端连接起来,构成七进制计数器,如图 6-27 所示。

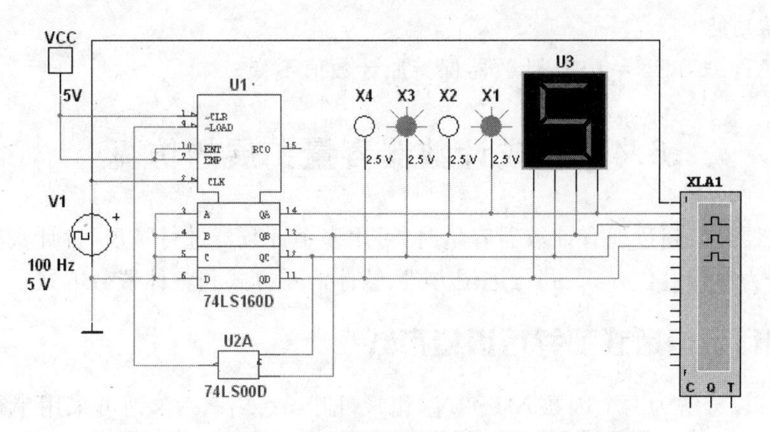

图 6-27 74LS160 利用"同步置数"构成七进制计数器

6.3.3 集成同步十进制加、减法计数器 74LS190 的仿真

图 6-28 所示为集成同步十进制加、减法计数器 74LS190 的逻辑功能仿真电路。LOAD 为异步置数控制端，CTEN 为计数控制端，D、C、A、B 为并行数据输入端，Q_D、Q_C、Q_B、Q_A 为输出端，U/D 为加减计数方式控制端。MAX/MIN 为进位输出/借位输出端。

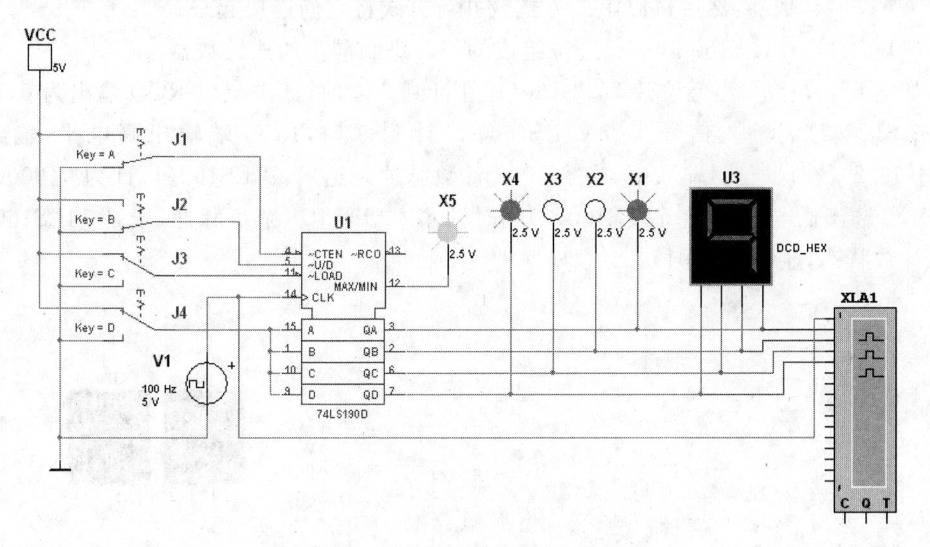

图 6-28 74LS190 逻辑功能仿真电路

1. 异步并行置数功能

当 LOAD=0 时，不论有无时钟脉冲和其他信号输入，并行输入的数据 $DCBA$ 被置入计数器相应的触发器中，即 $Q_DQ_CQ_BQ_A=DCBA$。本仿真电路中，并行输入数据只有 0000 和 1111 两种。

2. 计数功能

LOAD=1 时，U/D=0，CTEN=0，在 CP 脉冲上升沿作用下，计数器按 8421BCD 码进行十进制加法计数，如这时将 U/D 变为 1，则变为十进制减法计数器。

3. 保持功能

当 LOAD=CTEN=1 时,计数器保持原计数值不变。

6.4 集成计数器容量扩展的仿真

当计数器容量超过现有计数器容量时,可用多个计数器进行扩展,各计数器之间的连接方式可分为串行进位方式、并行进位方式、整体清零方式和整体置数方式。

6.4.1 串行进位方式和并行进位方式

若 M 可以分解为两个因数 N_1 和 N_2 相乘,即 $M=N_1 \times N_2$,则可采用串行进位方式或并行进位方式,将一个 N_1 进制计数器和一个 N_2 进制计数器连接起来,构成 M 进制计数器。

在串行进位方式中,以低位片的进位输出信号作为高位片的时钟输入信号。

在并行进位方式中,以低位片的进位输出信号作为高位片的工作状态控制信号(计数的使能信号),两片的 CP 输入端同时接计数输入信号。

两片计数电路的进制不同($N_1 \neq N_2$)时,应先将两个计数电路分别接成 N_1 进制计数器和 N_2 进制计数器,然后再以串行方式或并行方式将它们连接起来。

(1) 由两片 74LS160 以串行进位组成的一百进制同步加法计数器。

如图 6-29 所示,当低位片 74LS160(1)在计到 9 之前,其进位位 RCO 输出为 0,高位片 74LS160(2)无输入信号。当 74LS160(1)计到 9 时,RCO 端输出高电平,输入到 74LS160(2)的时钟信号输入端,当第 10 个计数脉冲到达后,74LS160(1)计为 0(0000)状态,RCO 输出低电,从而在 74LS160(2)的时钟输入端产生一个负脉冲,于是 74LS160(2)进入计数状态,显示 1(0001)。

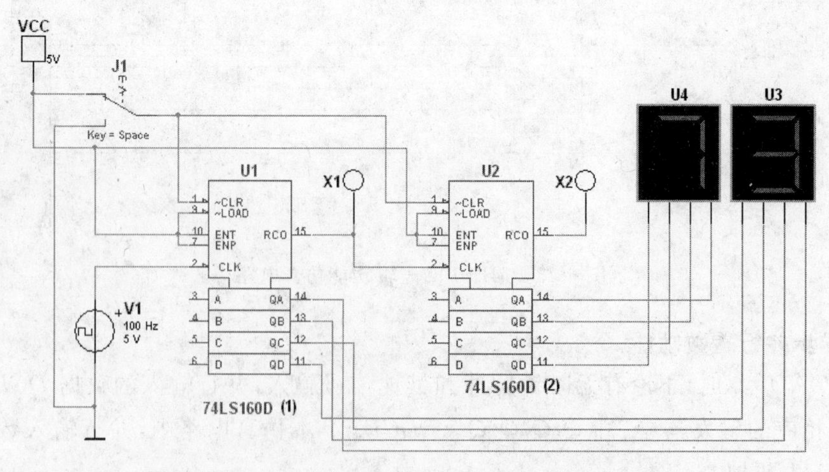

图 6-29　串行进位组成的一百进制同步加法计数器

2. 由两片 74LS160 以并行进位组成的一百进制同步加法计数器

图 6-30 所示是按并行进位方式连接而成的一百进制加法计数器电路。当计数脉冲

信号到达后，使74LS160(1)工作在计数状态，即ENT＝ENP＝1，以74LS160(1)的进位输出作为74LS160(2)的使能输入。每当74LS160(1)计到9(1001)时，RCO端输出变为高电平，当下一个CP信号到达时，74LS160(2)进入计数工作状态，计入一个数，而74LS160(1)计成0(0000)，它的RCO端回到低电平。也就是说，74LS160(1)每计10个数(0～9)时，74LS160(2)计入1个数，如此即可完成一百进制计数。

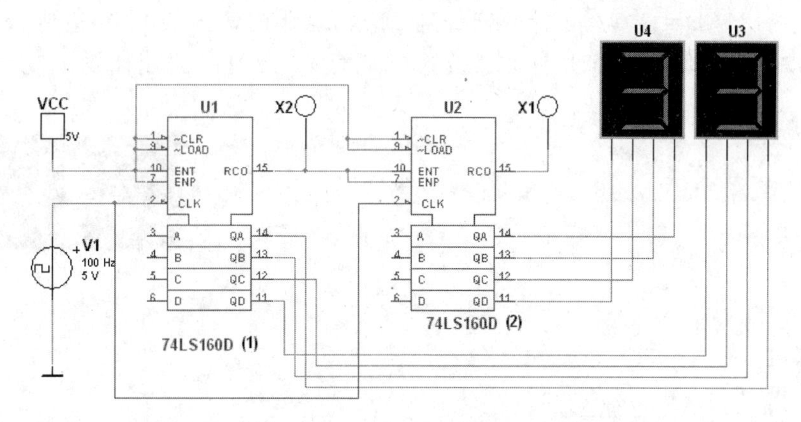

图6-30　并行进位组成的一百进制同步加法计数器

6.4.2　整体置0方式和整体置数方式

(1) 整体置0方式是首先将两片N进制计数器按最简单方式接成大于M进制的计数器，然后在计数器计为M状态时译出异步置零信号，将两片N进制计数器同时置0。

图6-31所示为两片同步十进制加法计数器74LS160构成的六十进制计数器。十进制数60对应的8421BCD码为01100000，所以，当计数器计到60时，计数器的状态为01100000，通过与非门使两片74LS160同时被置0，从而实现六十进制计数。

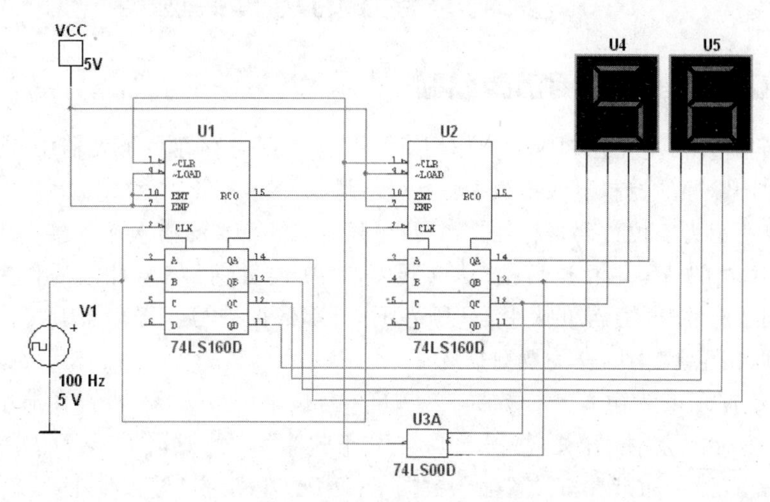

图6-31　用整体置0法构成六十进制同步计数器

(2) 整体置数法是将两个N进制计数器用最简单的连接方式接成一个大于M进制

的计数器，然后选定某一状态下译出$\overline{LOAD}$信号，将两个 N 进制计数器同时置入适当的数据跳过多余的状态，获得 M 进制计数器，采用这种接法要求已有的 N 进制计数器必须具有预置数功能。

如图 6-32 所示，将两个 74LS160 用整体置数法接成二十三进制计数器电路，74LS160 具有同步并行置数功能，二十三进制的二进制代码为 $S_{23-1}=S_{22}=00100010$，反馈置数函数为$\overline{LOAD}=\overline{Q_B'Q_B}$，当计数器计到 22 时，与非门输出低电平，迫使 LOAD=0，在输入第 23 个计数脉冲 CP 时，计数器被置 0，从而实现二十三进制计数。

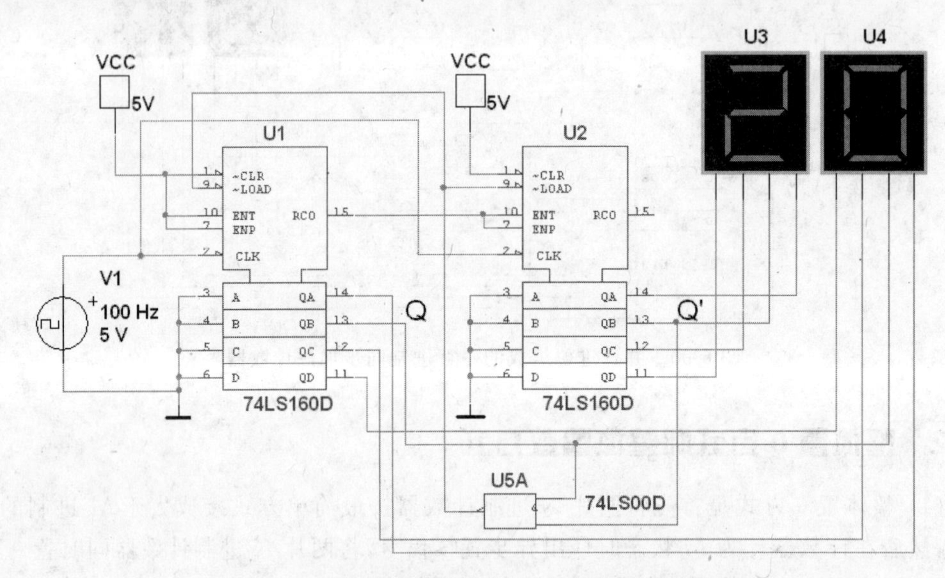

图 6-32　用整体置数法构成二十三进制同步计数器

6.5　数码寄存器的仿真实验

6.5.1　4 位数码寄存器的仿真实验

基本数码寄存器是在控制脉冲的作用下把并行数据寄存在各触发器中，当需要读取数据时，再在读脉冲的控制下取出数据。

图 6-33 所示为 4 位数码寄存器，4 个 D 触发器 74LS74 的输入端各接一个逻辑电平开关，4 个触发器的清零端相连后接“清 0 开关”，4 个时钟信号 CP 相连后作为写入数据脉冲端，接到单脉冲开关，当单脉冲为上升沿时，外部数据被写入寄存器中，4 个与门的一个输入端并联接至单脉冲，作为读数据脉冲。

仿真开始首先设置输入并行数据 $D_3D_2D_1D_0$，按动清 0 开关，将寄存器中各触发器“清 0”，然后按动“写脉冲”开关，使其产生一个“正脉冲”信号，这时 $D_3D_2D_1D_0$ 4 位二进制数据被写进寄存器。如果重新设置输入数据 $D_3D_2D_1D_0$，没有“写脉冲”信号产生，新的数据是无法写进去的。当需要从寄存器读出数据时，必须按动“读脉冲”开关，同样让它产生一个“正脉冲”信号，这样数据就可以被取走了。

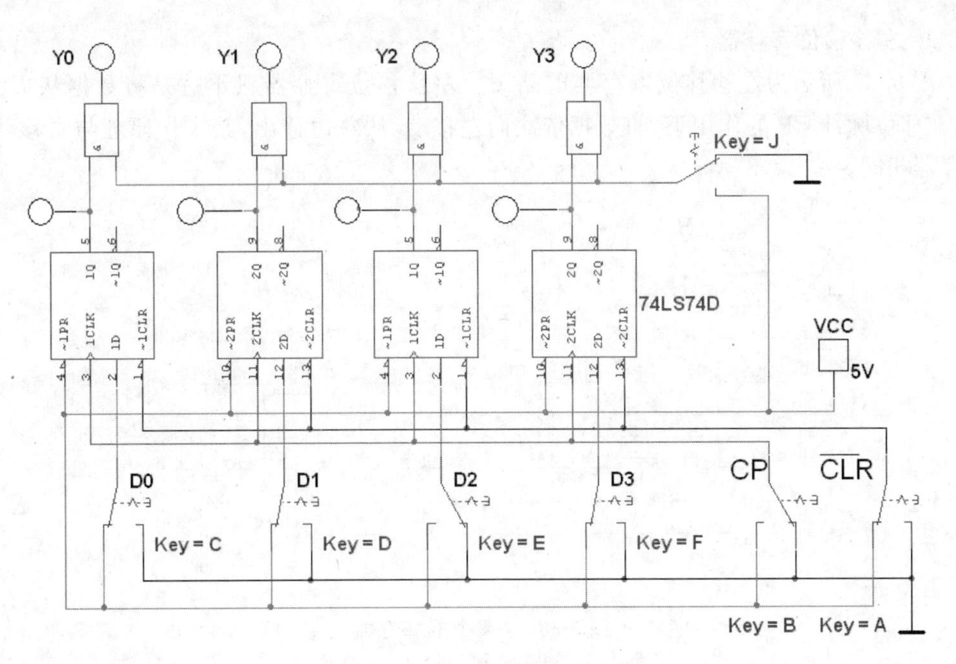

图 6-33　4 位二进制数码寄存器

6.5.2 移位寄存器的仿真实验

1. 右移移位寄存器

图 6-34 所示是由 4 个上升沿触发的 D 触发器构成的可实现右移操作的 4 位移位寄存器电路。D_0 为右移串行数据输入端，时钟信号源产生移位脉冲 CP 信号，仿真开始，首先将各触发器"清 0"，用单刀双掷开关产生串行输入数据，$D_3D_2D_1D_0=1010$，先将数码 D_3 送到输入端，依次送 D_2、D_1，最后输入 D_0，经过 4 个移位脉冲后，$D_3D_2D_1D_0$ 分别出现在 4 个触发器的输出端，这样就可以将串行输入数据转换为并行数据从 Q_3、Q_2、Q_1、Q_0 输出。再经过 4 个移位脉冲CP 的作用，1010 以串行右移方式从 Q_3 移出寄存器。

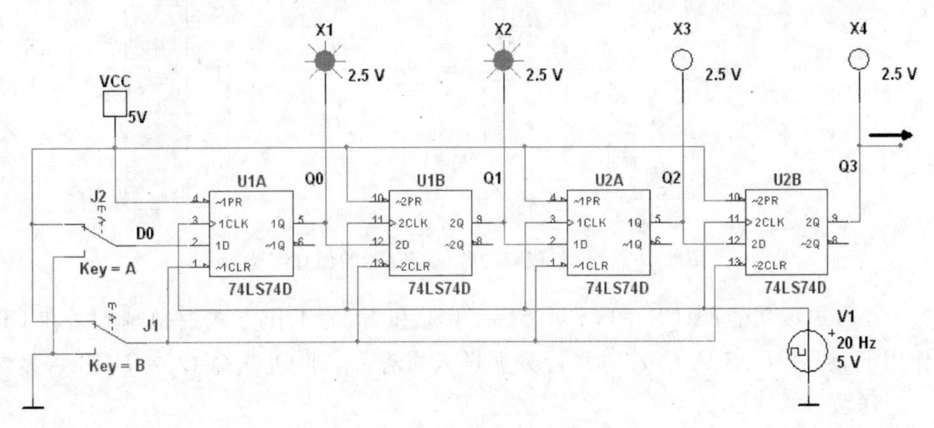

图 6-34　右移移位寄存器

2. 左移移位寄存器

图 6-35 所示为左移移位寄存器电路图。左移移位寄存器只不过是将数据从 D_3 输入，在移位脉冲 CP 的作用下，将数据依次向左移动，从左边移出，其工作原理与右移移位寄存器相同。

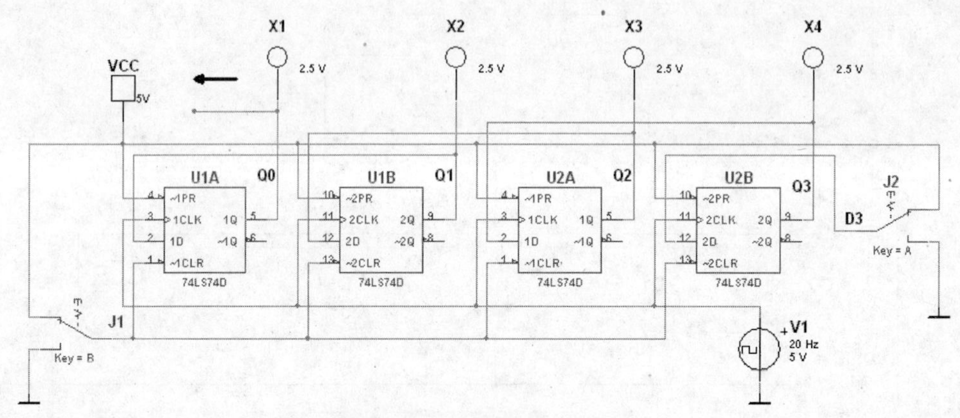

图 6-35　左移移位寄存器

3. 4 位集成双向移位寄存器 74LS194 的仿真

图 6-36 所示为 4 位双向移动寄存器 74LS194 的双向移位电路图，图中 CLR 为置 0 端，低电平有效，当$\overline{\mathrm{CLR}}=0$ 时，双向移位寄存器置 0，即 $Q_DQ_CQ_BQ_A=0000$，74LS194 具有以下功能。

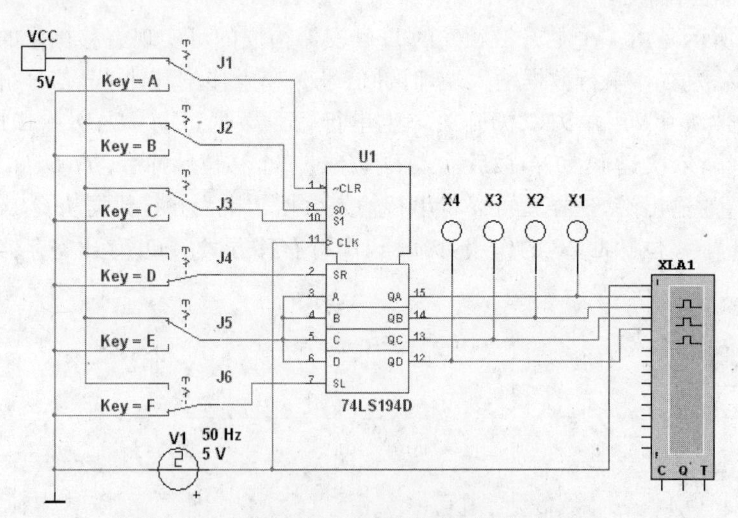

图 6-36　4 位集成双向移位寄存器的仿真实验

(1) 并行送数功能：$\overline{\mathrm{CLR}}=1$，$S_0=S1=1$（$S_0$ 和 S_1 为工作方式控制端）时，在 CP 上升沿作用下，从 D、C、B、A 输入的并行数据送入寄存器，即 $Q_DQ_CQ_BQ_A=DCBA$，显然是同步并行送数。

(2) 左移串行送数功能：当$\overline{\mathrm{CLR}}=1$，$S_1S_0=10$ 时，在 CP 上升沿作用下，执行左移功能，从 S_L 端输入的串行数据依次送入寄存器，如图 6-37 所示。

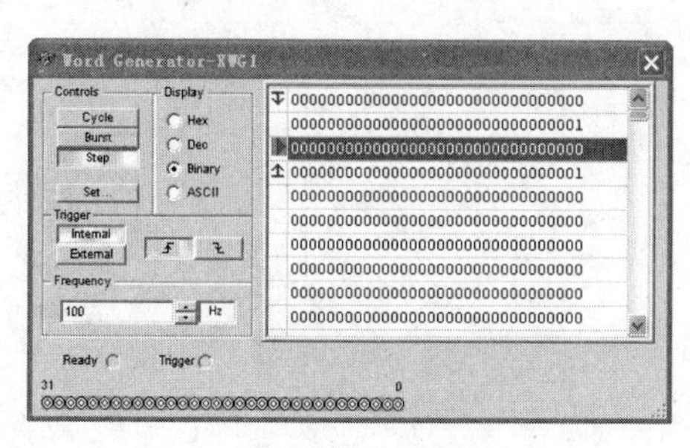

(a) 串行输入数据

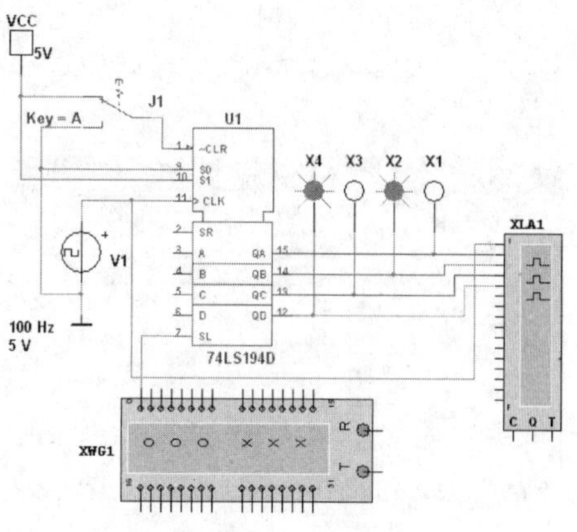

(b) 左移移位寄存器电路

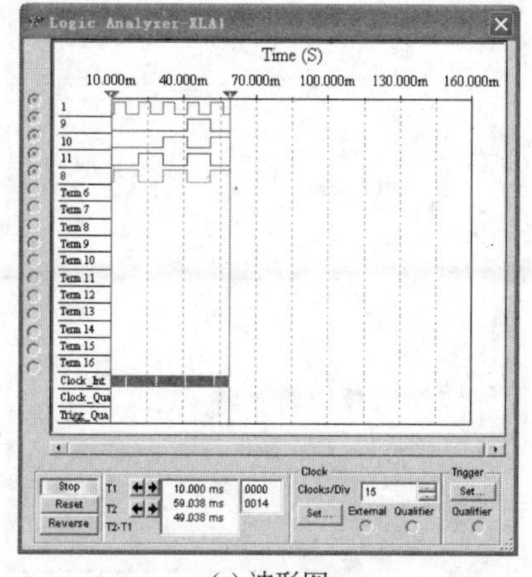

(c) 波形图

图 6-37　74LS194 左移串行送数电路

(3) 右移串行送数功能：当$\overline{CLR}=1$，$S_1S_0=01$ 时，在 CP 上升沿作用下，执行右移功能，从 S_R 端输入的串行数据依次送入寄存器，如图 3-38 所示。

6.5.3　移位寄存器的应用仿真

1. 环形计数器仿真

能够自启动的 4 位环形计数器电路如图 6-39 所示，它由 4 个 D 触发器组成，为同步时序逻辑电路。启动仿真开关后，可以看见触发器有 4 个状态：1000、0100、0010 和 0001，在 CP 脉冲驱动下周而复始地循环。

用逻辑分析仪观察可看出，Q_0、Q_1、Q_2、Q_3 输出的波形为一组顺序脉冲。在设置逻辑分析仪时，应选择内部触发，时钟频率设置为 1kHz。

2. 扭环计数器(约翰逊计数器)

图 6-40 所示为 4 位扭环计数器的电路图。仿真时，首先单击"清 0"开关，将 4 个触发器设置为 $Q_3Q_2Q_1Q_0=0000$ 状态，然后用手动开关向计数器输入计数脉冲，每当 CP 上升沿到达时，4 个触发器中只有一个触发器翻转。从实验可以看出，4 位扭环计数器共有

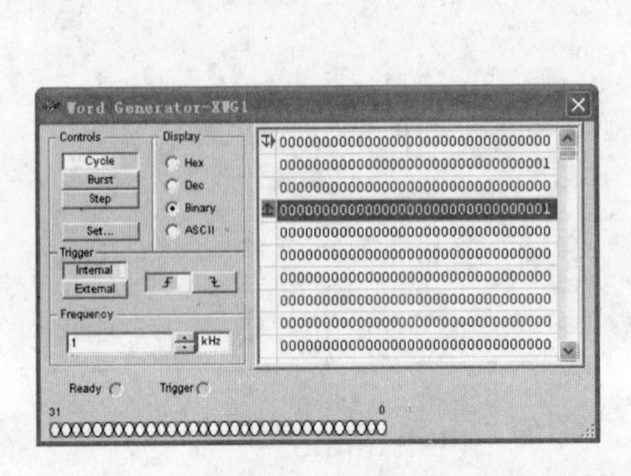

(a) 串行输入数据

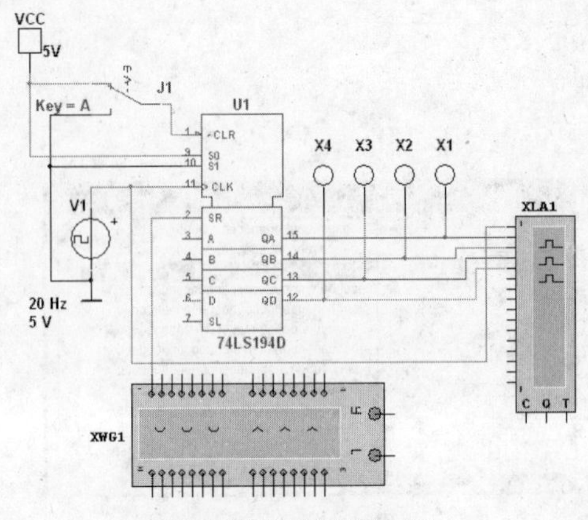

(b) 右移移位寄存器电路

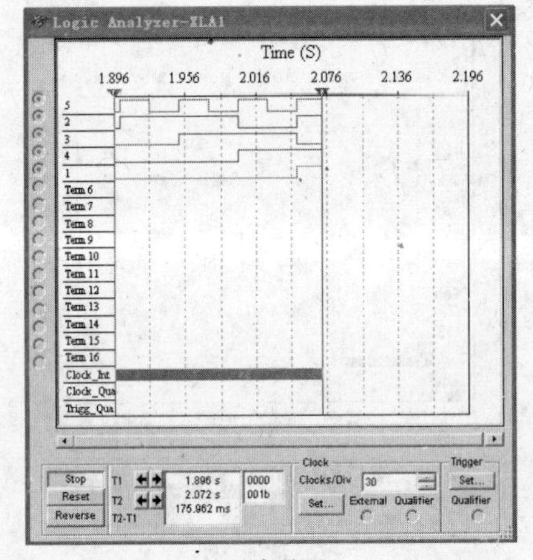

(c) 波形图

图 6-38　74LS194 右移串行送数电路

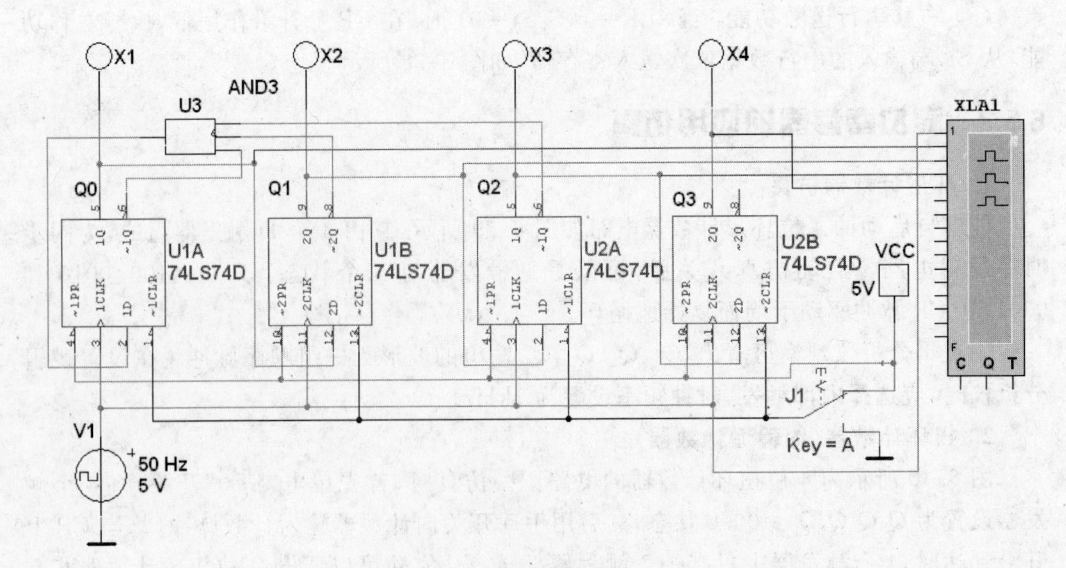

图 6-39　环形计数器仿真电路

8个有效工作状态，可计8个数，它们是0000、0001、0011、0111、1111、1110、1100、1000。用时钟信号源取代手动开关J2可以在逻辑分析仪中观察到的扭环计数器工作在有效状态时的波形。

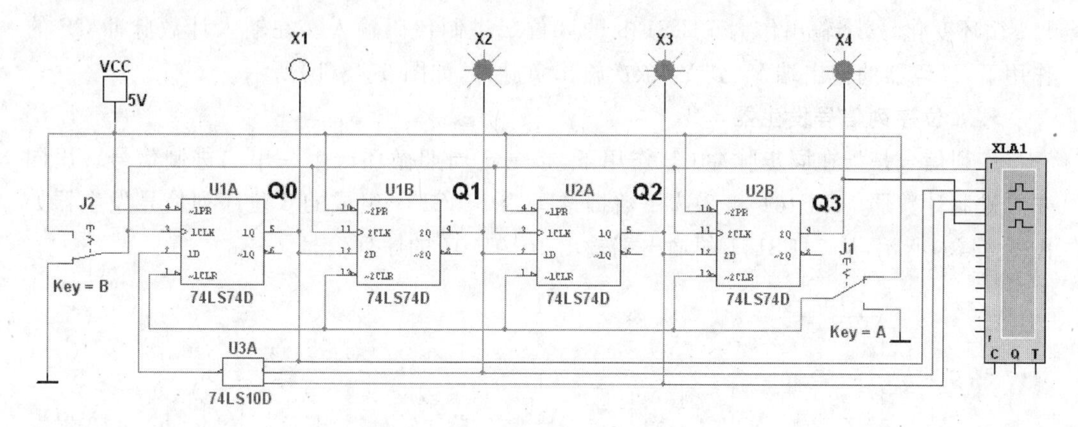

图6-40 扭环计数器

3. 由74LS194组成的扭环计数器

(1) 74LS194是4位双向移位寄存器，利用移位寄存器可以组成扭环计数器。图6-41所示是利用74LS194组成的七进制扭环计数器电路(七分频电路)，图中将Q_D和Q_C通过与非门加到右移数据输入端SR，构成七进制扭环计数器，从示波器中可以看出从Q_D端输出的方波频率为输入CP脉冲频率的七分之一，可见这是一个七分频的电路。

(2) 图6-42所示为74LS194组成的八进制扭环计数器，当由移位寄存器的第N位输出通过非门加到右移数据输入端SR时，构成$2N$进制扭环计数器，即偶数分频电路，这里是从第4位的Q_D端输出，所以是八进制扭环计数器，即输出信号频率是输入CP脉冲信号频率的八分之一，所以也称为8分频电路。

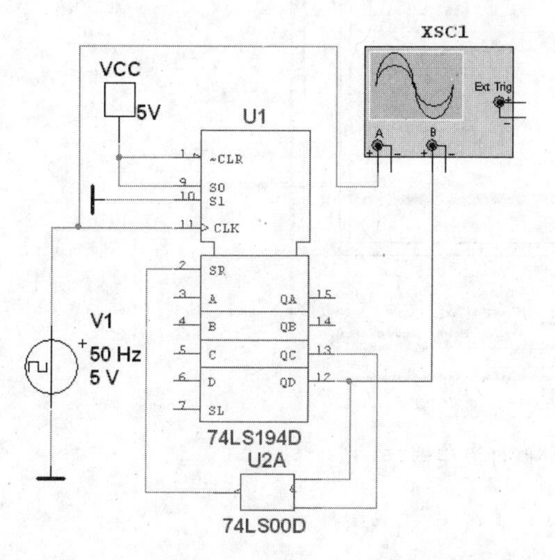

图6-41 74LS194构成七进制扭环计数器

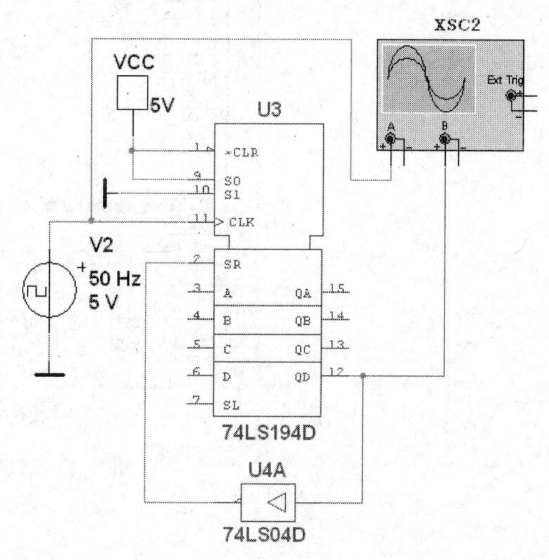

图6-42 74LS194构成八进制扭环计数器

4. 顺序脉冲发生器

图 6-43(a)所示为由同步二进制计数器 74LS161 和 3 线-8 线译码器 74LS138 构成的顺序脉冲发生器，由于 74LS161 输出 Q_C、Q_B、Q_A 的状态按自然二进制顺序从 000 到 111 循环变化，这个输出作为 74LS138 的 3 位二进制代码输入。在输入计数脉冲 CP 的作用下，译码器的输出端 Y_0 到 Y_7 依次输出负脉冲，如图 6-43(b)所示。

5. 8 位序列信号发生器

序列信号是指在同步脉冲 CP 作用下，按一定周期循环产生一串二进制信号。用同步二进制计数器 74LS161 和 8 选 1 数据选择器 74LS151 组成的 8 位序列信号发生器如图 6-44(a)所示，从 74LS151 的输出端输出 10101001 的序列信号。

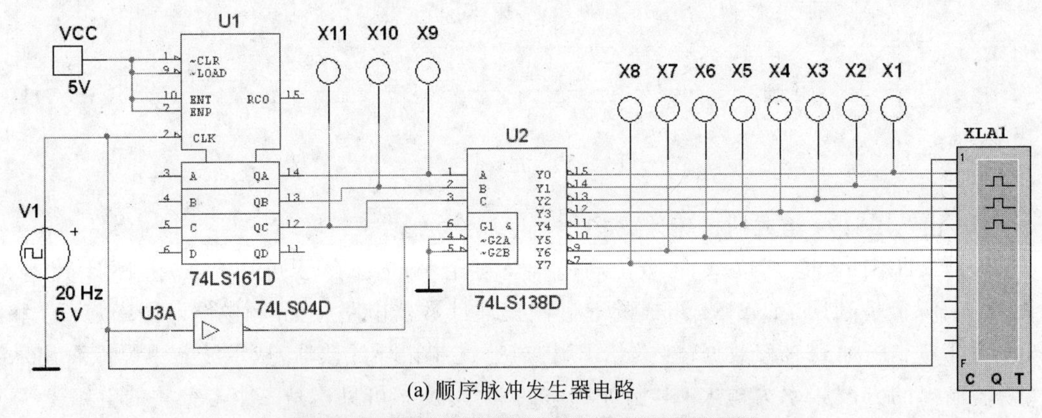

(a) 顺序脉冲发生器电路

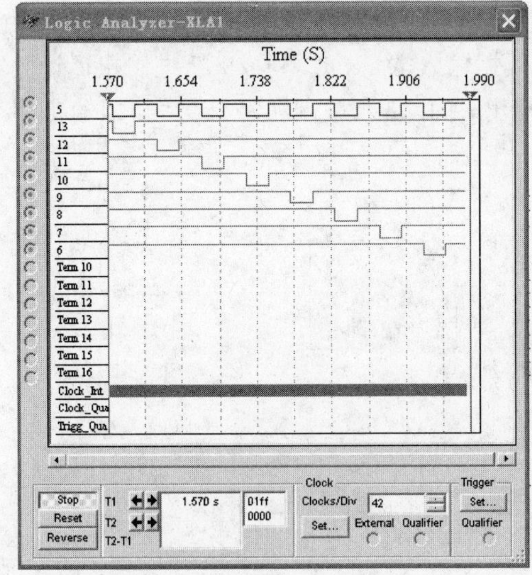

(b) 顺序脉冲发生器波形图

图 6-43 顺序脉冲发生器

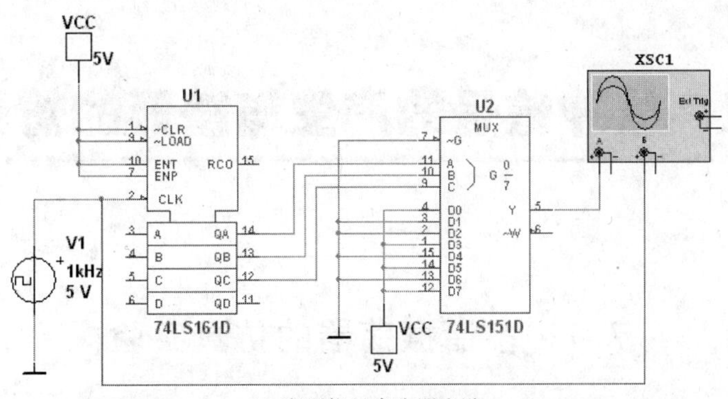

(a) 序列信号发生器电路

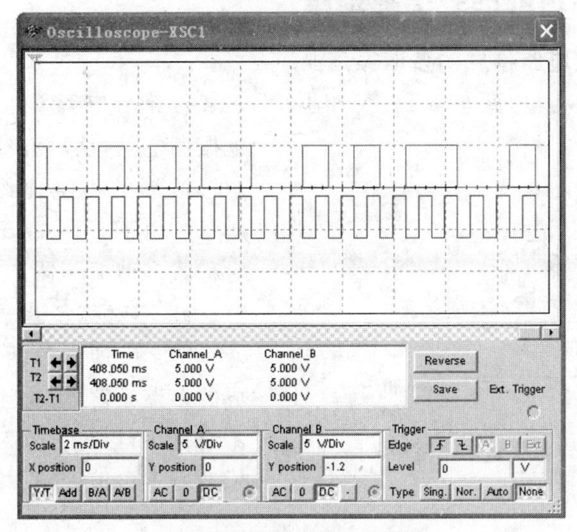

(b) 序列信号发生器输出波形

图 6-44　8 位序列信号发生器

第7章　脉冲信号的产生与整形的仿真实验

7.1　多谐振荡器的仿真实验

7.1.1　由门电路构成的多谐振荡器

1. 采用TTL门电路构成的多谐振荡器

对称式多谐振荡器由两个TTL反相器74LS04经耦合电容C_1、C_2连接起来的正反馈振荡电路，从示波器中可以看出输出的矩形波形的占空比约为50%，如图7-1所示。由于$C_1=C_2$，$R_1=R_2$，所以称之为对称式多谐振荡器。

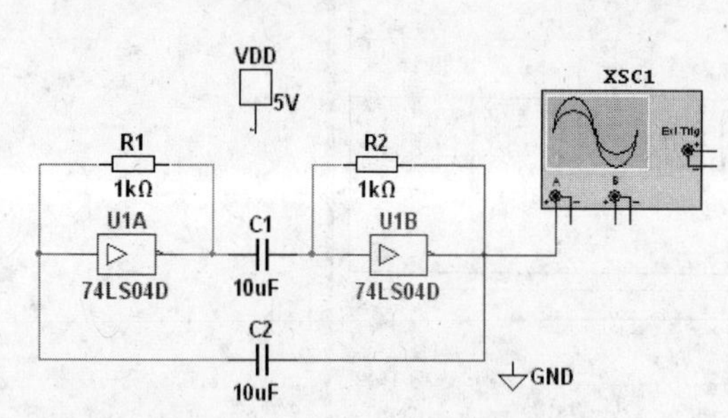

图7-1　TTL对称式多谐振荡器电路

2. 不对称多谐振荡器

图7-2所示为两个CMOS反相器构成的多谐振荡器，由于两个非门外部电路不对称，所以称为不对称多谐振荡器。从示波器上可以看出，输出波形的点空比约为50%。

3. 门电路无稳态环形振荡器

利用门电路的传输延迟时间，将奇数个反相器首尾相连接成环形，故称环形振荡器。由CMOS反相器构成的环形振荡器具有结构简单、功耗低的优点。但是这种利用反相器的延时特性构成的环形振荡器，只能产生高频信号，电路的振荡周期$T=2ntpd$(n为串联反相器个数，tpd为反相器的传输时间)，占空比约为50%，电路图如图7-3所示。

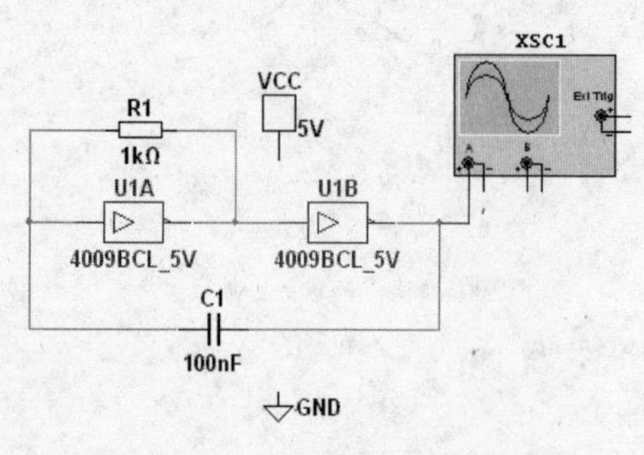

图7-2　CMOS不对称比谐振荡器

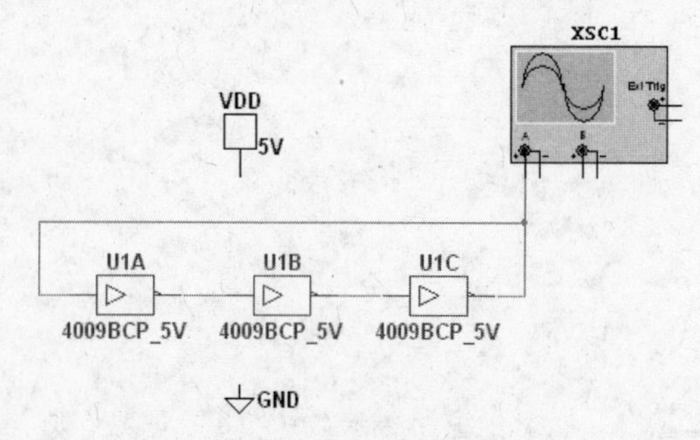

图7-3　环形多谐振荡器

为了构成低频和超低频环形振荡器，一种解决方法是在上述电路的基础上附加 RC 延迟环节，组成带有 RC 延迟电路的环形振荡器，电路图如图 7-4 所示，通常 RC 电路产生的延迟时间远远大于门电路的传输时间，所以在计算振荡周期时可以只考虑 RC 电路的作用，而忽略门电路的传输时间，对于 TTL 门电路，振荡周期 $T\approx 2.2RC$。

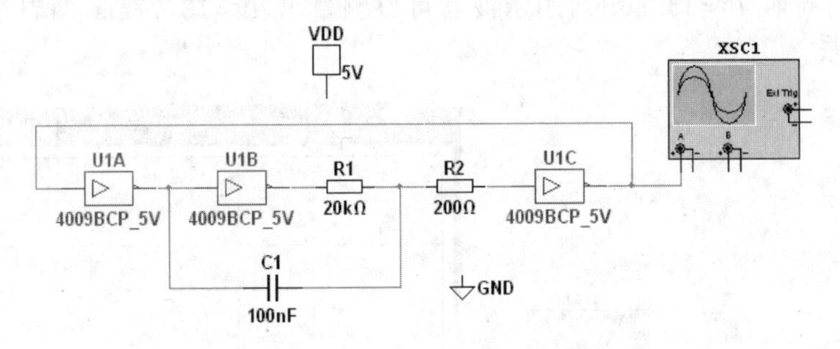

图 7-4　有 RC 延迟电路的环形振荡器

7.1.2　石英晶体振荡器的仿真

1. CMOS 石英晶体振荡器

上述用门电路构成的多谐振荡器，振荡频率容易受温度、电源电压的变化等因素的影响，频率稳定度较差。由于石英晶体具有极高的频率稳定性，而且品质因数又高，因此它有极好的选频特性。石英晶体多谐振荡器的振荡频率只取决于石英晶体的固有频率 f_0，而与外接的 R、C 元件参数无关。CMOS 石英晶体多谐振荡器电路如图 7-5 所示，从示波器屏幕上可以看到矩形波信号。

2. TTL 石英晶体振荡器

图 7-6 所示为 TTL 门电路和石英晶体构成的多谐振荡器电路，图中 $R_1=R_2$，$C_1=C_2$，R_1 和 R_2 的作用是保证两个反相器在静态时都能工作在线性放大区，C_1 和 C_2 是耦合电容。

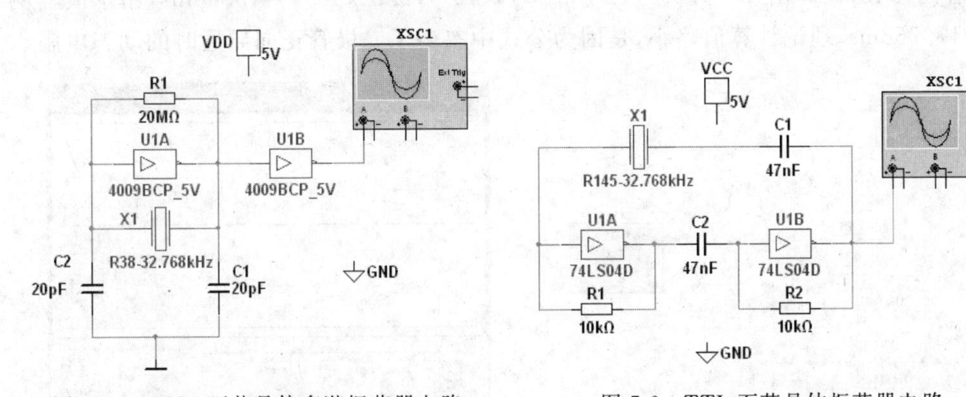

图 7-5　CMOS 石英晶体多谐振荡器电路　　　　图 7-6　TTL 石英晶体振荡器电路

7.1.3　555 定时器构成的多谐振荡器

(1) 图 7-7(a)所示为 555 定时器构成的多谐振荡器电路。该电路充电时经过 R_1、

R_2 两个电阻，而放电时只经过 R_2 一个电阻，两个暂稳态时间不相等，$T_1=0.69(R_1+R_2)C$，$T_2=0.69R_2C$，故矩形波周期 $T=0.69(R_1+2R_2)C$，占空比 $q=\dfrac{R_1+R_2}{R_1+2R_2}$，采用这种电路产生的矩形波的占空比始终大于50%。根据图7-7(a)电路的参数可以用公式计算出矩形波的周期 $T\approx13.86\text{ms}$，用示波器可以测量出 $T\approx13.77\text{ms}$，两者十分接近，如图7-7(b)所示。

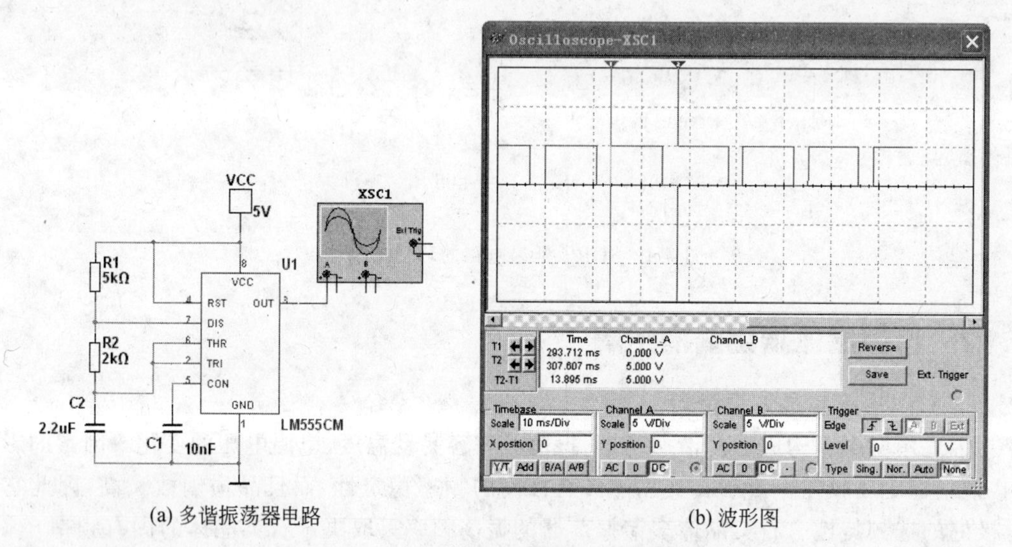

(a) 多谐振荡器电路　　(b) 波形图

图7-7　555定时器构成的多谐振荡器

(2) 图7-8(a)所示为占空比可调的多谐振荡器电路，目的是得到占空比等于或小于50%的矩形波。该电路的振荡周期 $T\approx0.7(R_1+R_2+R_P)C$，当电位器 R_P 的滑动臂调节到中间位置时，该振荡器产生的矩形波的占空比为50%，即输出为方波，根据电路图中电阻、电容的参数，计算出 $T=0.69\times(2+2+5)\times10^3\times2.2\times10^{-6}=13.66\text{ms}$，用示波器测出 $T=17.768\text{ms}$。理论计算值略小，是因为公式中忽略了二极管正向导通时的动态电阻。

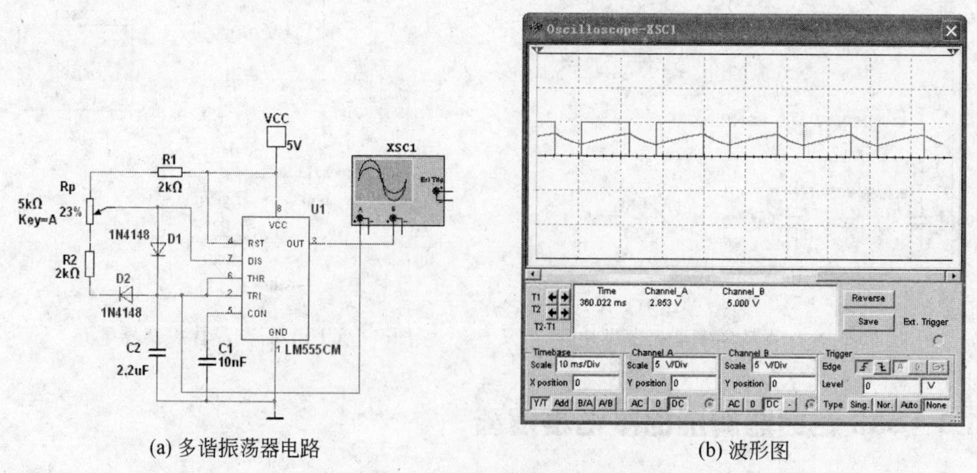

(a) 多谐振荡器电路　　(b) 波形图

图7-8　占空比可调的多谐振荡器

7.1.4　555 定时器的应用

案例 7-1：秒脉冲信号发生器。

图 7-9 所示是用 555 定时器作为多谐振荡器时产生 $T=1\text{s}$ 的矩形波信号，由于 $T=1\text{s}$，所以称为秒脉冲电路。图中选择 $R_1=40\text{k}\Omega$，$C_1=10\mu\text{F}$，根据公式 $T=0.7\times(R_1\times 2R_2)C_1$，求出 $R_2=51.4\text{k}\Omega$，所以在 R_2 上串联了一个 $2\text{k}\Omega$ 的可变电阻器作频率微调。从示波器上可以测出 T，占空比约为 64%。

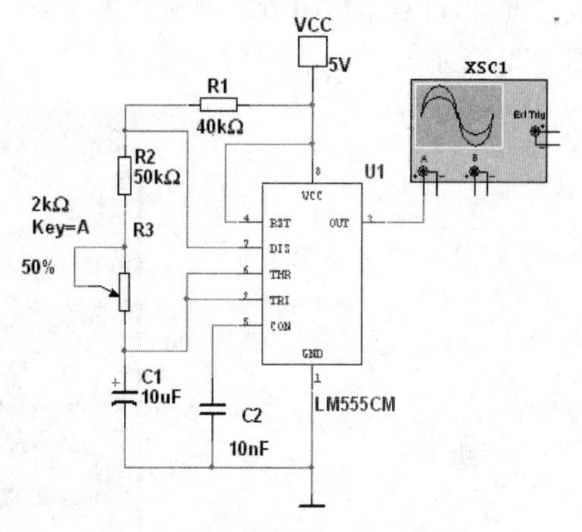

图 7-9　秒脉冲信号发生器

案例 7-2：模拟声响电路。

图 7-10 所示是为两个多谐振荡器构成的模拟声响电路。第一个多谐振荡器的频率 $f_1=1\text{Hz}$，即秒脉冲发生器，故选择 $R_1=40\text{k}\Omega$，$R_2=52\text{k}\Omega$，$C_1=10\mu\text{F}$。第二个多谐振荡器的频率确定为 1kHz，选择 $R_3=R_4=5\text{k}\Omega$，$C_4=100\text{nF}$。接通电源，扬声器会发生呜呜的间歇声响。它的工作原理是这样的：多谐振荡器 1 的输出电压 U_{01} 接到多谐振荡器 2 的复位端(4 脚)，当 U_{01} 为高电平时振荡器 2 振荡，扬声器发生声响；当 U_{01} 输出低电平时，振荡器 2 复位停止振荡，扬声器停止发生。

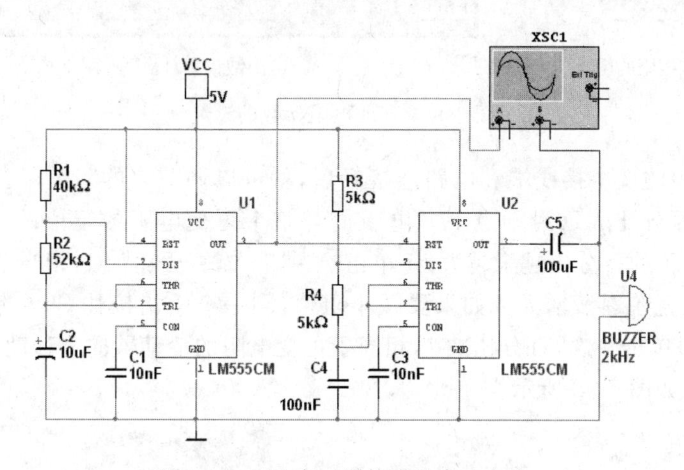

图 7-10　555 定时器构成的声响电路

7.2　555 定时器的仿真实验

7.2.1　555 定时器逻辑功能的仿真测试

在介绍 555 定时器之前，首先介绍 Multisim 10 中可变电阻(或者叫电位器)的使用方法，可变电阻的查找：Place Basic→POTENTIOMETER，选取 10kΩ 可变电阻将其拖曳到电路工作区后单击放下。双击可变电阻图标，弹出 Potentiometer 对话框，其中 Value(参数)选项卡中有三个可选项：Resistance(R)(可变电阻的阻值，元件符号旁边显示的数值指两个固定端之间的阻值)、Key(控制可变电阻滑动臂的键名，默认为A，也可以单击下拉箭头，选择其他的键名)、Increament(增量，调节可变电阻的阻值时，每单击一次按键时，可变电阻阻值的增加量或减少量)。增量以百分比的形式显示，最小为1%，如图 7-11 所示。

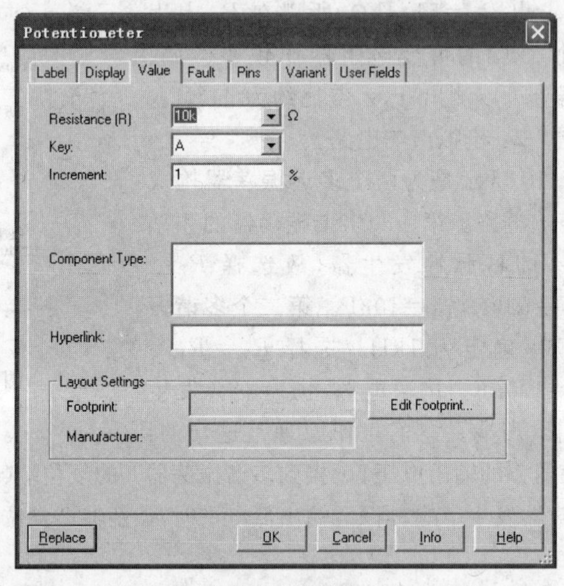

(a) 可变电阻的图　　(b) 参数设置对话框

图 7-11　可变电阻参数的设置

当可变电阻的 3 个接线端和电路连接好后，就可以调节它的阻值了。在图 7-13 中，元件符号旁的百分比表示滑动点下方电阻值与整个可变电阻的阻值的百分比，单击 A 键，可以看见显示的百分比越来越大，每单击 A 键 1 次，百分比加 1，相当于滑动臂向上移动，可变电阻阻值在逐渐增大。如果要减小阻值，则一个手指按住 Shift 键不放，另一手指单击 A 键，每单击一次，百分比减 1，相当于可变电阻的滑动臂向下移动，可变电阻的阻值在逐渐减小，如图 7-12 所示。

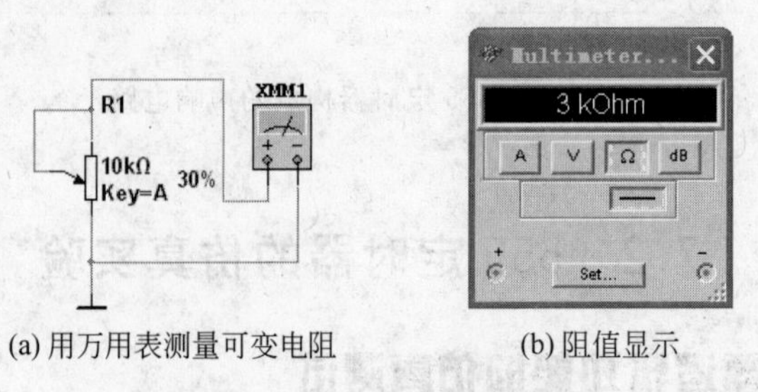

(a) 用万用表测量可变电阻　　(b) 阻值显示

图 7-12　可变电阻阻值的调整

555 定时器是目前在工业自动控制、仿声、电子乐器、防盗报警等方面获得了广泛应用的多功能器件。用它可以构成多谐振荡器、施密特触发器和单稳态触发器等脉冲产生和波形变换电路。555 定时器逻辑功能如表 7-1 所示,以便在对 555 定时器电路进行仿真实验时进行验证。

表 7-1 555 定时器功能表

输入			输出	
阈值输入(THR)	触发输入(TRI)	复位(RST)	输出(OUT)	放电端(DIS)
×	×	0	0	导通
$>\frac{2}{3}V_{CC}$	$>\frac{1}{3}V_{CC}$	1	0	导通
$<\frac{2}{3}V_{CC}$	$>\frac{1}{3}V_{CC}$	1	不变	保持原状态
$<\frac{2}{3}V_{CC}$	$<\frac{1}{3}V_{CC}$	1	1	截止

555 定时器逻辑功能仿真电路如图 7-13 所示。555 定时器有 8 个引脚,分别是 GND——1 脚,接地;TRI——2 脚,触发输入端;OUT——3 脚,输出端;RST——4 脚,复位端(也叫直接置 0 端,低电平有效);CON——5 脚,控制端;CON 端;不用时,通常外接 0.01μF 的去耦电容,以消除干扰,保证参考电压不变,参考电压为$\frac{2}{3}V_{CC}$。THR——6 脚,阈值输入端;DIS——7 脚,放电端;OUT——8 脚,输出端。

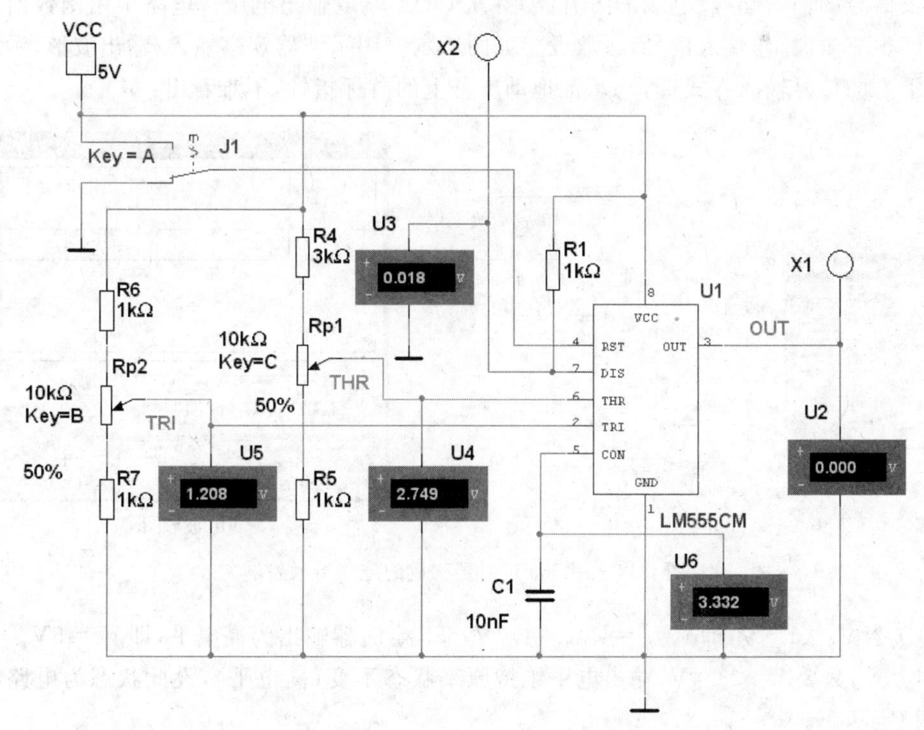

图 7-13 555 定时器逻辑功能仿真电路

仿真实验步骤如下：

① 直接置 0：将 RST 端通过开关接地，这时无论 TRI 和 THR 输入如何，输出端 OUT 为低电平，DIS 端同时也为低电平（内部放电管导通）。通常工作时，应将 RST 端接高电平。

② 调节电位器 R_{91} 和 R_{92}，当 $V_{THR}>3.4V$，$V_{TRI}>1.7V$ 时，输出端 OUT 电压为 0V，放电管导通。

③ 调节电位器 R_{91} 和 R_{92}，当 $V_{THR}<3.4V$，$V_{TRI}>1.7V$ 时，输出端 OUT 电压为高电平，放电三极管截止。

④ 调节电位器 R_{91} 和 R_{92}，当 $V_{THR}<3.4V$，$V_{TRI}>1.7V$ 时，触发器保持原状态不变。

555 定时器主要是与电阻、电容构成充放电电路，并由两个比较器来检测电容器上的电压，以确定输出电平的高低和放电开关的通断。这就很方便地构成从微秒到数十分钟的延时电路，可方便地构成单稳态触发器、多谐振荡器、施密特触发器等脉冲电路和波形变换电路。

7.3 施密特触发器的仿真实验

7.3.1 用 555 定时器组成的施密特触发器

如图 7-14 所示，将 555 定时器的阈值输入端 THR 和触发输入端 TRI 连在一起，作为触发信号的输入端，放电端 DIS 开路，并从 OUT 端取输出电压。电路中用函数信号发生器产生三角波，作输入信号，参数设置如图所示。用示波器观察输入、输出波形，示波器面板下方的信号输入方式选择 DC。拖动屏幕上的游标指针，不难看出：

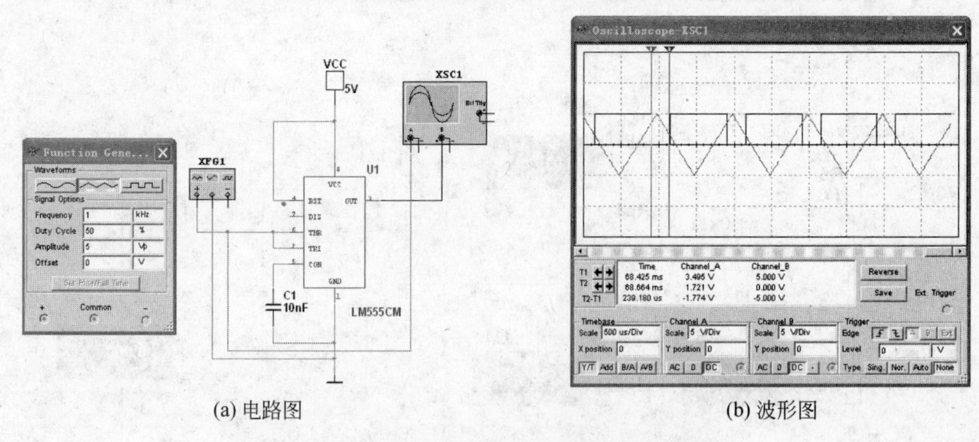

(a) 电路图　　(b) 波形图

图 7-14　用 555 定时器构成的施密特触发器

① 当 $V_1<1.7V$，即 $V_{THR}=V_{TRI}<1.7V$，555 定时器输出为高电平，即 $V_0=5V$。随着 V_1 的上升，只要 $V_1<3.4V$，输出电平维持原来状态不变（高电平），设此状态为电路的第一个稳定状态。

② 当 V_1 上升 $V_{THR}=V_{TRI}\geqslant 3.4V$ 时，触发器发生翻转，输出为低电平，即 $V_0=0V$，电

路由第一稳态翻转为第二稳态。电路的正向阈值电压 $V_{T+}=\frac{2}{3}V_{CC}=3.4V$，在示波器上可以测量出来。

之后，V_1 继续上升到最大值5V，接着又从5V开始下降，只要 $V_1>1.7V$，电路一直维持在第二个稳态不变。

③ 当 V_1 下降到 $V_1\leqslant 1.7V$ 时，电路再次翻转回第一稳态，电路的负向阈值电压 $V_{T-}=\frac{1}{3}V_{CC}=1.7V$。

通过仿真实验可知，施密特触发器有两个稳定状态，而这两个稳定状态的维持和转换完全取决于输入电压的大小。只要输入电压 V_I 上升到略大于 V_{T+} 或下降到略小于 V_{T-} 时，施密特触发器的状态都会发生翻转，从而输出边沿陡峭的矩形脉冲。

案例 7-3：数字逻辑笔电路。

图 7-15 所示是用于对数字逻辑电路进行测试的仪器，俗称逻辑笔，它是利用555电路的TRI端(引脚2)和THR端(引脚6)的置位和复位特性，可以构成一个对数字电路的逻辑状态进行测试的逻辑笔，逻辑笔上的红色发光二极管亮，表示电路上的被测点为1状态，反之如果逻辑笔上的绿色发光二极管亮，表示被测点为0状态。图中用手动开关代替逻辑笔的探头，当探头接触到高电平(3.4V以上)时，由555定时器构成的旋密特触发器输出低电平，所以红色发光二极管被点亮。当探头接触到低电平(1.3V以下)时，由555定时器构成的施密特触发器翻转输出高电平，所以绿色发光二极管点亮。

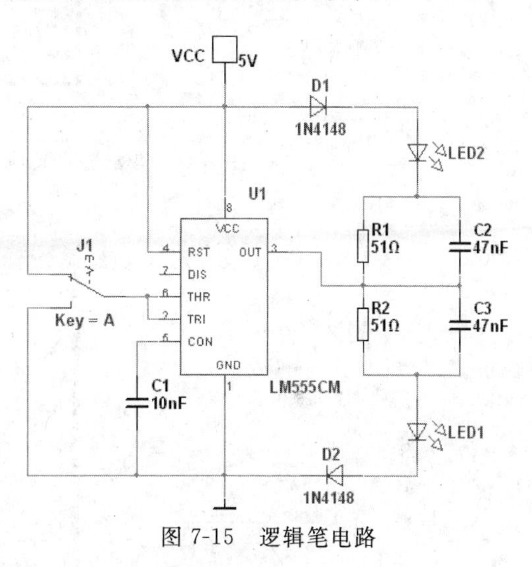

图 7-15 逻辑笔电路

7.3.2 集成施密特触发器

1. TTL 集成施密特触发器

图 7-16 所示为 TTL 集成施密特触发六反相器 74LS14 仿真测试电路，它是具有施密特触发器特性的反相器，图中给它输入一个 100Hz、最大值为 5V 的三角波电压，在示波器上可以测出它的正向阈值电压 $V_{T+}\approx 1.6V$，负向阈值电压 $V_{T-}\approx 0.8V$，这和 74LS14 参数是一致的。

2. CMOS 集成施密特触发器

CMOS 集成施密特触发六反相器 CC40106 的仿真测试电压如图 7-17(a)所示。它可以将变化非常缓慢的信号变换为上升沿和下降沿都很陡峭的矩形脉冲。图 7-17(b)所示为 $V_{DD}=5V$ 时的测量结果；$V_{T+}=3V$，$V_{T-}\approx 1.75V$，回差电压 $\Delta_{VT}=1.25V$。

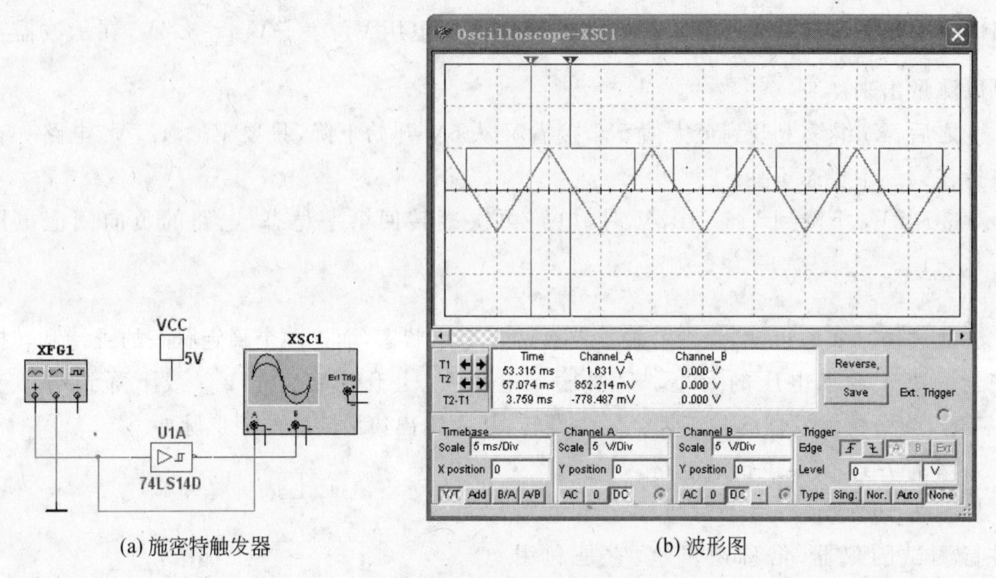

(a) 施密特触发器　　(b) 波形图

图 7-16　集成施密特触发器 74LS14 仿真电路

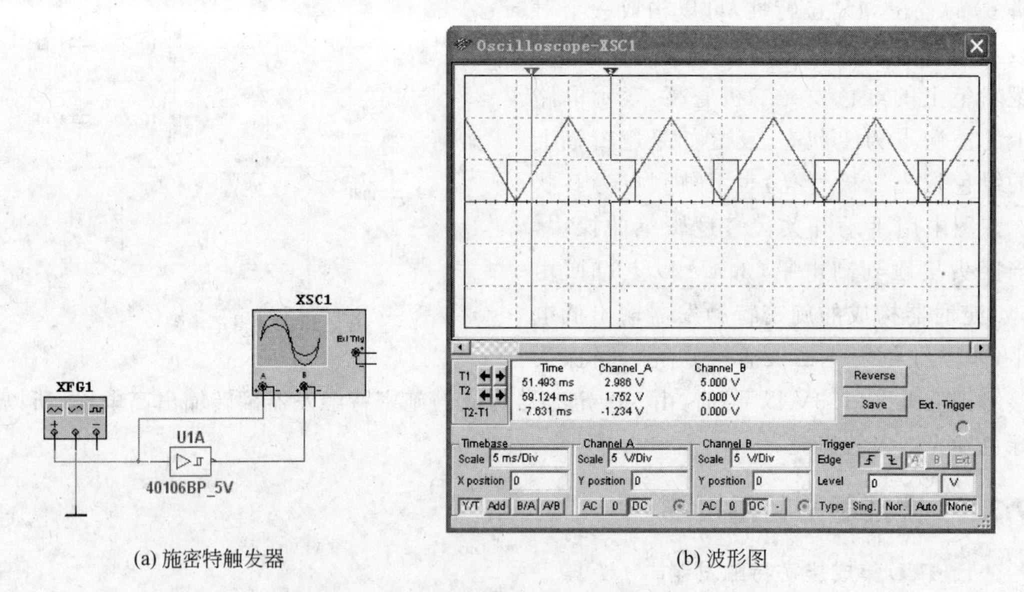

(a) 施密特触发器　　(b) 波形图

图 7-17　集成施密特触发器 CC40106 仿真电路

7.3.3 施密特触发器的应用

1. 用施密特触发器构成多谐振荡器

利用施密特触发器的回差特性可以构成多谐振荡器，电路如图 7-18 所示，当电源接通后，因为电容上的初始电压为 0V，所以输出高电平，并开始经电阻 R 向电容 C 充电。当充电使得输入电压 $V_1=V_{T+}$ 时，触发器输出跳变为低电平。电容 C 又通过电阻 R 开始放电，当放电使得 $V_1=V_{T-}$ 时，施密特触发器又跳变高电平。电容 C 又开始充电，如此周而复始，电路不停翻转，产生波形陡峭的矩形波信号。理论上证明振荡周期 $T=T_1+T_2=RC\ln\left(\frac{V_{DD}-V_{T-}}{V_{DD}-V_{T+}}\cdot\frac{V_{T+}}{V_{T-}}\right)$。

通过调节 R 和 C 的大小，即可改变振荡周期。在上图的基础上稍加修改就能实现对输出脉冲占空比的调节，电路如图 7-19 所示。在这个电路中，因为电容 C 的充电和放电，要经过两个电阻进行，只要改变可变电阻 R_2 滑动臂的位置，就能改变占空比。

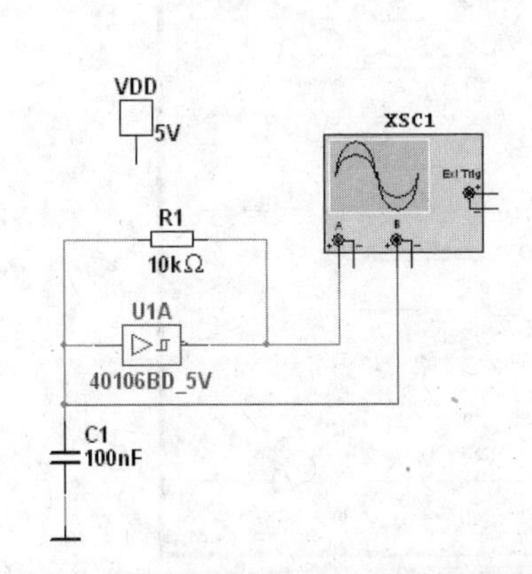

图 7-18　用施密特触发器构成的多谐振荡器

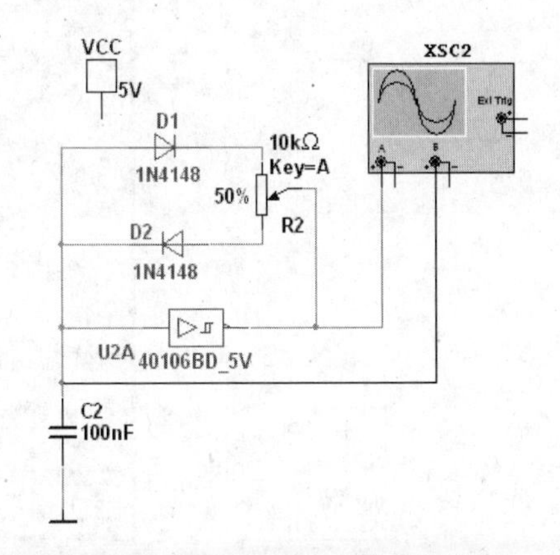

图 7-19　占空比可调的多谐振荡器

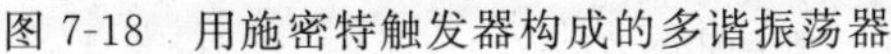

7.4　单稳态触发器仿真实验

7.4.1　用 555 定时器组成的单稳态触发器

单稳态触发器具有三个特点：第一，有一个稳态和一个暂稳态；第二，在外来触发脉冲的作用下，能够从稳态翻转为暂稳态；第三，暂稳态维持一定时间后将自动返回稳态，暂稳态维持的时间长短由电路中的 R、C 的参数。

由 555 定时器构成的单稳态触发器电路如图 7-21(a)所示。外来触发脉冲采用 PULSE_VOLTAGE(脉冲电压源)，它是这样找到的：选择 Place Source→SIGNAL_VOLTAGE_SOURCES(信号电压源)→PULSE_VOLTAGE 命令。接着对脉冲电压源进行设置，双击脉冲电压源图标，弹出 PULSE_VOLTAGE 对话框，设置如下：Initial Value(初始值)为 0V，Pulsed Value(脉冲幅值)为 5V，Period(周期)为 1ms，Pulsed Width(脉冲宽度)为 0.3ms，如图 7-20 所示。

现在开始仿真实验，从示波器上可以看出，单稳态触发器的稳定状态输出为 0V，单稳态触发器输出的脉冲宽度为暂稳态维持的时间，它实际上为电容 C_1 上的电压由 0V 充到 $\frac{2}{3}V_{CC}$(3.4V)所需要的时间，理论上暂稳态(高电平)维持的时间 $T_W=R_1C_1I_n3\approx1.1R_1C_1=1.1\times30\times10^3\times100\times10^{-9}=3.3\text{ms}$，用游标指针测量出的时间和理论计算值很接近，如图 7-21(b)所示。

改变可变电阻 R1 的值，可以发现暂稳态时间随之发生变化。

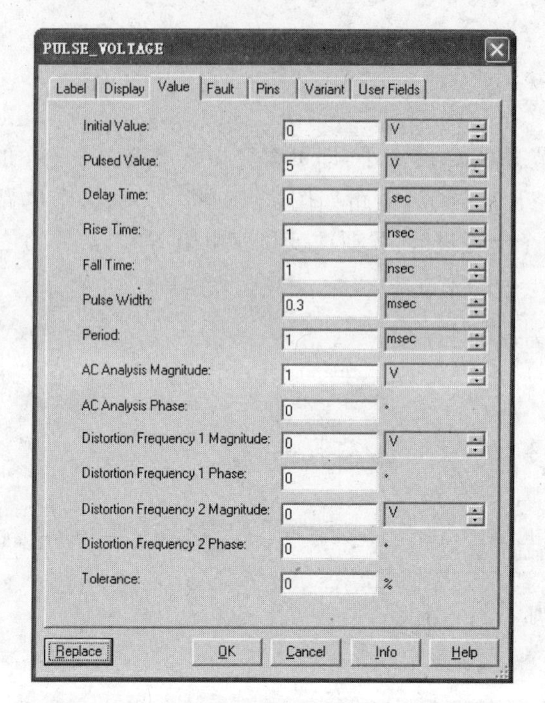

图 7-20　脉冲电压源参数的设置

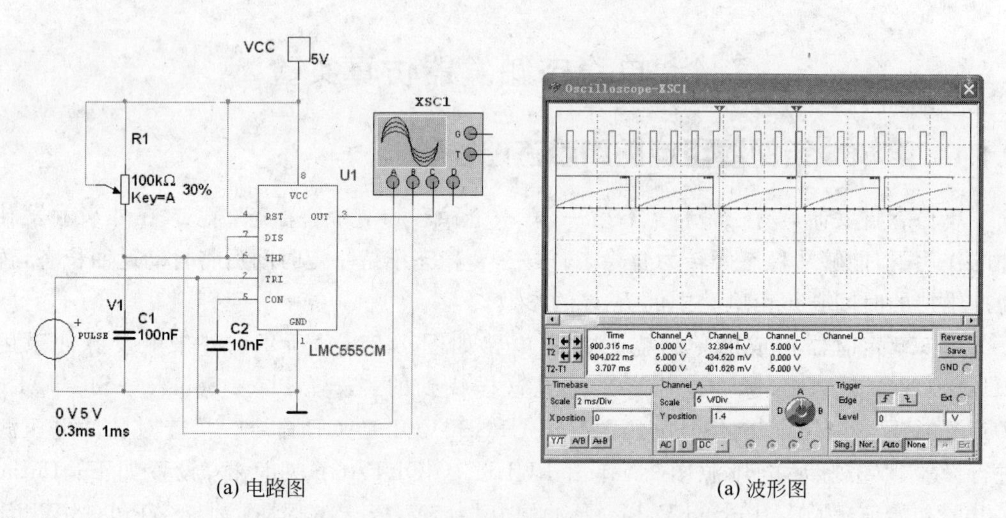

(a) 电路图　　　　(a) 波形图

图 7-21　用 555 定时器构成的单稳态触发器电路

7.4.2　集成单稳态触发器的仿真

1. 不可重复触发的单稳态触发器 74121

74121 是 TTL 型不可重复触发的集成单稳态触发器，它有 A1、A2 和 B 三个输入端，稳态时输出 $Q=0$，$\bar{Q}=1$。74121 主要作用是实现边沿触发的控制，有 3 种触发方式：一是 A1 或 A2 端用下降沿触发，这时要求另两个输入端为高电平；二是 A1 与 A2 同时用下降沿触发，此时应保证 B 端为高电平；三是在 B 端用上升沿触发，此时应保证 A1 或 A2

中至少有一个是低电平。具体使用时可选择输入端以决定上升沿触发或是下降沿触发。RTCT 端是外接定时电阻和定时电容的连接端，外接定时电阻阻值一般在 1.4kΩ～40kΩ；CT 是外接定时电容的连接端，外接定时电容容量一般为 10pF～10μF，外接定时电容接在 CT 端和 RTCT 端。RINT 为电路内部已设置的 2kΩ 定时电阻的引出端，若输出脉冲宽，可利用 74121 内部的 2kΩ 的定时电阻取代外部电阻（即外部不要接定时定阻。）当要求输出脉冲宽度很大时，仍需要用外接电阻。

图 7-22 所示是用 74121 构成的上升沿触发方式的不可重复触发的单稳态触发器电路，因为不使用内部 2kΩ 定时电阻，故 RINT 端呈开路状态。

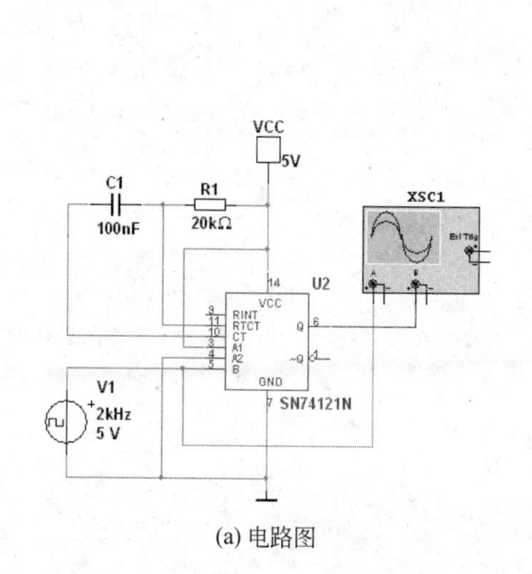

(a) 电路图

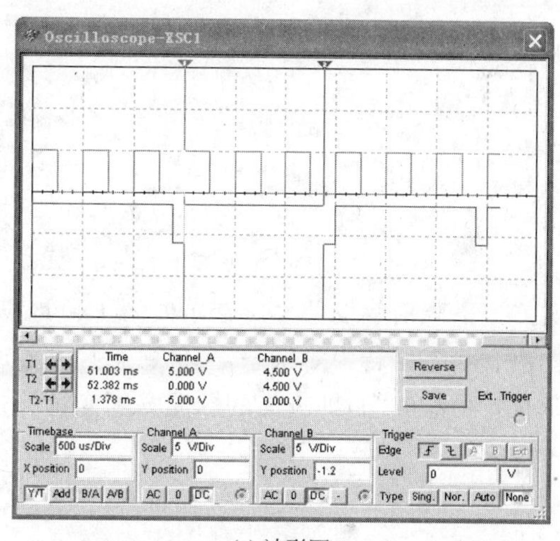

(a) 波形图

图 7-22　上升沿触发的单稳态触发器 74121

单稳态的输入触发信号的脉冲宽度必须小于电路输出脉冲的宽度，否则电路将不能正常工作。本电路中触发信号的脉冲宽度为 0.25ms。从示波器中可以看出：在暂稳态期间再次触发单稳态触发器对暂稳态时间没有影响，即输出脉冲宽度 t_w 不会改变，它只取决于 R 和 C 的大小，与触发脉冲无关。因此，74121 为不可重复触发型单稳态触发器。

图 7-23 所示为用 74121 构成的下降沿触发方式的不可重复触发的单稳态触发器电路，因为不使用内部 2kΩ 定时电阻，故 RINT 端呈开路状态。

不可重复触发单稳态触发器 74121 的输出脉宽 t_w 为暂稳态维持的时间，$t_w \approx 0.7RC = 0.7 \times 20 \times 10^3 \times 100 \times 10^{-9} = 1.4\text{ms}$，在示波器上用两条游标指针测出 $t_s = 1.5\text{ms}$，可见两者十分接近。

2. 可重复触发的单稳态触发器 74123

所谓可重复触发，是指在暂稳态结束之前，再次输入新的触发信号，则单稳态触发器将重新被触发，其结果使暂稳态的持续时间延长。被延长的时间为两次触发的间隔时间。

74123 为双可重复触发单稳态触发器，1A 为下降沿触发信号输入端，1B 为上升沿触发信号输入端，1CLR 为直接复位输入端，低电平有效。其他各外引线端的功能及外接电阻和电容的连接方法与 74121 相同。

图 7-24 所示是由 74123 构成的下降沿触发的单稳态触发器，为了仿真需要，用手动

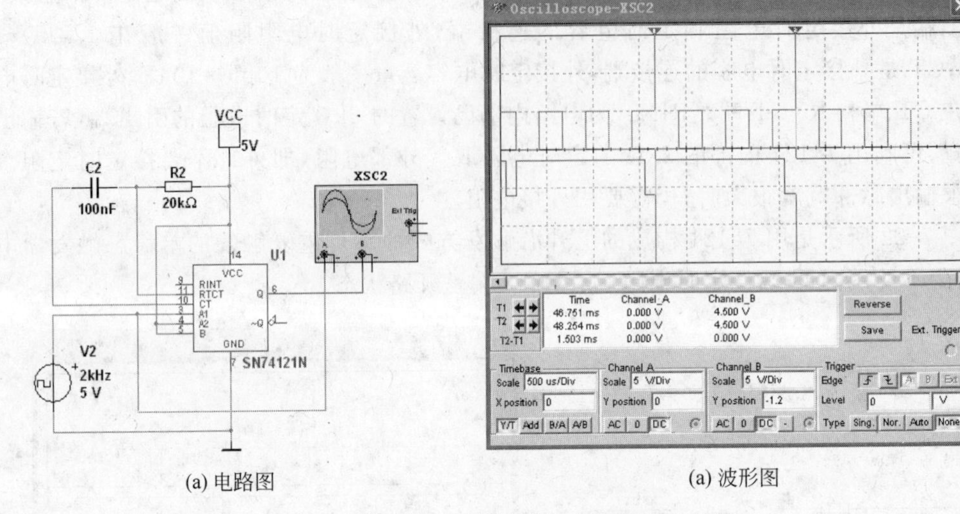

(a) 电路图　　　　(a) 波形图

图 7-23　下降沿触发的单稳态触发器 74121

开关产生下降沿触发信号。在示波器上可以发现：每当触发信号的下降沿时，单稳态触发器由 0 状态翻转为 1 状态，当单稳态触发器进入暂稳态期间再次进行触发时，电路又开始延长暂稳态时间，即输出的脉冲宽度变宽。

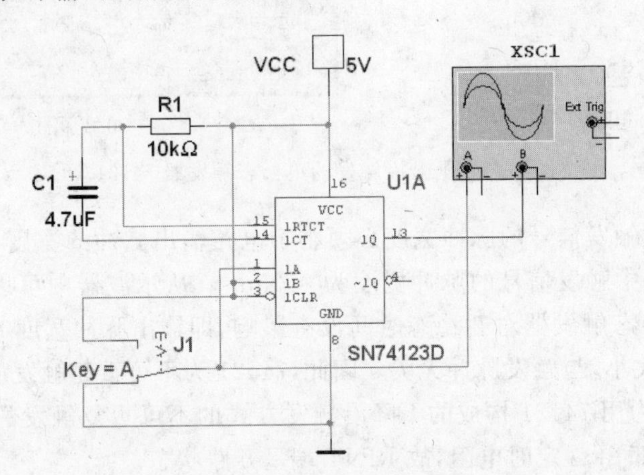

图 7-24　可重复触发单稳态触发器

7.4.3　555 定时器作单稳态触发器的应用

案例 7-4：触摸式报警器。

图 7-25 所示是触摸式报警电路。第一个 555 定时器和 R_1、C_1、C_2 组成了一个单稳态触发器。通常按钮 J_2 断开，触发端通过 R_4 接成高电平，单稳态触发器处于稳态，输出 U_{01} 为低电平。第二个 555 定时器为多谐振荡器，振荡器频率设置为 1kHz，由 R_2、R_3、C_3 决定振荡频率。当触摸端被触摸，相当于 TR 端接地，触发端被触发使单稳态触发器进入暂稳态，输出电压 U_{01} 变为高电平，使得多谐振荡器开始振荡，这时扬声器发出声响，同时发

光二级管也闪烁发光。由于单稳态触发器暂稳态只有维持一段时间，时间长短取决于 R_1 和 C_1，$t \approx 1.1R_1C_1$。暂稳态一过，扬声响不再发声，发光二极管也不再发光了。

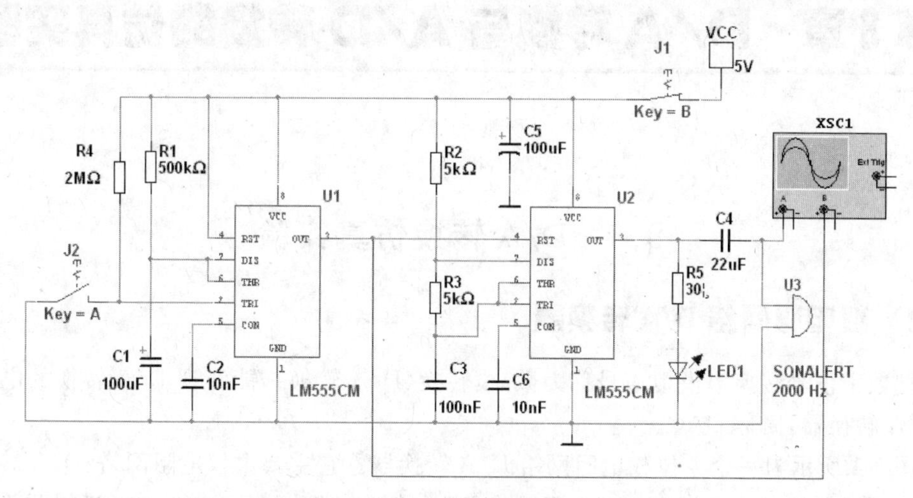

图 7-25　触摸式报警器电路

案例 7-5：触摸式延时开关。

生活中经常需要延时控制，如过道灯、楼梯灯等的控制，既实用方便，又节约能源。

图 7-26 所示是多用途延时开关的典型电路，555 定时器和 R_1、C_2、C_1 组成了一个单稳态触发器。通常开关是断开的，单稳态触发器的触发端 TRI 接高电平，触发器处于稳定状态，输出端为低电平，三极管也处于截止状态，继电器断开，灯泡不亮。当触摸开关被按下时，TRI 端接地，单稳态触发器翻转进入暂稳态，输出端输出高电平，三极管导通，继电器通电吸合，控制触点闭合使灯泡得电而发光。暂稳态维持的时间由 R_1 和 C_2 决定，即 $t=1.1R_1C_2$，经过暂稳态后，单稳态触发器又自动返回稳态，灯泡自动熄灭。

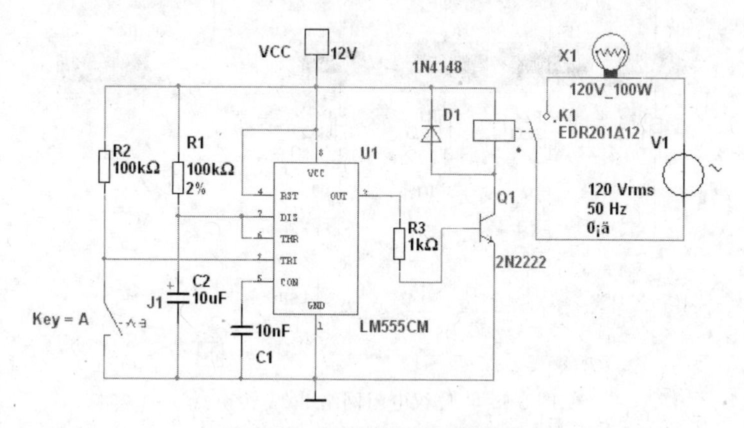

图 7-26　触摸式延时开关电路

第 8 章　D/A 转换与 A/D 转换的仿真实验

8.1　D/A 转换仿真实验

8.1.1　权电阻网络 D/A 转换器

把数字信号转换为模拟信号称为数/模转换(D/A 转换)，能实现 D/A 转换的电路称为 D/A 转换器，简称 DAC。

图 8-1 所示为一个 4 位权电阻网络 D/A 转换器。它主要由权电阻网络、D/A 转换电路和求和运算放大器等组成。权电阻网络 D/A 转换电路由电阻网络、电子模拟开关和基准电压 V_{ref} 组成，电阻值是按 4 位二进制数的位权大小取定的，最低位(LSB)对应的电阻值最大，为 8kΩ，然后依次减半，以高位(MSB)对应的电阻值最小，为 1kΩ。各电阻上端都接在一起，连接到求和运算放大器的虚地端。各电阻的下端分别通过一个单刀双掷开关连接到 1 端或 0 端。开关受输入数字信号控制，如果位数字信号 $D=1$，相应开关合向 1 端与 V_{ref} 连接，这时有电流流向运算放大器；如果某位数字信号 $D=0$，则相应开关合向 0 端与地线连接，此时没有电流流向运放。

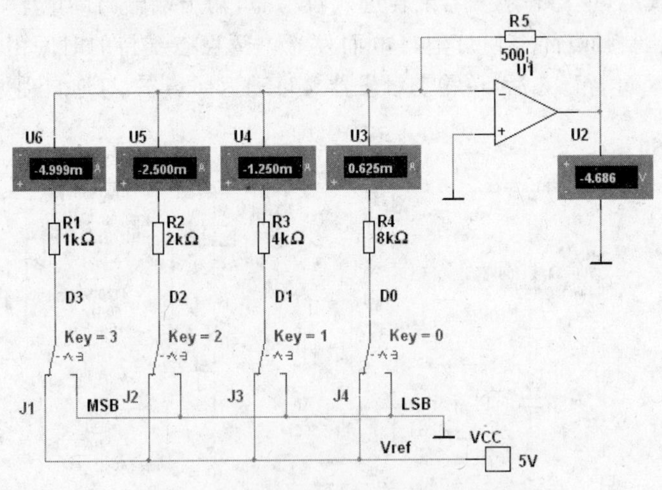

图 8-1　4 位权电阻网络 D/A 转换器

当运算放大器的反馈电阻 $R_5=500\Omega$ 时，4 位权电阻 D/A 转换器的输出电压 $u_0=-\frac{V_{ref}}{2^4}(2^3D_3+2^2D_2+2^1D_1+2^0D_0)$。图中 $V_{ref}=5V$。可以用公式计算下列 3 种输出二进制信号的数值，然后和仿真电路测量的结果对比。

当输入数字量 $D_3D_2D_1D_0$＝0001 时，u_0＝－0.3125V，实际测量为－0.311V。

当输入数字量 $D_3D_2D_1D_0$＝1000 时，u_0＝－2.5V，实际测量为－2.498V。

当输入数字量 $D_3D_2D_1D_0$＝1111 时，u_0＝－4.687V，实际测量为－4.686V。

当二进制数位数增多后，要制造出满足这种差别等级的高精度电阻器是很困难的。

8.1.2 R-2R 倒 T 形电阻网络 D/A 转换器

图 8-2 所示为 8 位 R-$2R$ 倒 T 形电阻网络 D/A 转换仿真电路，它仍由电阻网络、电子模拟开关和求和运算放大器三部分组成。与权电阻网络相比，除电阻网络结构呈倒 T 形外，它只有两种阻值的电阻，适合集成工艺。

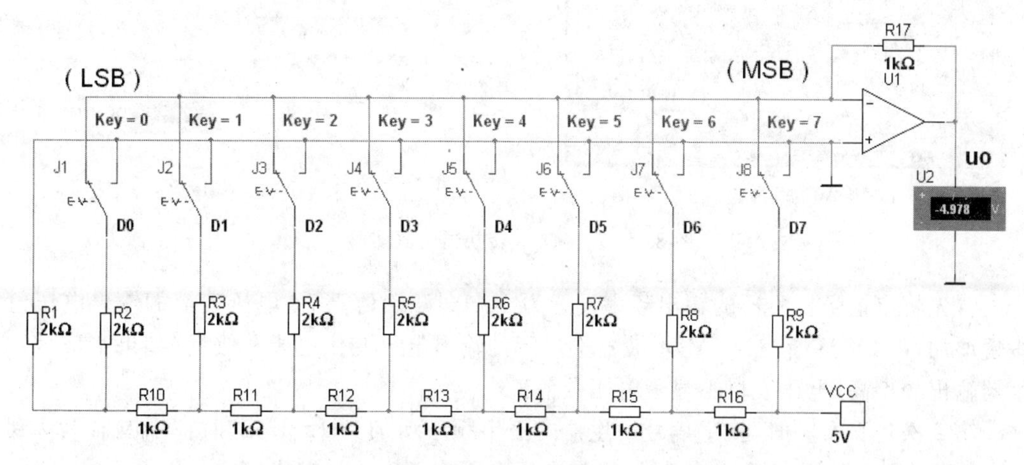

图 8-2 R-2R 倒 T 形电阻网络 D/A 转换器

在 R-2R 倒 T 形电阻网络中，各位电子模拟开关在输入数字量 D＝1 时，开关合向左边，将相应的 2kΩ 支路连接到求和运算放大器的虚地端；在输入数字量 D＝0 时，开关合向右边，将相应的 2R 支路连接到地。因此各 2kΩ 支路的上端都等效为接地。所以无论开关的状态如何，各支路的电流大小不变，开关的状态仅仅决定电流是流向求和运算放大器的虚地端还是流向地端。

该 D/A 转换器运算放大器的输出电压 $u_0=-\frac{V_{\text{ref}}}{2^8}(2^7D_7+2^6D_6+2^5D_5+2^4D_4+2^3D_3+2^2D_2+2^1D_1+2^0D_0)$。同样可以用公式计算出下列 3 种情况下的输出电压，然后和仿真电路的测量结果作一比较：

(1) $D_7D_6D_5D_4D_3D_2D_1D_0$＝00000001，u_0＝－0.0195V，实际测量为 0.018V。

(2) $D_7D_6D_5D_4D_3D_2D_1D_0$＝10000001，u_0＝－2.519V，实际测量为－2.518V。

(3) $D_7D_6D_5D_4D_3D_2D_1D_0$＝11111111，u_0＝－4.98V，实际测量为－4.978V。

8.1.3 8 位集成 D/A 转换器仿真实验

用 8 位集成电路 D/A 转换器 VDAC8 芯片作仿真实验的电路如图 8-3 所示。8 位电压输出型 DAC 上接线端含义如下：$D_0\sim D_7$ 为 8 位二进制数字信号输入端，$V_{\text{ref}+}$ 和 $V_{\text{ref}-}$ 两端电压表示要转换的模拟电压范围，也就是 DAC 的满度输出电压。$V_{\text{ref}+}$ 通常和基准电源相连，本实验基准电源电压为5V，V_{ref-} 接地。Output为DAC转换后的模拟电压输出端。8位二进制数字信号由字信号发生器产生，设置字信号发生器能连续产生00000000～11111111共256个数字信号，输出方式为"循环"输出，如图8-3(a)所示。

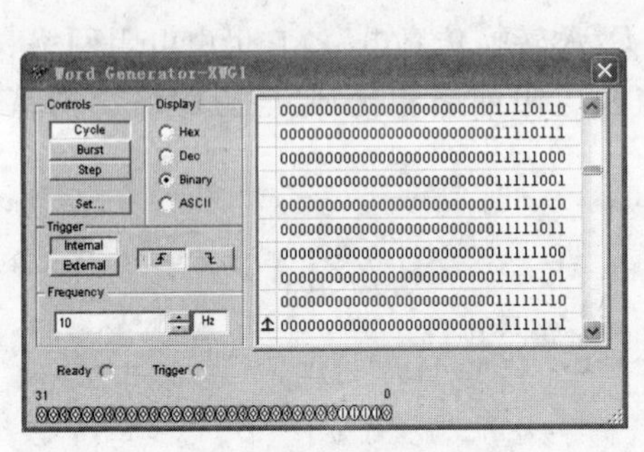

(a) VDAC的输入数字信号

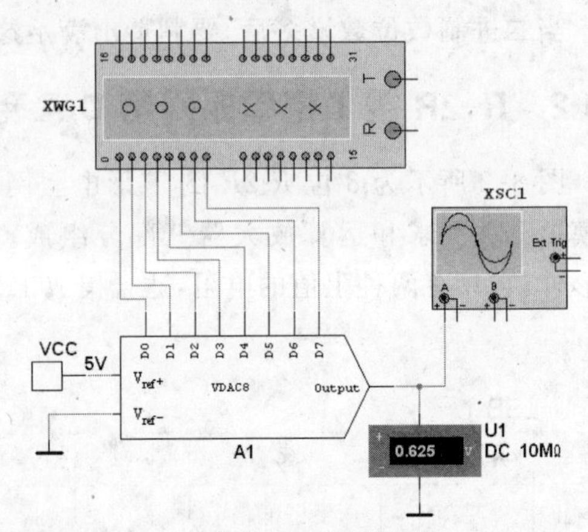

(b) 集成D/A转换器电路

图8-3 集成D/A转换器仿真实验

首先将字信号发生器的输出频率设置为10Hz，开始仿真后，电压表上的输出电压值缓慢增加，由0V逐渐变为5V，示波器上显示的输出电压变化也十分缓慢(如果字信号发生器输出频率高，电压表将不显示电压数值)。

第2次仿真实验时，将字信号发生器的输出频率增加到1kHz，这时在示波器上看到255个阶梯组成的逐渐增加的斜线，但是电压表不能正确显示输出模拟电压。

DAC的满度输出电压，是指在DAC的全部输入端(本例中 $D_0 \sim D_7$)全部加上1时DAC的输出模拟电压值。满度输出电压决定了DAC的电压输出范围，这里有一个计算计公式，输出电压 V_0 的变化范围是：$0 \sim \frac{V_{ref}}{2^n}(2^n-1)$，$V_{ref}=5V$，$n=8$，输出电压的变化范围为0～4.98V。

8.2 A/D转换仿真实验

8.2.1 8位A/D转换电路仿真

A/D转换器是用来将模拟电压信号转换成一组相应的二进制数码。由于ADC的输入是随时间连续变化的模拟信号，而输出是随时间断续变化的离散数字信号。因此，在转换过程中，首先要对模拟信号进行采样、保持，再进行量化、编码。

采样就是在一个微小时间段内对模拟信号进行取样，把一个随时间连续变化的信号变换为对时间离散的信号。采样结束后，再将采样的模拟信号保持一段时间，使ADC有充分时间进行A/D转换，这就是采样、保持电路的基本原理。

任何一个数字量的大小都是以某个最小数量单位的整数倍来表示的。因此，在用数字量表示采样的电压时，也把它化成这个最小数量的整数倍，这个转化过程就叫量化。所规定的最小数量单位叫做量化单位，用Δ表示。显然，数字量的最低有效位为1，通常用LSB表示，它对应于输入模拟量的最小单位，即量化单位。一般转化的模拟电压不可能被Δ整除，这种因素引起的误差称为量化误差。

量化误差又称分辨率。ADC输出的二进制数位数越多，则分辨率越高，转换精密也越高。

例如，输入模拟量的变化范围为0～5V，若采用8位的A/D转换器转换，则可以分辨的最小模拟电压为$5V/2^8 \approx 19.53mV$；若采用12位的A/D转换器转换，则可以分辨的最小电压为$5V/2^{12} \approx 1.22mV$。显然12位ADC的分辨率比8位ADC高很多。

把量化的数值用一组相应的二进制代码表示，称为编码。输出数字量与模拟量之间的关系为：$(D_n)_2 = \frac{V_{in} \times 2^n}{V_{ref}}$，$(D_n)$为ADC输出的二进制数字代码，$V_{in}$为输入的模拟电压，$n$为ADC的位数，$n=8$。

图8-4所示为8位ADC电路，用来研究ADC输入模拟电压与输出的二进制数字量之间的关系。V_{ref+}和V_{ref-}两端的电压为ADC的满刻度电压，V_{ref+}通常接基准电压V_{ref}（这里为5V），而V_{ref-}则接地。V_{in}为模拟电压输入端。SOC是时钟脉冲端，ADC工作时外部都要输入一个时钟信号，OE是转换器使能端（输出允许端），EOC是转换结束标志位端。高电平表示转换结束，OE可与EOC接在一起。

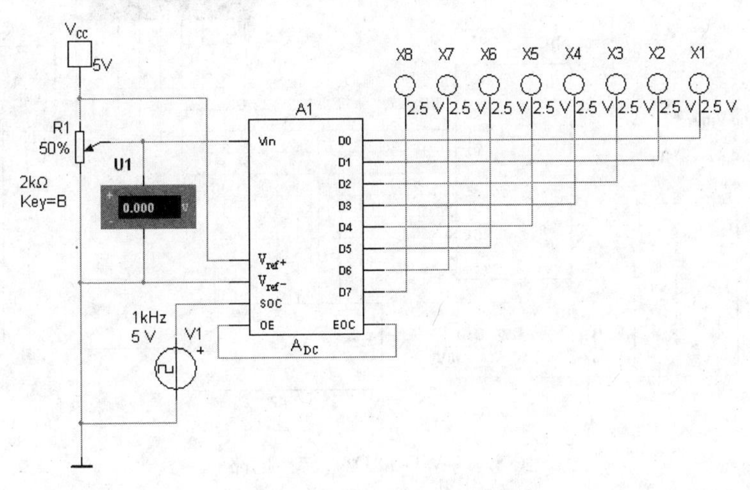

图8-4 8位集成A/D转换器

仿真时只要调节可变电阻R_1，从而改变输入的模拟电压数值，从ADC的输出端便可观察到输出电压的二进制代码。如输入电压$V_i=2.5V$，输出$V_o=01111111$；$V_i=4V$时，$V_o=11001100$。用上述公式计算：

$$(D_8)_2 = \frac{2.5 \times 2^8}{5} = 128 = (10000000)_2$$

和01111111差别很小。

$$(D_8)_2 = \frac{4 \times 2^8}{5} = 204.8 \approx 205 = (11001101)_2$$

和 11001100 差别也很小。

8.3 综合应用 A/D 和 D/A 转换电路

图 8-5 中，先用一个 8 位 A/D 转换器将模拟输入电压转换为数字信号，然后再用一个 D/A 转换器再将数字信号转换为模拟信号输出。为了便于观察，特将正弦交流电压的频率设置为 10Hz。

正弦交流电压和直流电压迭加后可以得到一个单极性的按正弦函数规律变化的可变电压。ADC 模块的 V_{ref^+} 接直流参考电源（图中为 10V）的正极，V_{ref^-} 与地连接。SOC 为启动转换信号输入端，外接 1kHz 的方波信号源。模拟电压经 A/D 转换后转变为 8 位二进制数字电压信号，通过两个数码管显示的便是数字信号。同时将 8 位二进制数字电压信号送到 D/A 转换器，经转换后又重新恢复为模拟电压。在示波器中可以观察到两个信号的波形，一个是最初的模拟信号，另一个是经 A/D 和 D/A 两次转换后输出的模拟电压，两个波形十分接近。

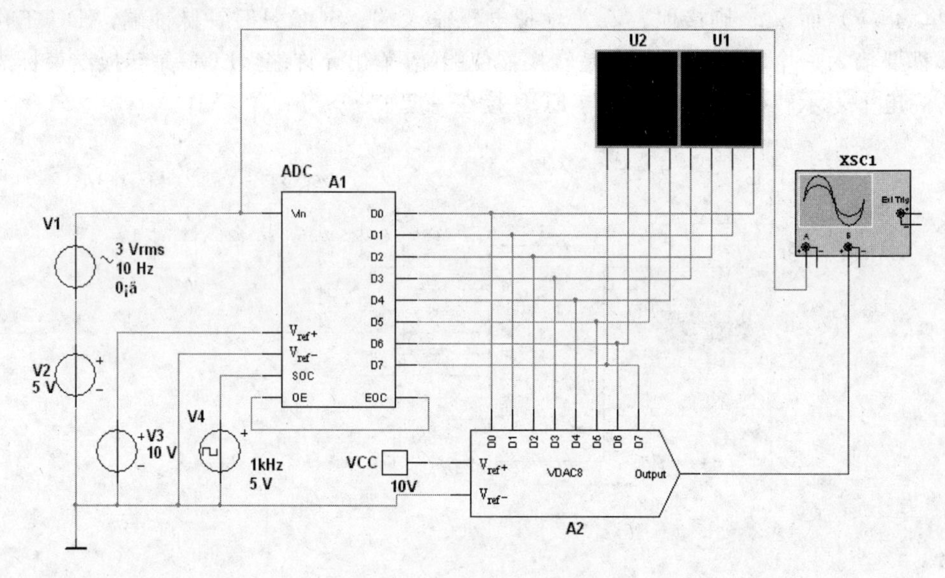

图 8-5 A/D 和 D/A 转换电路

第9章　综合设计与仿真

9.1　抢答器的仿真

9.1.1　4路抢答器

图9-1所示为4路抢答器电路图，该电路由4D触发器74LS175、与非门74LS20和555定时器等组成。S_1、S_2、S_3、S_4为抢答按钮，开关为动合型，按下开关时，开关闭合；松开开关时，触点断开。74LS175是4D触发器，其内部有4个独立的D触发器，4个触发器的输入端分别为D_1、D_2、D_3、D_4，输出端为Q_1、$\overline{Q}_1$，Q_2、$\overline{Q}_2$，Q_3、$\overline{Q}_3$，Q_4、$\overline{Q}_4$。CLK是4个D触发器的共同的时钟端，CLR为共同的清除端，当CLR为0时，Q_1、Q_2、Q_3、Q_4立即为0，抢答器工作时，CLR置于高电平，555定时器在这里作为多谐振荡器为D触发器提供时钟脉冲信号。

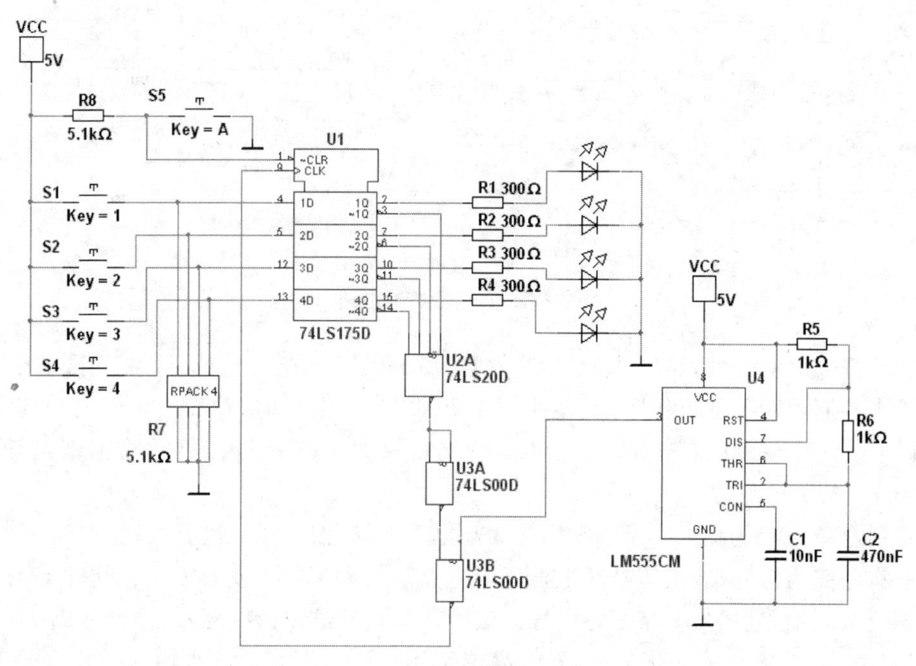

图9-1　4路抢答器电路

工作时若无人抢答，即S_1、S_2、S_3、S_4未被按下，D_1、D_2、D_3、D_4均为低电平，在555定时器产生的时钟脉冲作用下，Q_1、Q_2、Q_3、Q_4均为低电平，所以发光二极管不亮，与非门74LS20输出为低电平，蜂鸣器不响。

若有人抢答，假设 S_1 按钮首先被按下，D_1 变为高电平，在时钟脉冲作用下，Q_1 立即变为高电平，对应的发光二极管立刻点亮，同时由于 $\overline{Q}_1=0$，74LS20 输出高电平，蜂鸣器发生鸣叫声。74LS20 的输出经 74LS00 反相后变为 0，将 555 定时器的时钟脉冲信号封锁住，造成其他抢答者即使按下按钮，74LS175 因无时钟脉冲信号，输出端电平不会跟随输入端电平发生变化，Q_1 的高电平状态一直不变，从而保证 S_1 抢答成功。在进行第二次抢答前，则由主持人按下清除按钮，使 $Q_1 \sim Q_4$ 全部复位为 0，为下一次抢答做好准备。

9.1.2 数显八路抢答器

图 9-2 所示为数码管显示 8 抢答器电路图，由抢答按钮开关、触发锁存电路、编码器、七段显示译码器和数码管组成。

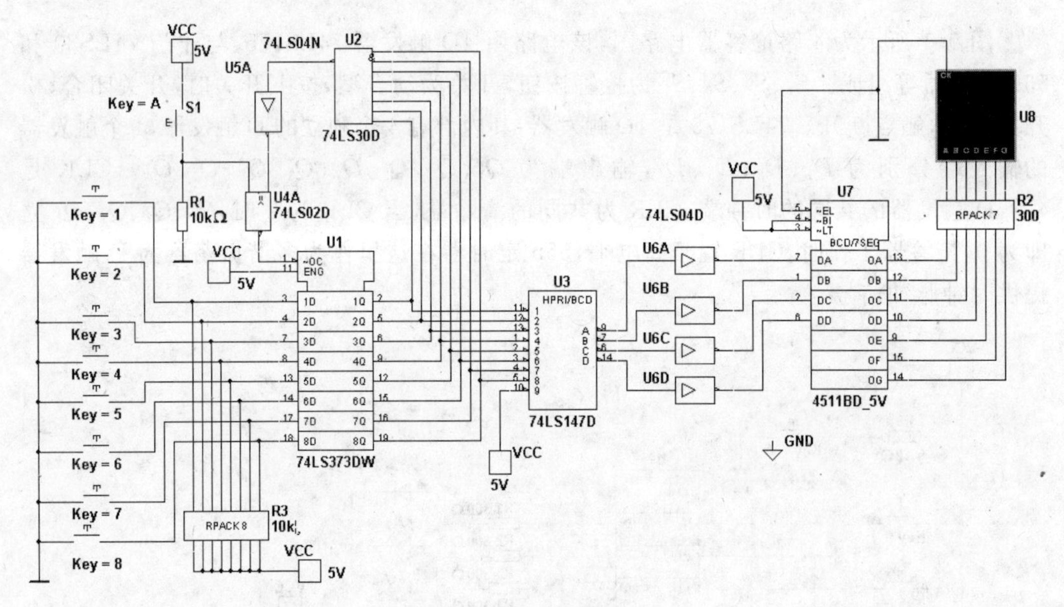

图 9-2 八路抢答器电路

按钮开关为动合型，74LS373(或者 74HC373)是三态缓冲输出 8D 锁存器。只有当三态输出控制端 OC 为低电平、锁存控制端 ENG 为高电平时，74LS373 的输出端 1Q～8Q 和输入端 1D～8D 状态相同。当 OC 为高电平时，三态门被封锁，输出端与输入端隔离。

接通电源，OC 为低电平，ENG 始终为高电平，这时按下任一抢答按钮，74LS373 的输出端必有一路为低电平，该信号经组合逻辑电路反馈到 OC 端使其变为高电平，74LS373 的三态门被封锁，这样另一路抢答信号无法到达输出端，即只有一路信号抢答成功。

74HC147 为 8 线-4 线优先编码器(高位优先)，低电平有效。当输入为低电平时，以反码形式输出 8421BCD 码，所以后面接了 4 个非门电路，转换为 8421BCD 码，编码器多余的输入端接高电平。

显示译码器若选用 CC4511，数码管只能选择共阴极数码管，若选用 74LS47 作译码器，则必须选择共阳极数管。数码管显示抢答按钮的编号。

第一轮抢答结束后，若要进行下一轮的抢答，在抢答前先行复位，即把三态使能控制端 OC 强制变为低电平。图中将开关信息（由按钮 S_1 产生）和反馈信号相“或”后再加到三态使能端 OC，从而完成。下一轮抢答的准备工作，这时数码管显示“0”。

9.2　计数及显示电路

9.2.1　一位数的计数电路

图 9-3 的计数电路只能显示 10 个数字（0～9）。普通按钮开关因机械抖动会产生计数错误，为准确可靠，这里采用了“无抖动开关”（前面已作介绍），74LS161 为集成同步二进制计数器集成电路，因为它设有同步置数控制端，可利用它来实现十进制计数。方法是将它的同步输入端 A、B、C、D 接地，输出端的 Q_A 和 Q_D 经与非门后连接到同步置数端 LOAD。无抖动开关产生的脉冲信号从 CP 端输入，经 74LS161 后输出代码 0000～1001，经显示译码器 74LS48 译码后送往共阴极数码管显示。

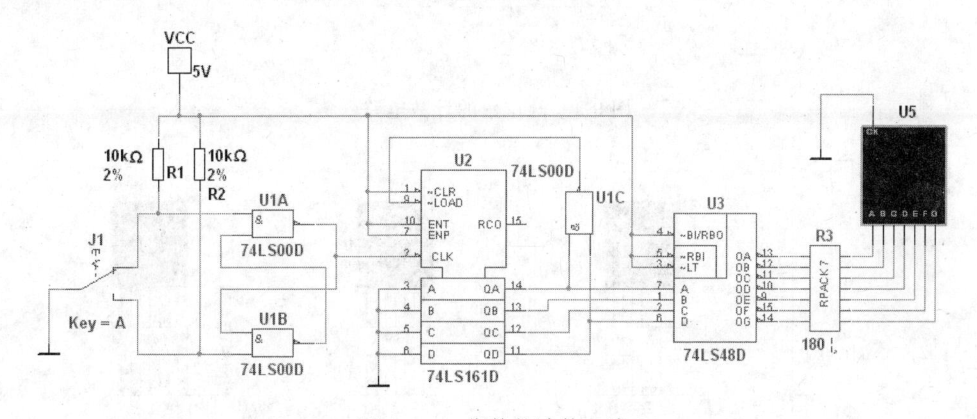

图 9-3　一位数的计数电路

9.2.2　两位数的计数电路

图 9-4 所示为两位数的计数电路，CC4518 是双 BCD 同步加法计数器，为满足下降沿计数要求，将 CP1 端接地，而计数脉冲信号从 EN 端输入，图 CC4518 集成电路内含有两个相同的计数器，可将第一级的输出端 D 接到第二级的 EN 端，构成两级串行计数器，实现0～99 的计数显示。CC4518 的 MR_1 和 MR_2 为清 0 端，计数过程中要求为低电平，计数前要将开关 J1 接高电平，以便将计数器清 0。

9.2.3　三位数的计数电路

一个 3 位数的计数电路如图 9-5 所示，它将计数、译码、显示电路组合在一起，可以对输入信号进行计数，范围是 000～999，在任何时候，均可通过置 0 复位。

74LS160 是十进制加法计数器，它具有异步置 0 功能，即将 CLR 端接地，无论其他输入端是否有信号输入，这时 $Q_DQ_CQ_BQ_A=0000$。当 CLR＝LOAD＝ENT＝ENP＝1，

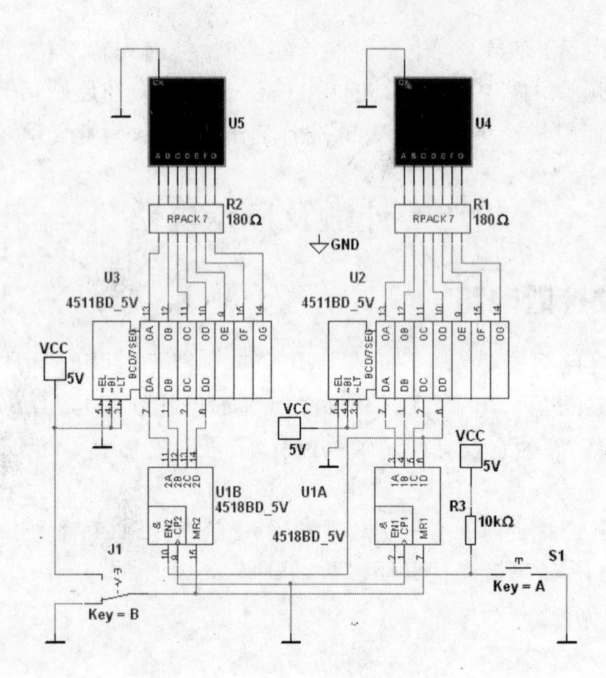

图 9-4 两位数的计数电路

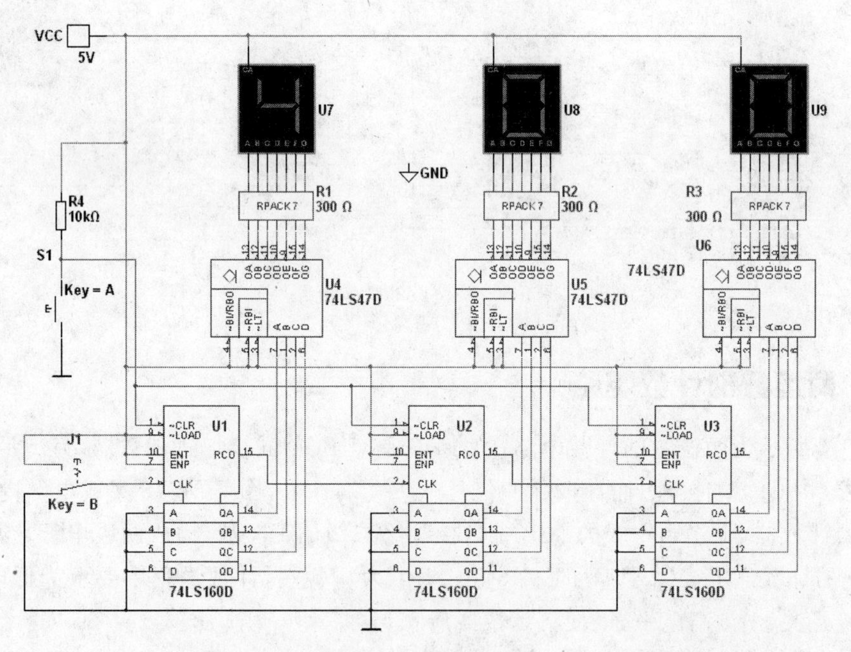

图 9-5 三位数计数器

CP 端输入计数脉冲时，计数器按照 8421BCD 码的规律进行计数。RCO 为进位输出端，当达到 1001 时，产生进位信号 RCO=0，将 3 个 74LS160 级联便构成 3 位数的计数器，图中使用了 3 个共阳极数码管和 3 个显示译码器 74LS47，最左边的数码管显示的是个位数，最右边显示的是百位数，中间是十位数。

9.3　彩灯循环控制器

9.3.1　十盏灯循环点亮

图 9-6 所示为彩灯循环点亮的电路，电路由三部分组成：振荡电路、计数器/译码分配器、显示电路。

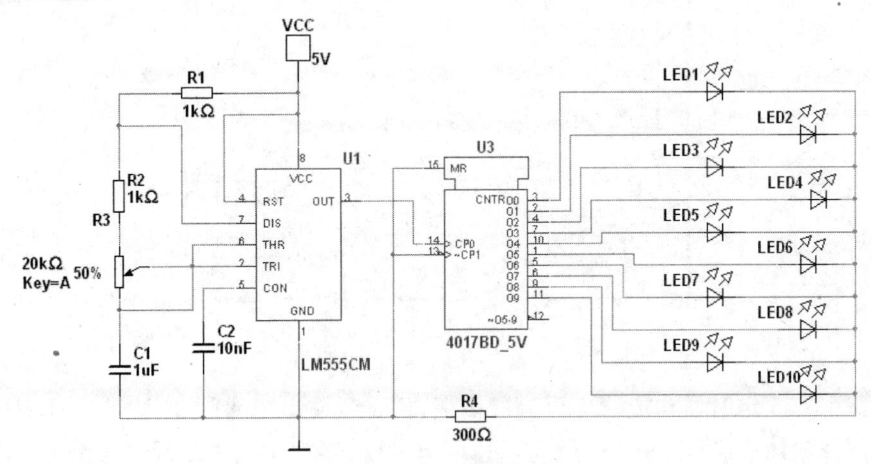

图 9-6　彩灯循环电路

振荡电路是为下一级提供时钟脉冲信号。因为循环彩灯对频率的精密要求不严格（对比时钟电路而言），只要求脉冲信号的频率可调，所以选择 555 定时器组成的频率可调的多谐振荡器。

计数器是用来累计和寄存输入脉冲个数的时序逻辑部件。这里采用十进制计数/分频器 CC4017。CC4017 有 3 个输入端，MR 为清 0 端，CP0 和 CP1 是 2 个时钟输入端，若要用上升沿来计数，则信号由 CP0 端输入；若要用下降沿来计数，则信号由 CP1 端输入。

CC4017 有 10 个输出端（$Q_0 \sim Q_9$）和一个进位输出端。每输入 10 个计数脉冲，进位输出端可得到 1 个正向进位脉冲。当 CC4017 有连续脉冲输入时，其对应的输出端依次变为高电平，故可以直接用作顺序脉冲发生器，如图 9-7 所示。图 9-8 所示为 CC4017 的输入、输出波形。

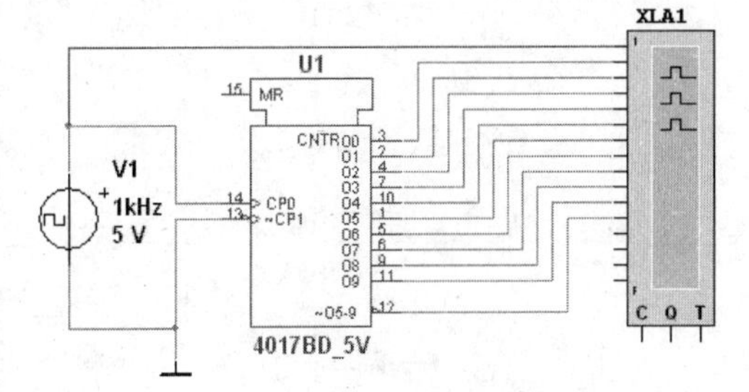

图 9-7　CC4017 仿真测试电路

显示电路由发光二极管组成，当 CC4017 的输出端依次输出高电平时，二极管被点亮，点亮的时间长短和 555 定时器输出的脉冲信号频率有关。

9.3.2　16 盏灯循环点亮

彩灯循环点亮控制电路由 555 定时器、同步 4 位二进制计数器 74LS163 和4 线-16 线译码分配器 74154 组成。

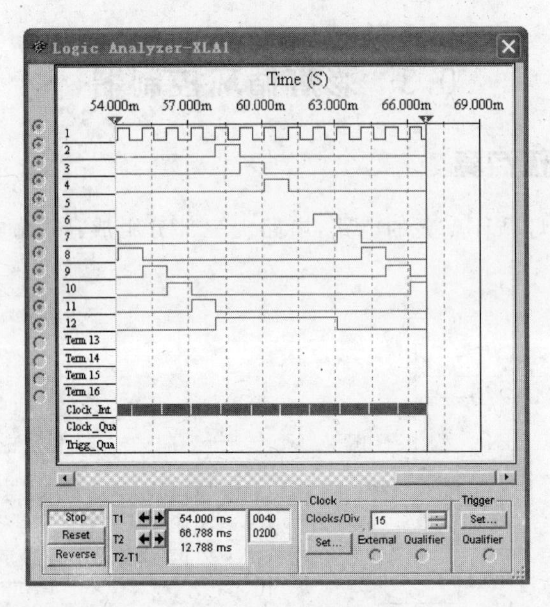

图 9-8　CC4017 的波形

电路中 555 定时器构成频率可调的多谐振荡器，输出矩形脉冲信号。74LS163 是同步二进制加法计数器，它的 ENP＝ENT＝CLR＝LOAD＝1，4 个并行输入端接地，所以当多谐振荡器产生的脉冲信号从它的计数输入端输入后，输出在 0000～1111 的 16 个状态之间循环变化。4 位二进制代码通过 4 线-16 线译码器 74154，其 16 个输出端按照 74LS163 所加的二进制代码依次输出一定宽度的负脉冲信号，如图 9-9 所示。很明显，哪

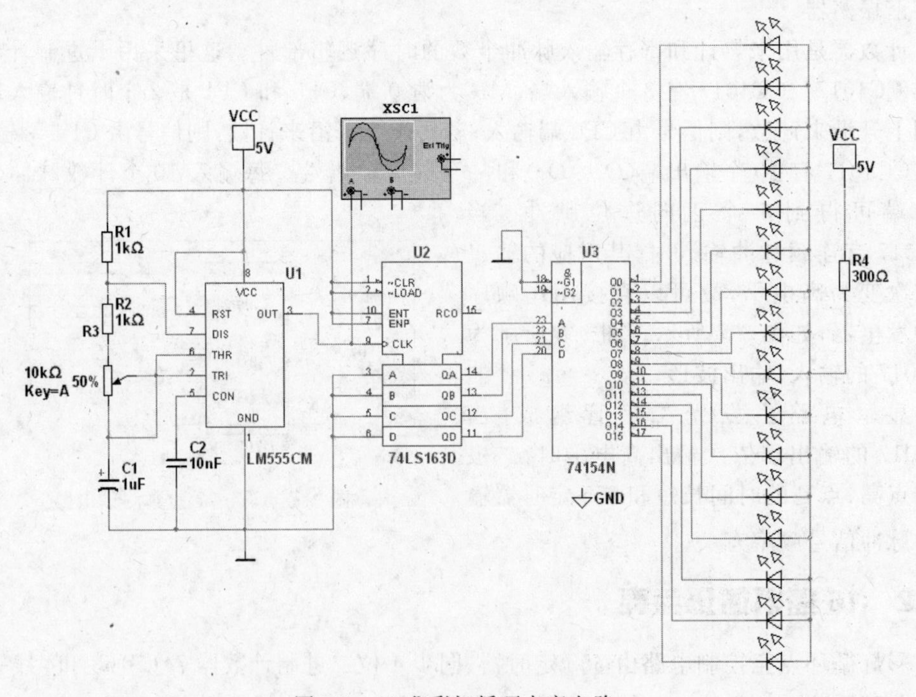

图 9-9　16 盏彩灯循环点亮电路

个端子输出低电平，与之相连的发光二极管就会被点亮，因为任何时刻只有一个发光二极管被点亮，所以 16 个发光二极管可以共用一只限流电阻。

74HC154 的测试电路如图 9-10 和图 9-11 所示，74HC154 为 4 线-16 线译码器/分配器，当输入信号在 0000～1111 之间循环变化时，通过 4 线-16 线译码器/分配器后，其 16 个输出端依次出现负脉冲，负脉冲维持时间和输入信号变化周期相同。

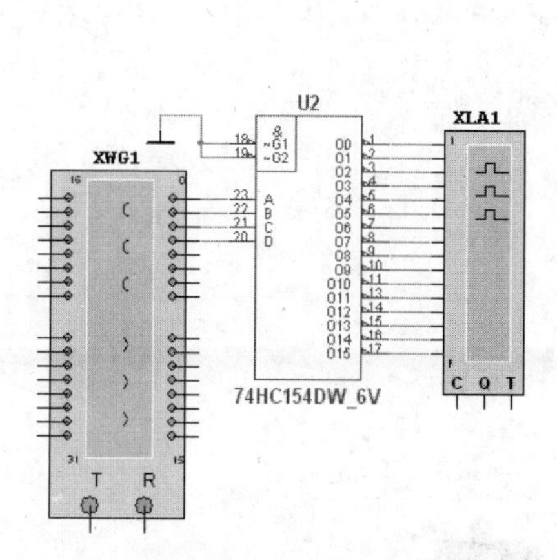

图 9-10　74HC154 仿真测试电路

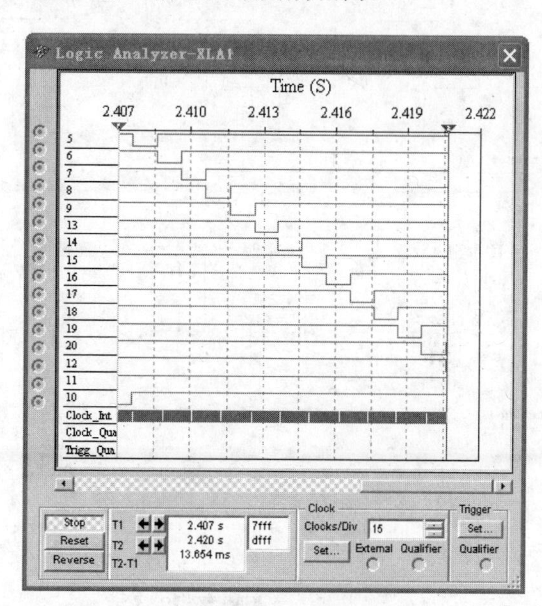

图 9-11　74HC154 波形图

9.4　数字电子钟

9.4.1　数字电子钟

数字显示电子钟电路如图 9-12 和图 9-13 所示，该数字电子钟主要由 4 部分组成，555 定时器及其周围元件构成秒信号发生器，产生秒脉冲信号，U_1 和 U_2 构成电子钟的 2 位六十进制秒计数器电路，U_8 和 U_9 构成 2 位六十进制分计数器电路，U_{16} 和 U_{17} 构成 2 位二十四进制小时计数器电路。译码器/驱动器全部采用 74LS48，数码管全部为共阴极形式。其中秒计数器和分计数器模块的结构是相同的，均是由两片 74LS290 构成的六十进制计数器，当选秒计数器累计接收到 60 个秒脉冲信号时，秒计数器复位，并产生一个分进位信号，分计数器累计接收到 60 个分脉冲信号时，分计数器复位，并产生一个时进位信号；时计数器是由 2 片 74LS290 构成的二十四进制计数器，对时脉冲信号进行计数，累计 24 小时为 1 天，新的一天计时重新开始。

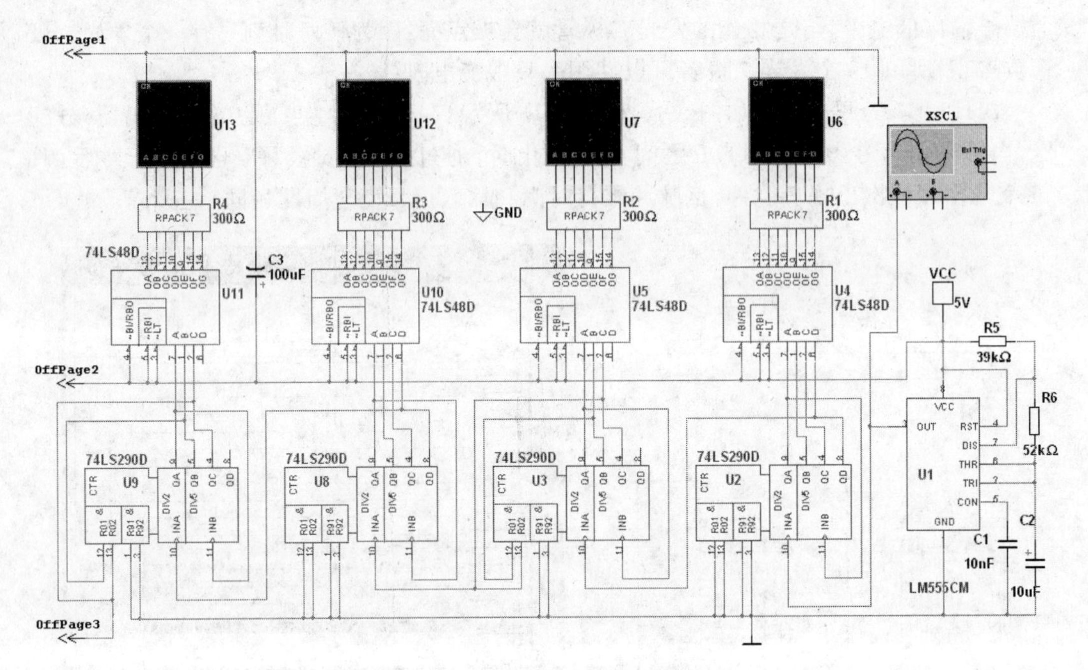

图 9-12　电子钟秒、分计数电路

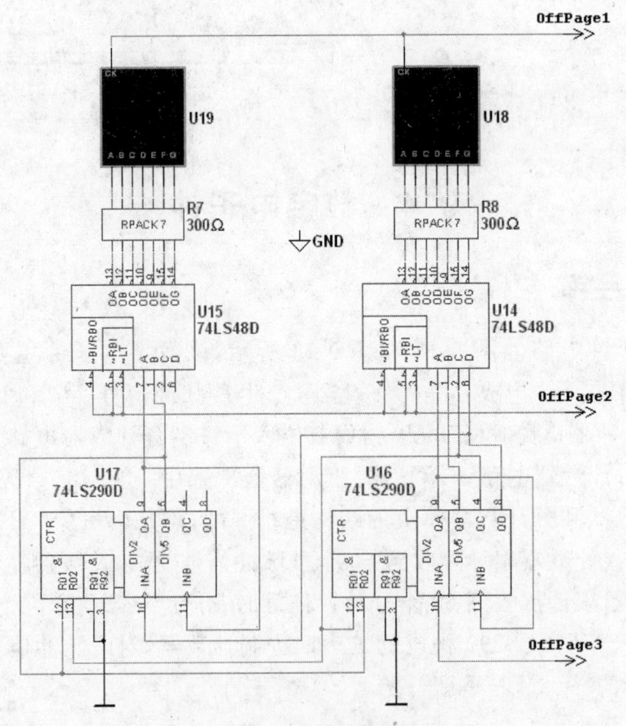

图 9-13　电子钟小时计数电路

附录A 常用数字集成电路索引

1. TTL 系列集成电路

型号	名 称	型号	名 称
74LS00	四 2 输入与非门	74LS47	BCD-7 段译码器/驱动器
74LS02	四 2 输入或非门	74LS48	BCD-7 段译码器/驱动器
74LS03	四 2 输入与非门(OC)	74LS247	BCD-7 段译码器/驱动器
74LS04	六反相器	74LS248	BCD-7 段译码器/驱动器
74LS05	六反相器(OC)	74LS153	双四选一数据选择器
74LS08	四 2 输入与门	74LS157	四二选一数据选择器
74LS09	四 2 输入与门(OC)	74LS150	16 选一数据选择器
74LS10	三 3 输入与非门	74LS151	8 选一数据选择器
74LS11	三 3 输入与门	74LS85	4 位幅度比较器
74LS12	三 3 输入与非门(OC)	74LS83	4 位二进制全加器
74LS18	双四输入与非门(施密特触发)	74LS183	一位二进制全加器
74LS20	双 4 输入与非门	74LS283	4 位超前进位全加器
74LS21	双 4 输入与门	74LS279	四基本 RS 触发器
74LS22	双 4 输入与非门(OC)	74LS75	4D 锁存器
74LS27	三 3 输入或非门	74LS373	8D 锁存器(三态)
74LS30	8 输入与非门	74LS175	4D 触发器
74LS32	四 2 输入或门	74LS273	8D 触发器
74LS51	2 输入/3 输入双与或非门	74LS74	维持阻塞 D 触发器
74LS86	四 2 输入异或门	74LS112	双下降沿触发 JK 触发器
74LS126	三态总线缓冲器	74LS114	双下降沿触发 JK 触发器
74LS147	8421BCD 优先编码器	74LS109	双上升沿触发 JK 触发器
74LS148	8 线-3 线优先编码器	74LS197	异步二进制计数器
74LS138	3 线-8 线译码器	74LS290	异步二-五-十进制计数器
74LS42	4 线-10 线译码器	74LS161	同步二进制计数器

续表

型号	名称	型号	名称
74LS163	同步二进制计数器	74121	非重触发单稳态触发器
74LS160	十进制同步加法计数器	74123	可重触发单稳态触发器
74LS162	十进制同步加法计数器	74LS14	六反相器(施密特触发)
74LS190	十进制同步加/减计数器	74LS13	双4输入与非门
74LS192	十进制同步加/减计数器	74LS132	四2输入与非门
74LS194	4位双向移位寄存器		

2. CMO系列集成电路

型号	名称	型号	名称
CC4001	四2输入或非门	CC4043	四或非RS触发器(三态)
CC4002	双4输入或非门	CC4044	四与非RS触发器(三态)
CC4009	6缓冲器	CC4013	主从边沿D触发器
CC4010	6缓冲器	CC4027	双JK主从触发器
CC4011	四2输入与非门	CC40106	六施密特触发器
CC4012	双4输入与非门	CC4093	四2输入与非
CC4023	三3输入与非门	CC4066	四双向模拟开关
CC4025	三3输入或非门	CC4040	12位二进制串行计数器
CC4069	六反相器	CC4017	十进制计数/分配器
CC4070	四异或门	CC4060	14位二进制串行计数器
CC4071	四2输入或门	CC4511	BCD－7段译码器/驱动器
CC4072	双4输入或门	CC4585	4位数值比较器
CC4073	三3输入与门	CC4518	十进制同步加法计数器
CC4075	三3输入或门	CC40193	十进制可逆计数器
CC4081	四2输入与门	CC4086	四2输入与或非门

附录B Multisim 10元器件菜单栏及元器件库元器件速查

由于仿真软件 Multisim 10 没有完整的汉化版本，给用户使用带来不便，现将元器件的中文名称含义列表如下，以便读者查找。

(1) Place Source(电压源)按钮的下拉菜单内容如下：

POWER_SOURCES 电源；
SIGNAL_VOLTAGE_SO... 电压信号源；
SIGNAL_CURRENT_S... 电流信号源；
CONTROLLED_VOLTA... 受控电压源；
CONTROLLED_CURRE... 受控电流源；
CONTROL_FUNCTION... 控制功能模块。

① POWER_SOURCES(电源)中内容如下：

- AC_POWER 交流电源；
- DC_POWER 直流电源；
- DGND 数字接地端；
- GROUND 接地端；
- THREE_PHASE_DELTA 三相电源（△接法）；
- THREE_PHASE_WYE 三相电源（Y 接法）；
- VCC TTL 电源；
- VDD CMOS 电源；
- VEE TTL 接地；
- VSS CMOS 接地。

② SIGNAL_VOLTAGE_SOURCES(信号电压源)内容如下：

- AC_VOLTAGE 交流电压源；
- AM_VOLTAGE 调幅电压源；
- BIPOLAR_VOLTAGE 双极性电压源；
- CLOCK_VOLTAGE 时钟电压源；
- EXPONENTIAL_VOLTAGE 指数电压源；
- FM_VOLTAGE 调频电压源；
- LVM_VOLTAGE 线性压控监控电压源；
- PIECEWISE_LINEAR_VOLTAGE 分段线性电压源；
- PULSE_VOLTAGE 脉冲电压源；
- TDM_VOLTAGE 遥控数据监控电压源；
- THERMAL_NOISE 热噪声源。

③ SIGNAL_CURRENT_SOURCES（信号电流源）内容如下：

- AC_CURRENT 交流电流源；
- BIPOLAR_CURRENT 双极性电流源；
- CLOCK_CURRENT 时钟电流源；
- DC_CURRENT 直流电流源；
- EXPONENTIAL_CURRENT 指数电流源；
- FM_CURRENT 调频电流源；
- LVM_CURRENT 线性压控监控电流源；
- PIECEWISE_LINEAR_CURRENT 分段线性电流源；
- PULSE_CURRENT 脉冲电流源；
- TDM_CURRENT 遥控数据监控电流源。

④ CONTROLLED_VOLTAGE_SOURCES(受控电压源)内容如下：

- ABM_VOLTAGE 音频宽带控制电压源；
- CONTROLLED_ONE_SHOT 受一个信号控制电压源；
- CURRENT_CONTROLLED_VOLTAGE_SOURCE 电流控制电压源；
- FSK_VOLTAGE 键控电压源；
- VOLTAGE_CONTROLLED_PIECEWISE_LINEAR_SOURCE 电压控制分段线性电压源；
- VOLTAGE_CONTROLLED_SINE_WAVE 电压控制正弦波电压源；
- VOLTAGE_CONTROLLED_SQUARE_WAVE 电压控制方波电压源；
- VOLTAGE_CONTROLLED_TRIANGLE_WAVE 电压控制三角波电压源；
- VOLTAGE_CONTROLLED_VOLTAGE_SOURCE 电压控制电压源。

⑤ CONTROLLED_CURRENT_SOURCES(受控电流源)内容如下：

- ABM_CURRENT 音频宽带控制电流源；
- CURRENT_CONTROLLED_CURRENT_SOURCE 电流控制电流源；
- VOLTAGE_CONTROLLED_CURRENT_SOURCE 电压控制电流源。

⑥ CONTROL_FUNCTTON_BLOCKS(功能模拟)内容如下：

- CURRENT_LIMITER_BLOCK 限流控制器；
- DIVIDER 分配器；
- GAIN_2_PIN 二端增强控制器；
- MULTIPLIER 乘法器；
- NONLINEAR_DEPENDENT 非线性控制器件；
- POLYNOMIAL_VOLTAGE 多路控制电压器件；
- TRANSFER_FUNCTION_BLOCK 转移函数控制器；
- VOLTAGE_CONTROLLED_LIMITER 电压控制限幅器；
- VOLTAGE_DIFFERENTIATOR 电压微分器；
- VOLTAGE_GAIN_BLOCK 电压增强器；
- VOLTAGE_HYSTERISIS_BLOCK 电压滞回控制器；
- VOLTAGE_INTEGRATOR 电压积分器；
- VOLTAGE_LIMITER 电压限幅器；
- VOLTAGE_SLEW_RATE_BLOCK 电压转换速率控制器；
- VOLTAGE_SUMMER 电压加法器。

(2) 单击 Basic(基本元件库)按钮的下拉菜单内容如下：

- BASIC_VIRTUAL 基本虚拟元器件；
- RATED_VIRTUAL 定额虚拟元器件；

RPACK 集成电阻组件；
SWITCH 开关；
TRANSFORMER 变压器；
NON_LINEAR_TRANSFORMER 非线性变压器；
RELAY 继电器；
CONNECTORS 连接器；
SCH_CAP_SYMS 示意符号；
SOCKETS 插座
RESISTOR 电阻；
CAPACITOR 电容；
INDUCTOR 电感；
CAP_ELECTROLIT 电解电容；
VARIABLE_CAPACITOR 可变电容；
VARIABLE_INDUCTOR 可变电感；
POTENTIOMETER 电位器。

① BASIC_VIRTUAL(基本虚拟元件)内容如下：

- CORELESS_COIL_VIRTUAL 虚拟无芯线圈绕组；
- INDUCTOR_ADVANCED 虚拟电感；
- MAGNETIC_CORE_VIRTUAL 虚拟有磁芯电感器；
- NLT_VIRTUAL 虚拟无芯线圈；
- RELAY1A_VIRTUAL 虚拟常开继电器；
- RELAY1B_VIRTUAL 虚拟常闭继电器；
- RELAY1C_VIRTUAL 虚拟双触点继电器；
- SEMICONDUCTOR_CAPACITOR_VIRTUAL 虚拟电容器；
- SEMICONDUCTOR_RESISTOR_VIRTUAL 虚拟电阻器；
- TS_VIRTUAL 虚拟变压器；
- VARIABLE_PULLUP_VIRTUAL 虚拟下拉电阻；
- VOLTAGE_CONTROLLED_RESISTOR_VIRTUAL 虚拟电压控制电阻器。

② RATED_VIRTUAL(定额虚拟元件)内容如下：

- 555_TIMER_RATED 定额三五时基电路；
- BJT_NPN_RATED 定额 NPN 三极管；
- BJT_PNP_RATED 定额 PNP 三极管；
- CAPACITOR_POL_RATED 定额有极性电容；
- CAPACITOR_RATED 定额电容器；
- DIODE_RATED 定额二极管；
- FUSE_RATED 定额保险丝；
- INDUCTOR_RATED 定额电感器；
- LED_BLUE_RATED 定额蓝色发光二极管；
- LED_GREEN_RATED 定额绿色发光二极管；
- LED_RED_RATED 定额红色发光二极管；
- LED_YELLOW_RATED 定额黄色发光二极管；
- MOTOR_RATED 定额电动机；
- NC_RELAY_RATED 定额常开继电器；
- NO_RELAY_RATED 定额常闭继电器；
- NONC_RELAY_RATED 定额双触点继电器；
- OPAMP_RATED 定额运算放大器；
- PHOTO_DIODE_RATED 定额光电二极管；
- PHOTO_TRANSISTOR_RATED 定额光电三极管；
- POTENTIOMETER_RATED 定额电位器；
- PULLUP_RATED 定额下拉电阻；
- RESISTOR_RATED 定额电阻器；

- TRANSFORMER_CT_RATED　定额有铁芯变压器；
- TRANSFORMER_RATED　定额无芯变压器；
- VARIABLE_CAPACITOR_RATED　定额可变电容器；
- VARIABLE_INDUCTOR_RATED　定额可变电感器。

③ RPACK(集成电阻组件)内容如下：

- 1X4SIP　1×4 SIP 封装电阻组件；
- 1X6SIP　1×6 SIP 封装电阻组件；
- 1X8SIP　1×8 SIP 封装电阻组件；
- 2X4DIP　2×4 DIP 封装电阻组件；
- 2X4TERM　2×4 TERM 封装电阻组件；
- 2X6DIP　2×6 DIP 封装电阻组件；
- 2X8DIP　2×8 DIP 封装电阻组件；
- RPACK_VARIABLE_1X10　1×10 可变集成电阻组件；
- RPACK_VARIABLE_1X4　1×4 可变集成电阻组件；
- RPACK_VARIABLE_1X7　1×7 可变集成电阻组件；
- RPACK_VARIABLE_1X8　1×8 可变集成电阻组件；
- RPACK_VARIABLE_2X10　2×10 可变集成电阻组件；
- RPACK_VARIABLE_2X4　2×4 可变集成电阻组件；
- RPACK_VARIABLE_2X7　2×7 可变集成电阻组件；
- RPACK_VARIABLE_2X8　2×8 可变集成电阻组件。

④ SWITCH(开关)内容如下：

- CURRENT_CONTROLLED_SWITCH　电流控制开关；
- DIPSW1　1 单刀按钮开关组；
- DIPSW10　10 单刀按钮开关组；
- DIPSW2　2 单刀按钮开关组；
- DIPSW3　3 单刀按钮开关组；
- DIPSW4　4 单刀按钮开关组；
- DIPSW5　5 单刀按钮开关组；
- DIPSW6　6 单刀按钮开关组；
- DIPSW7　7 单刀按钮开关组；
- DIPSW8　8 单刀按钮开关组；
- DIPSW9　9 单刀按钮开关组；
- DSWPK_10　10 拨动开关组；
- DSWPK_2　2 拨动开关组；
- DSWPK_3　3 拨动开关组；
- DSWPK_4　4 拨动开关组；
- DSWPK_5　5 拨动开关组；
- DSWPK_6　6 拨动开关组；
- DSWPK_7　7 拨动开关组；
- DSWPK_8　8 拨动开关组；
- DSWPK_9　9 拨动开关组；
- PB_DPST　按钮开关；
- SBREAK　电压缓冲开关；
- SPDT　单刀双掷开关；
- SPST　单刀单掷开关；
- TD_SW1　延时开关；
- VOLTAGE_CONTROLLED_SWITCH　电压控制开关。

⑤ TRANSFORMER(线性变压器)中内容如下：

- TS_AUDIO_10_TO_1　　10∶1 音频变压器；
- TS_AUDIO_100_TO_1　　100∶1 音频变压器；
- TS_AUDIO_VIRTUAL　　虚拟音频变压器；
- TS_IDEAL　　理想变压器；
- TS_MISC_25_TO_1　　25∶1 变压器；
- TS_MISC_VIRTUAL　　虚拟变压器；
- TS_POWER_10_TO_1　　10∶1 功率变压器；
- TS_POWER_25_TO_1　　25∶1 功率变压器；
- TS_POWER_VIRTUAL　　虚拟功率变压器；
- TS_PQ4_10　　120∶10 抽头变压器；
- TS_PQ4_12　　120∶12 抽头变压器；
- TS_PQ4_120　　120∶120 抽头变压器；
- TS_PQ4_16　　120∶16 抽头变压器；
- TS_PQ4_20　　120∶20 抽头变压器；
- TS_PQ4_24　　120∶24 抽头变压器；
- TS_PQ4_28　　120∶48 抽头变压器；
- TS_PQ4_36　　120∶36 抽头变压器；
- TS_PQ4_48　　120∶12 抽头变压器；
- TS_PQ4_56　　120∶56 抽头变压器；
- TS_RF　　射频变压器；
- TS_RF2　　射频变压器 2；
- TS_XFMR1　　无抽头变压器；
- TS_XFMR2　　双次级线圈变压器；
- TS_XFMR-TAP　　双初级线圈变压器。

⑥ NON_LINER_TRANSFORMER(非线性变压器)中内容如下：

- NLT_PQ_4_10　　120∶10 变压器；
- NLT_PQ_4_12　　120∶12 变压器；
- NLT_PQ_4_120　　120∶120 变压器；
- NLT_PQ_4_16　　120∶16 变压器；
- NLT_PQ_4_20　　120∶20 变压器；
- NLT_PQ_4_24　　120∶24 变压器；
- NLT_PQ_4_28　　120∶28 变压器；
- NLT_PQ_4_36　　120∶36 变压器；
- NLT_PQ_4_48　　120∶48 变压器；
- NLT_PQ_4_56　　120∶56 变压器。

⑦ RELAY(继电器)。

⑧ CONNECTORS(连接器)。

⑨ SCH_CAP_SYMS(示意符号)中内容如下：

- FUSE　　保险丝；
- LAMP　　灯泡；
- LED　　发光二极管；
- PHOTODIODE　　光电二极管；
- PHOTOTRANSISTOR　　光电三极管；
- POTENTIOMETER　　电位器；
- PUSH_BUTTON_DPST　　单刀双掷按钮开关；
- RELAY_NC　　常开触点继电器；
- RELAY_NO　　常闭触点继电器；
- RELAY_NONC　　双触点继电器；
- RTD　　可调电阻；
- SPDT_CLOSED　　关闭的单刀双掷开关；
- SPDT_OPEN　　打开的单刀双掷开关；

- SPST_CLOSED 关闭的单刀单掷开关；
- SPST_OPEN 打开的单刀单掷开关；
- USER_MOSFET_3TEN 场效应管；
- VARIABLE_CAPACITOR 可变电容；
- VARIABLE_INDUCTOR 可变电感。

(3) 单击 Diodes(二极管库)按钮的下拉菜单内容如下：

DIODES_VIRTUAL 虚拟二极管；
DIODE 二极管；
ZENER 稳压管；
LED 发光二极管；
FWB 整流桥；
SCHOTTKY_DIODE 肖特基二极管；
SCR 单向晶闸管；
DIAC 双向开关二极管；
TRIAC 双向晶闸管；
VARACTOR 变容二极管；
PIN_DIODE PIN 二极管。

(4) 单击 Transistors(晶体管库)按钮的下拉菜单内容如下：

TRANSISTORS_VIRTUAL 虚拟三极管；
BJT_NPN NPN 型三极管；
BJT_PNP PNP 型三极管；
DARLINGTON_NPN NPN 型达林顿管；
DARLINGTON_PNP PNP 型达林顿管；
DARLINGTON_ARRAY 达林顿管阵列；
BJT_NRES 带阻 NPN 型三极管；
BJT_PRES 带阻 PNP 型三极管；
BJT_ARRAY 三极管阵列；
IGBT 绝缘栅双极型三极管；
MOS_3TDN N 沟道耗尽型 MOS 管；
MOS_3TEN N 沟道增强型 MOS 管；
MOS_3TEP P 沟道增强型 MOS 管；
JFET_N N 沟道结型场效应管；
JFET_P P 沟道结型场效应管；
POWER_MOS_N N 沟道 MOS 功率管；
POWER_MOS_P P 沟道 MOS 功率管；
POWER_MOS_COMP 互补功率MOS 管；
UJT 单结晶体管；
THERMAL_MODELS 热效应管。

(5) 单击 Analog(模拟集成元件库)按钮的下拉菜单内容如下：

ANALOG_VIRTUAL 虚拟模拟模型元件；
OPAMP 运算放大器；
OPAMP_NORTON 诺顿运算放大器；
COMPARATOR 比较器；
WIDEBAND_AMPS 宽带运算放大器；
SPECIAL_FUNCTION 特殊功能运算放大器。

(6) 单击 TTL(TTL 元件库)按钮的下拉菜单内容如下：

74STD_IC	74STD_IC 系列 TTL 数字集成电路；
74STD	74STD 系列 TTL 数字集成电路；
74S_IC	74_IC 系列 TTL 数字集成电路；
74S	74S 系列 TTL 数字集成电路；
74LS_IC	74LS_IC 系列 TTL 数字集成电路；
74LS	74LS 系列 TTL 数字集成电路；
74F	74F 系列 TTL 数字集成电路；
74ALS	74ALS 系列 TTL 数字集成电路；
74AS	74AS 系列 TTL 数字集成电路。

(7) 单击 CMOS(CMOS 元件库)按钮的下拉菜单内容如下：

CMOS_5V_IC	CMOS_5V_IC 系列 CMOS 数字集成电路；
CMOS_5V	CMOS_5V 系列 CMOS 数字集成电路；
CMOS_10V_IC	CMOS_10V_IC 系列 CMOS 数字集成电路；
CMOS_10V	CMOS_10V 系列 CMOS 数字集成电路；
CMOS_15V	CMOS_15V 系列 CMOS 数字集成电路；
74HC_2V	74HC_2V 系列高速数字集成电路；
74HC_4V_IC	74HC_4V_IC 系列高速数字集成电路；
74HC_4V	74HC_4V 系列高速数字集成电路；
74HC_6V	74HC_6V 系列高速数字集成电路；
TinyLogic_2V	Tinylogic_2V 系列 CMOS 数字集成电路；
TinyLogic_3V	Tinylogic_3V 系列 CMOS 数字集成电路；
TinyLogic_4V	Tinylogic_4V 系列 CMOS 数字集成电路；
TinyLogic_5V	Tinylogic_5V 系列 CMOS 数字集成电路；
TinyLogic_6V	Tinylogic_6V 系列 CMOS 数字集成电路。

(8) 单击 Misc Digital(其他数字元件器)按钮的下拉菜单内容如下：

TIL	数字逻辑元件；
DSP	DSP 系列元件；
FPGA	FPGA 系列元件；
PLD	PLD 系列元件；
CPLD	CPLD 系列元件；
MICROCONTROLLERS	微控制器；
MICROPROCESSORS	微处理器；
VHDL	VHDL 系列元件；
MEMORY	记忆存储器；
LINE_DRIVER	线性驱动器；
LINE_RECEIVER	线性接收器；
LINE_TRANSCEIVER	线性收发器。

(9) 单击 Mixed(混合器件库)按钮的下拉菜单内容如下：

MIXED_VIRTUAL	混合虚拟元件库；
TIMER	定时器；
ADC_DAC	模数-数模转换器；
ANALOG_SWITCH_IC	模拟开关集成电路；

ANALOG_SWITCH 模拟开关；
MULTIVIBRATORS 多谐振荡器。

(10) 单击 Indicator(指示器件库)按钮的下拉菜单内容如下：

VOLTMETER 电压表；
AMMETER 电流表；
PROBE 逻辑指示灯；
BUZZER 蜂鸣器；
LAMP 灯泡；
VIRTUAL_LAMP 虚拟灯泡；
HEX_DISPLAY 十六进制显示器；
BARGRAPH 条形光柱。

(11) 单击 POWER(电源模块库)按钮的下拉菜单内容如下：

SMPS_Transient_Virtual 开关电源瞬态；
SMPS_Average_Virtual 开关电源平均；
FUSE 保险丝；
VOLTAGE_REGULATOR 稳压器；
VOLTAGE_REFERENCE 基准电压源；
VOLTAGE_SUPPRESSOR 限压器；
POWER_SUPPLY_CONTROLLER 电源控制器；
MISCPOWER 其他电源；
PWM_CONTROLLER 脉宽调制控制器。

(12) 单击 Misc(杂项器件库)按钮的下拉菜单内容如下：

MISC_VIRTUAL 多功能虚拟元件；
OPTOCOUPLER 光耦合器；
CRYSTAL 晶振；
VACUUM_TUBE 电子管；
BUCK_CONVERTER 开关电源降压转换器；
BOOST_CONVERTER 开关电源升压转换器；
BUCK_BOOST_CONVERTER 开关电源升降压转换器；
LOSSY_TRANSMISSION_LINE 有损耗传输线；
LOSSLESS_LINE_TYPE1 无损耗传输线 1；
LOSSLESS_LINE_TYPE2 无损耗传输线 2；
FILTERS 滤波器；
MOSFET_DRIVER MOSFET 驱动器；
NET 网络；
MISC 其他元件。

(13) 单击 Advanced_Peripheyals(先进外圈设备元器件库)按钮的下拉菜单内容如下：

KEYPADS 键盘区；
LCDS 液晶显示器；
TERMINALS 终端设备。

(14) 单击 RF(射频器件库)按钮的下拉菜单内容如下：

RF_CAPACITOR	射频电容；
RF_INDUCTOR	射频电感；
RF_BJT_NPN	射频NPN型三级管；
RF_BJT_PNP	射频PNP型三级管；
RF_MOS_3TDN	射频MOSFET管；
TUNNEL_DIODE	隧道二极管；
STRIP_LINE	带状传输线；
FERRITE_BEADS	铁氧体磁环、磁珠。

(15) 单击 Electro_mechanical(机电器件库)按钮的下拉菜单内容如下：

SENSING_SWITCHES	感测开关；
MOMENTARY_SWITCHES	瞬时开关；
SUPPLEMENTARY_CONTACTS	附加触点开关；
TIMED_CONTACTS	定时触点开关；
COILS_RELAYS	线圈和继电器；
LINE_TRANSFORMER	线性变压器；
PROTECTION_DEVICES	保护装置；
OUTPUT_DEVICES	输出装置。

(16) 单击 Mcu Module(微控制元件库)按钮的下拉菜单内容如下：

805x	8051和8052单片机；
PIC	PIC单片机；
RAM	数据存储器；
ROM	程序存储器。

参考文献

[1] 熊伟,侯传教,等. Multisim 7 电路设计及仿真应用. 北京:清华大学出版社,2005.

[2] 赵春华,张学军. Multisim 9 电子技术基础仿真实验. 北京:机械工业出版社,2007.

[3] 黄智伟等. 基于 Multisim 的电子电路计算机仿真设计与分析. 北京:电子工业出版社,2008.

[4] 王莲英. 基于 Multisim 10 的电子仿真实验与设计. 北京:北京邮电大学出版社,2009.

[5] 杨志忠. 数字电子技术. 3 版. 北京:高等教育出版社,2009.

[6] 清华大学电子学教研组编,余孟尝主编. 数字电子技术基础简明教程(第二版). 北京:高等教育出版社,2003.